分形桨搅拌反应器混沌混合强化方法及机制

谷德银 著

西南交通大学出版社
·成都·

内容提要

本书系统地论述了分形桨搅拌反应器混沌混合强化技术，介绍了分形搅拌桨强化流体混沌混合过程的基础研究，重点介绍了分形搅拌桨强化流体混沌混合的方法及机制。通过获取最大 Lyapunov 指数、多尺度熵等流体混沌特性参数，描述流体混合过程的混沌特性，通过计算流体力学获取流体混合过程的流场特性，揭示分形搅拌桨强化流体混沌混合的机制及调控规律，优化搅拌反应器的结构设计，有效指导流体高效节能的混合操作，将有助于实现节能减排和绿色制造。全书共 5 章，主要包括搅拌反应器概述、分形搅拌桨强化单相流体混沌混合、分形搅拌桨强化固液两相混沌混合、分形错位桨偏心搅拌强化固液两相混沌混合、分形搅拌桨强化气液两相混沌混合。本书可作为从事化工过程机械、特别是从事搅拌反应器设计、加工与制造的工程技术人员的参考书，也可作为高等学校化学工程与技术、过程装备等专业学生学习工程技术的辅助读物。

图书在版编目（CIP）数据

分形桨搅拌反应器混沌混合强化方法及机制 / 谷德银著. -- 成都：西南交通大学出版社，2024.8.

ISBN 978-7-5643-9925-2

Ⅰ.TQ051.101

中国国家版本馆 CIP 数据核字第 2024QL8850 号

Fenxingjiang Jiaoban Fanyingqi Hundun Hunhe Qianghua Fangfa ji Jizhi
分形桨搅拌反应器混沌混合强化方法及机制

谷德银　著

策划编辑	秦　薇
责任编辑	牛　君
封面设计	GT 工作室
出版发行	西南交通大学出版社 （四川省成都市金牛区二环路北一段 111 号 西南交通大学创新大厦 21 楼）
营销部电话	028-87600564　028-87600533
邮政编码	610031
网　　址	http://www.xnjdcbs.com
印　　刷	成都蜀通印务有限责任公司
成品尺寸	185 mm × 260 mm
印　　张	10.5
字　　数	270 千
版　　次	2024 年 8 月第 1 版
印　　次	2024 年 8 月第 1 次
书　　号	ISBN 978-7-5643-9925-2
定　　价	50.00 元

图书如有印装质量问题　本社负责退换

版权所有　盗版必究　举报电话：028-87600562

前 言

化工、冶金、医药等过程工业是国民经济的重要组成部分，与我们的生产和生活密切相关。事实上，90%的过程工业都涉及多相流体的混合、传递与反应，它与过程经济性密切相关，也决定着多数化学反应过程的效率和程度，影响着工艺过程的节能减排和安全稳定运行。

搅拌反应器是典型的过程强化操作单元之一，因其具有结构简单、操作灵活性好、适应性强等优势，常作为相关生产工艺中流体混合、传递和反应的主要设备。搅拌桨作为搅拌反应器的关键部件，向搅拌槽内流体提供能量，使流体形成适宜的流场，影响着"三传一反"的效率和程度。在流体混合过程中约70%的搅拌桨输入能量消耗在桨叶外缘和桨叶后的尾涡处，流体的混合效率较低。因此，搅拌桨结构设计与优化亟待研究。

本书基于分形理论创新地提出分形搅拌桨强化流体混沌混合过程的新方法，运用非线性理论描述了分形搅拌桨强化流体混合过程的混沌特性，建立了分形搅拌桨强化流体混沌混合的设计方法和操作模式，拓宽了搅拌反应器的优化设计思路。本书主要介绍了搅拌反应器概述、分形搅拌桨强化单相流体混沌混合、分形搅拌桨强化固液两相混沌混合、分形错位桨偏心搅拌强化固液两相混沌混合、分形搅拌桨强化气液两相混沌混合，有效指导搅拌反应器的优化设计及流体高效节能的混合操作，将有助于实现节能减排和绿色制造。

本书得到国家自然科学基金项目（22208037）、重庆市自然科学基金项目（CSTB2022NSCQ-MSX0400）以及重庆工商大学材料与化工重庆市"十四五"重点学科经费资助，在此一并表示感谢。

由于作者的学识水平有限，书中疏漏之处在所难免，恳请广大读者批评指正。

作 者
2023 年 12 月

CONTENTS

目 录

1 搅拌反应器概述 ·· 1
   1.1 概　述 ·· 1
   1.2 搅拌设备的基本结构 ·· 1
   1.3 搅拌桨类型及其选择 ·· 2
   1.4 混合机理 ·· 5
   1.5 混沌混合及其研究 ··· 7
   1.6 混沌混合判据与表征 ·· 11
   1.7 计算流体力学研究 ··· 13
   1.8 分形搅拌桨研究现状 ·· 18
   1.9 搅拌装置的放大 ·· 19

2 分形搅拌桨强化单相流体混沌混合 ·· 21
   2.1 引　言 ··· 21
   2.2 牛顿流体混合特性研究 ··· 21
   2.3 非牛顿流体混合特性研究 ·· 34
   2.4 本章小结 ·· 45

3 分形搅拌桨强化固液两相混沌混合 ·· 46
   3.1 引　言 ··· 46
   3.2 下沉颗粒与牛顿流体混合特性研究 ·· 46
   3.3 上浮颗粒与牛顿流体混合特性研究 ·· 62
   3.4 下沉上浮颗粒与牛顿流体混合特性研究 ·· 76
   3.5 下沉颗粒与非牛顿流体混合特性研究 ··· 89
   3.6 本章小结 ·· 102

4 分形错位桨偏心搅拌强化固液两相混沌混合 … 103
4.1 引　言 … 103
4.2 混沌特性分析 … 103
4.3 数值模拟分析 … 105
4.4 本章小结 … 115

5 分形搅拌桨强化气液两相混沌混合 … 116
5.1 引　言 … 116
5.2 双层分形搅拌桨体系混合特性研究 … 116
5.3 单层分形搅拌桨体系混合特性研究 … 127
5.4 本章小结 … 140

参考文献 … 142

1 搅拌反应器概述

1.1 概述

搅拌反应器作为典型的过程强化操作单元之一，因其具有结构简单、操作灵活性好，适应性强等优势，被广泛应用于化工、冶金、医药、生物发酵、食品加工及废水处理等过程工业，是相关生产工艺中的核心设备，主要用于混合、分散、溶解、结晶、吸收与脱吸、传热与化学反应等过程。过程工业生产中的搅拌反应器有很多类型，按反应物料的相态可分成均相搅拌反应器和非均相搅拌反应器。其中，非均相搅拌反应器可分为液-液搅拌反应器、固-液搅拌反应器、气-液搅拌反应器和气-液-固三相搅拌反应器。搅拌操作的目的主要体现在四个方面：① 使液-液两相充分混合，形成混合均匀的混合液，强化液液间的传质过程；② 使气-液两相充分分散，增大相际接触面积，强化气液间的传质过程或提高化学反应速率；③ 使固-液两相充分悬浮，强化固体颗粒溶解、浸取过程或加速化学反应过程；④ 使搅拌槽内物料温度分布均匀，强化物料间的传热过程，防止局部过热或过冷。

1.2 搅拌设备的基本结构

搅拌反应器主要是由搅拌装置、轴封和搅拌槽三部分组成，其构成形式如图1.1所示。

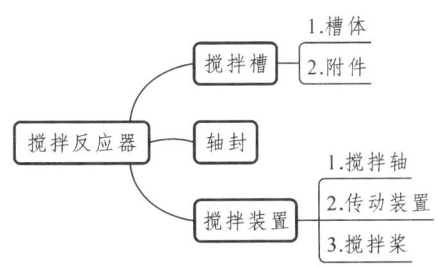

图1.1 搅拌反应器的构成形式

搅拌反应器的典型结构如图1.2所示。传动装置主要是把电机的能量传递给搅拌桨；搅拌桨用于物料的搅拌混合；搅拌槽用于装载物料；挡板用于增强搅拌槽内物料的湍动程度，消除搅拌槽内流体的"打漩"现象；导流板用于控制物料的流动方向，形成一个固定的流型；气体分布器用于控制搅拌槽内气体的进入；夹套用于加热；支座用于支撑反应器。对于密闭搅拌反应器，轴封也是整个搅拌反应器的重要组成部分，多采用填料密封和机械密封两种形式。

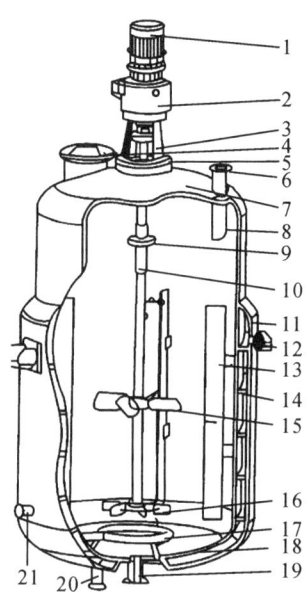

1—电动机；2—减速机；3—机架；4—人孔；5—密封装置；6—进料口；7—上封头；8—搅拌槽；9—联轴器；10—搅拌轴；11—夹套；12—载热介质出口；13—挡板；14—导流板；15—轴向流搅拌桨；16—径向流搅拌桨；17—气体分布器；18—下封口；19—出料口；20—载热介质进口；21—气体出口。

图 1.2 搅拌反应器结构

1.3 搅拌桨类型及其选择

1.3.1 搅拌桨类型

搅拌桨作为搅拌反应器的关键部件，它向搅拌槽内的流体输入机械能，使流体形成适宜的流场，影响反应的效率和程度，决定工艺过程的节能减排和经济效益。

搅拌桨的分类标准有很多种，包括按搅拌桨桨叶结构分类、按搅拌桨用途分类以及按流体流动形态分类。

1.3.1.1 按搅拌桨桨叶结构分类

按搅拌桨的桨叶结构分类，搅拌桨分为平叶搅拌桨、斜（折）叶搅拌桨、弯叶搅拌桨、螺旋面叶搅拌桨，具体如表 1.1 所示。

表 1.1 搅拌桨桨叶结构分类

叶型	平叶	斜（折）叶	弯叶	螺旋面叶
搅拌桨	平桨、直叶开式涡轮桨、直叶圆盘涡轮桨、锚式搅拌桨、框式搅拌桨	斜叶桨、斜叶开式涡轮桨、斜叶圆盘涡轮桨	弯叶开式涡轮桨、弯叶圆盘涡轮桨、三叶后掠式搅拌桨	推进式搅拌桨、螺杆式搅拌桨、螺带式搅拌桨

1.3.1.2 按搅拌桨用途分类

按搅拌桨的用途分类，搅拌桨分为低黏度用搅拌桨、高黏度用搅拌桨，具体如表 1.2 所示。

表 1.2 搅拌桨的用途分类

黏度	低黏度流体	高黏度流体
搅拌桨	推进式搅拌桨、桨式搅拌桨、长薄叶螺旋式搅拌桨、开启涡轮式（平叶、斜叶、弯叶）搅拌桨、圆盘涡轮式（平叶、斜叶、弯叶）搅拌桨、布鲁马金式搅拌桨、板框式搅拌桨、三叶后弯式搅拌桨、MIG 和改进 MIG 搅拌桨等	锚式搅拌桨、框式搅拌桨、锯齿圆盘式搅拌桨、螺旋式搅拌桨、螺带式（单螺带、双螺带）搅拌桨、螺杆式-螺带式等

1.3.1.3 按流体流动形态分类

按搅拌桨在搅拌槽内产生的流型，搅拌桨分为轴向流搅拌桨、径向流搅拌桨以及混合流型搅拌桨，具体如图 1.3 所示。

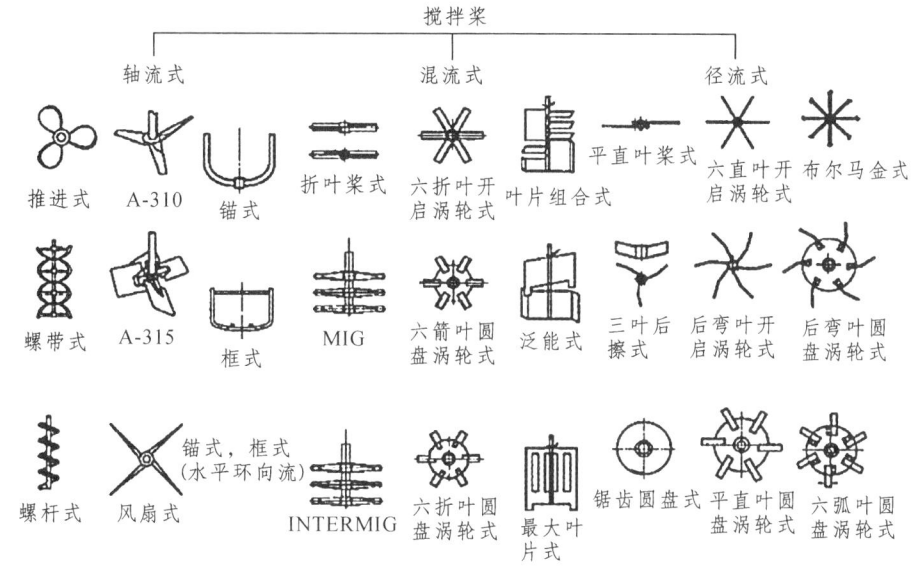

图 1.3 不同流型的搅拌桨结构

搅拌桨的安装方式通常包括垂直偏心式、底插式、侧插式、斜插式及卧式，如图 1.4 所示。

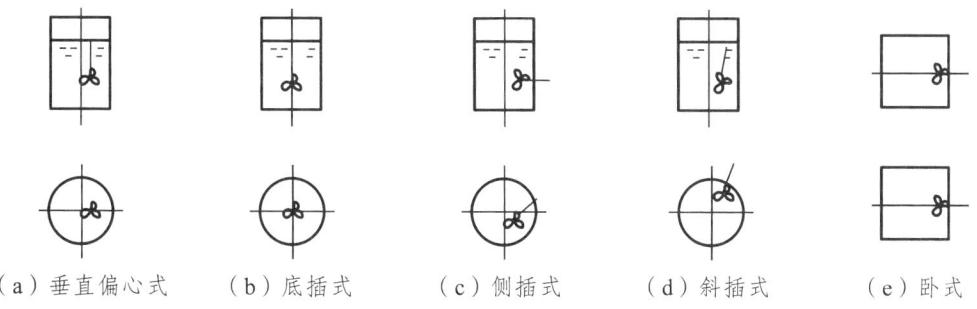

（a）垂直偏心式　（b）底插式　（c）侧插式　（d）斜插式　（e）卧式

图 1.4 搅拌桨的安装方式

根据搅拌槽内流体的循环流动途径可分为径向流、轴向流和切向流，如图 1.5 所示。它取决于搅拌桨的结构、流体性质及搅拌反应器的内部结构。

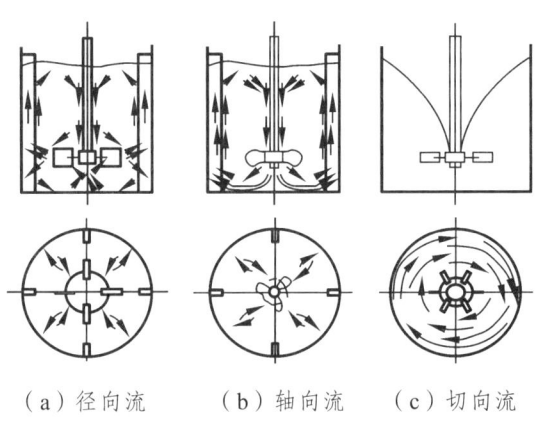

（a）径向流　　（b）轴向流　　（c）切向流

图1.5　搅拌反应器内流体流型

1. 径向流

桨叶附近的流体受到桨叶离心力的作用而形成径向排流，当它撞击槽壁时，径向排流分裂成两股流体，一股流体沿着槽壁向上运动，另一股流体沿着槽壁向下运动，碰到液面和底部再绕回桨叶处，内部为双循环流动。

2. 轴向流

流体从桨叶出发向下运动，碰到底部后向上运动，内部为单循环流动。

3. 切向流

流体在没有挡板的搅拌反应器内通常绕着搅拌轴做绕向运动。液体表面在流速较大时易形成旋涡，桨叶周围的流量较小，不利于流体混合。

搅拌反应器内三种流型通常是同时存在的，且流体的轴向和径向流动都有利于流体混合。安装导流筒和挡板是抑制切向流的有效方法。

1.3.2　搅拌桨的选择

搅拌桨选型时需要考虑的因素较多，涉及搅拌设备规模、操作条件及流体的性质，覆盖面非常广泛，但主要考虑的因素有搅拌目的、搅拌桨产生的流型及介质黏度等。

随着搅拌介质的黏度增高，各种搅拌桨选用顺序为推进式、涡轮式、桨式、锚框式、螺带式和螺杆式等。

根据搅拌目的及流体流型来选择搅拌桨是另外一种基本方法。低黏度均相液体的混合功率消耗少，循环容易，宜选用循环流量大、能耗低的推进式搅拌桨。对于分散、乳化和固体溶解过程，除要求搅拌桨的循环流量大外，还应要求具有较强的剪切作用，宜选用循环流量大、剪切作用强的涡轮式搅拌桨，特别是平直叶涡轮搅拌桨的剪力作用比折叶和后弯叶的剪力作用大，更为合适。推进式、桨式搅拌桨由于其剪切作用比平直叶涡轮式搅拌桨的小，只能在分散量较小的情况下使用，而其中桨式搅拌桨很少用于分散操作。对于固体悬浮过程，宜选用开启涡轮式搅拌桨，它没有中间的圆盘部分，不致阻碍桨叶上下的液相混合，而且弯叶开启涡轮搅拌桨的优点更突出，它的排出性能好、桨叶不易磨损，用于固体悬浮操作更为合适。桨式搅拌桨的速度较低，仅适于固体粒度小、固液密度差小、固相浓度较高、沉降速度低的固体悬浮。推进式搅拌桨的使用范围较窄，固液密度差大或固液比在50%以上时不适用。使用挡板时，要注意防止固体颗粒在挡板角落上的堆积。一般固液比低时，才用挡板，而折叶桨、折叶开启涡轮、推进式都有轴向流，也可以不用挡板。对于气体吸收过程，宜选用圆盘涡轮式搅拌桨，其循环流量大、剪切作用强，而且圆盘的下面可以存住一些气体，使气体的分散更平稳，而开启涡轮就没有这个优点。桨式及推进式搅拌桨对气体吸收过程基本上不适用，只有在少量易吸收的气体要求分散度不高时才可能用到。对于带搅拌的结晶过程，一般是小直径的快速搅拌，如涡轮式搅拌桨，适用于微粒结晶；而大直径的慢速搅拌，如桨式搅拌桨，可用于大晶体的结晶。

1.4 混合机理

1.4.1 均相系统的混合机理

在搅拌过程中存在三种扩散方式：总体对流扩散、涡流扩散和分子扩散。

1.4.1.1 总体对流扩散

排出流和诱导流造成釜内液体大范围宏观流动，并使整个釜内液体产生流动循环，这种流动称为总体流动。由此产生的整个搅拌釜范围内的扩散称为对流扩散。总体流动能使液体宏观上均匀混合（大尺度上的混合）。为达到大尺度上的均匀混合，必须合理设计搅拌装置和釜体，注意消除不流动的死区。

1.4.1.2 涡流扩散

当搅拌具备一定条件时，釜内流体的局部或整体的流动将处于湍流区，湍流区的流体处于湍流场中，由于射流中心与周围液体交界处的速度梯度很大而产生强的剪切作用，对低黏度的液体形成大量旋涡。旋涡的分裂、破碎及能量传递，使微团尺寸减小（最小尺寸可到微米级），从而达到小尺寸的微观均匀混合。

1.4.1.3 分子扩散

均相液体在分子尺度的均匀混合靠分子扩散。釜内液体强的湍动使微团的尺寸减小，可大大加速分子扩散。

在大多数混合过程中，上述三种混合机理同时发挥作用。总体对流扩散将液体微团带到釜内各处，达到宏观上的均匀混合；涡流扩散使大尺寸的液体团块分割成尺寸较小的流体微团；分子扩散使流体微团最终消失，釜内液体达到分子尺度的均匀混合。一般来说，涡流扩散在整个混合过程中占主导地位。

对于低黏度液体，总体流动将液体破碎成较大的液团并带至釜内各处，更小尺度上的混合则是由高度湍动液流中的旋涡造成的。不同尺寸和不同强度的旋涡对液团有不同程度的破碎作用。旋涡尺寸越小，破碎作用越大，所形成的液团也越小。通常搅拌条件下最小液团的尺寸约为几十微米。大尺度的旋涡只能产生较大尺寸的液团，因为小尺寸液团将被大旋涡卷入与其一起旋转而不被破碎。旋涡的尺寸和强度取决于总体流动的湍动程度。总体流动的湍动程度越高，旋涡的尺寸越小，数量也越多。因此，为达到更小尺度上的宏观混合，除选用适当的搅拌器外，还可采用其他措施人为地促进总体流动的湍动。

对于高黏度流体，在经济的操作范围内不可能获得高度湍动而只能在层流状态下流动，此时的混合作用主要依赖于充分的总体流动,但同时也依赖于由速度梯度的剪切引起的液体微团的分散和破碎。为加强轴向流动,采用带上下往复运动的旋转搅拌器则混合效果更佳。

对于非牛顿型流体,大多为假塑性流体,具有明显的剪切稀化特性。桨叶端部的液体,由于高速度梯度黏度减小而易于流动;但在桨叶以外区域,则呈现高黏度而更难流动。这将对混合及釜内进行的过程产生严重影响。所以宜采用大直径搅拌器以促进总体流动,且应使釜内的剪切力场尽可能均匀。

1.4.2 非均相系统的混合机理

1.4.2.1 液滴或气泡的分散

两种不互溶液体搅拌时,其中必有一种被破碎成液滴,称为分散相,而另一种液体称为连续相。气体在液体中分散时,气泡为分散相。

为达到小尺度的宏观混合,必须尽可能减小液滴或气泡的尺寸,气泡的破碎主要依靠高度湍动。

液滴是一个具有明显界面的液团。界面张力力图使液滴的表面积最小,抵抗液滴变形和破碎。因此,对液体分散而言,界面张力是过程的抗力。为使液滴破碎,首先必须克服界面张力使液滴变形,当总体流动处于高度湍动状态时,液滴表面会产生不均匀的压力分布和表面剪应力,将液滴压扁并扯碎。总体流动的湍动程度越高,可能产生的液滴尺寸越小。

实际搅拌釜内不仅能发生大液滴的破碎过程,同时也存在小液滴相互碰撞而合并的过程。破碎与合并过程同时发生,必然导致液滴尺寸的不均匀分布。实际的液滴尺寸分布取决于破碎和合并过程之间的抗衡。

此外,在搅拌釜各处流体湍动程度不均也是造成液滴尺寸不均匀分布的重要原因。实际过程通常希望液滴尺寸分布均匀。为使分散相液滴尺寸均匀一致,可采取下列措施:

(1)尽量使流体在设备内的湍动程度分布均匀;

(2)在允许的情况下,在混合液中加入少量的保护胶或表面活性物质,使液滴在碰撞时难以合并。

气泡在液体中的分散原则上与液滴分散相同,只是气-液表面张力比液-液界面张力大,分散更加困难。此外,气、液密度差较大,大气泡更易浮升逸出液体表面。单位体积的气体,小气泡不但具有较大的相际接触面积,而且在液体中有较长的停留时间。所以气泡的分散度非常重要。搅拌能达到的气泡尺寸通常为 $2 \sim 5$ mm。

1.4.2.2 固体颗粒的分散

细颗粒投入液体中搅拌时,首先发生固体颗粒的表面润湿过程,即液体取代颗粒表面层的气体,并进入颗粒之间的间隙;接着是颗粒团聚体被流体动力打散,即分散过程。通常,搅拌过程中不会使颗粒的大小发生变化,只能达到原来颗粒尺度上的均匀混合。

对粗颗粒,如果搅拌速度较慢,颗粒会全部或部分沉于釜底,这会大大降低固、液接触界面。只有足够强的扫底总体流动和高度湍动才能使颗粒悬浮起来。当搅拌器转速由小增大到某一临界值时,全部颗粒离开釜底悬浮起来。这一临界转速称为搅拌器的悬浮临界转速。实际操作时,搅拌器的转速必须大于悬浮临界转速,才能使固、液两相有充分的接触界面。

1.5 混沌混合及其研究

非线性科学的研究领域主要包括：混沌、分叉、分形、孤立子、元胞自动机和复杂性等。其中，混沌是非线性的最典型行为。一般认为，混沌是指在确定性系统中出现的一种貌似无规则的、类似随机的现象。混沌现象是把表面的无序性与内在的规律性巧妙地融合为一体，具有三个显著特征，即对初始条件的敏感依赖性、拓扑传递性（混合性）和周期点的稠密性。空间中的两个点，经混沌混合后到达的最终点之间的关系是无法预测的，开始相邻较近的点经过无数次的拉伸与折叠后，可能分布到任意远处，而后来彼此靠得很近的点可能是由开始相距任意远处的点运动得到的。因此，混沌系统具有很强的确定性和规律性，绝非一片混沌，形似紊乱而实则有序。

早在 1904 年，法国著名数学家 Poincare J H 在书籍《科学与方法》中提出了极具影响力的 Poincare 猜想，而且把拓扑学系统和动力学系统有效地串联起来，进而解释了混沌存在的可能性。1963 年，美国气象学家 Lorenz E N 发现了混沌现象，把大气动力学方程简化为三个一阶常微分方程来研究对流问题，通过对方程求解，在三维空间中观察到了混沌行为。1975 年，美籍华人学者 Li T Y 和美国数学家 Yorke J A 在文章《周期 3 意味着混沌》中概述了有序混沌的演变过程。1984 年，美国学者 Aref H 对流体对流运动进行了混沌分析，发现了流体顺着复杂的路段运动时，容易产生对流，经过某个时间段后，对流运动会变得无序且杂乱无章，形成混沌对流，混沌这一概念也首次被引入流体力学领域。1989 年，Ottino J M 研究发现流体的混沌混合呈现主体对流运动，而且还呈现出一种液体粒子被反复拉伸和折叠的现象，进而达到流体充分混合的目的。

因此，混沌混合的实质就是流体在混合过程中被反复地拉伸、折叠。混沌混合的几何含义如图 1.6 所示，取一正方形物体，首先将其拉长，使之成为长方形，然后折叠为马蹄形，然后将其放回到正方形的位置。重复上述的动作，进一步拉伸和折叠，该物体被多次拉伸和折叠，最终变成了一条自我嵌套、错综复杂的曲线。用数值表示，就是在混合的过程中，聚合物被拉伸的长度和折叠的条数均以指数形式增长。

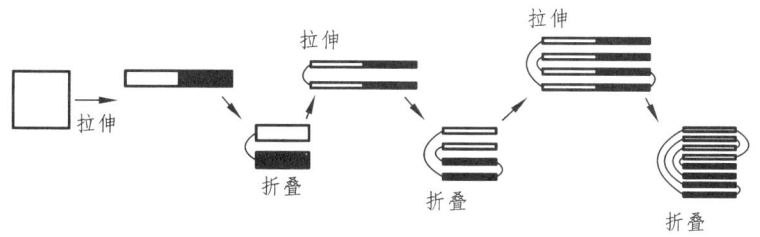

图 1.6 马蹄形结构

众所周知，搅拌槽内的流体混合过程是一个典型的远离平衡态的非线性过程，必然蕴含着大量的非线性机制，包括流场结构的形成、运移和演化，以及涡的聚并和破裂等过程，具有时空混沌的特点。混沌是由确定的动力系统产生的一种无规则运动的现象。混沌系统具有初值敏感性，即初始条件的微小变化往往会引起结果巨大的差异，同时混沌系统在动力学特性上又具有类似随机的复杂行为。随着混沌理论的发展，混沌现象开始被利用来诱发流体的混沌混合，提高流体混合效率，强化流体的混合过程。

1.5.1 单相体系

搅拌槽内高黏的单相流体混合过程中的流场结构可分为混沌混合区和混合隔离区，如图 1.7 所示。混沌混合区内的流体主要以 Lyapunov 指数规律进行拉伸，混合程度高。混合隔离区内的流体主要以分子扩散的方式进行混合，混合程度较低。

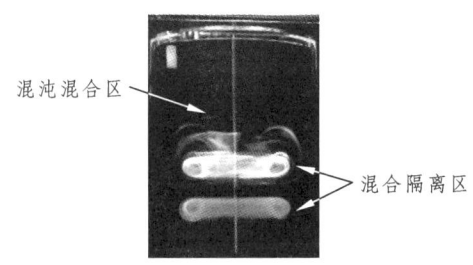

图 1.7　混沌混合区与混合隔离区示意图

搅拌槽内假塑流体混合过程中，由于假塑性流体具有屈服应力，只有搅拌桨周围部分流体能够克服屈服应力流动，剪切稀化特性的存在致使搅拌桨附近会形成一个强烈的混合区域，称为洞穴区；在远离搅拌桨处的流体，所受切应力略大于或小于屈服应力，流体处于缓慢流动甚至停滞的状态，称为停滞区或滞流区。洞穴区与滞流区如图 1.8 所示。因此，混沌混合强化的目的就是减小或消除搅拌死区，增大混沌混合区。

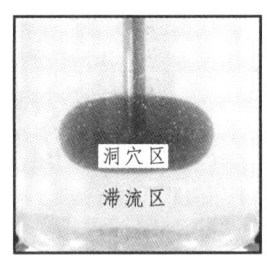

图 1.8　洞穴区与滞流区

人们常采用偏心搅拌、变速搅拌、射流搅拌以及搅拌桨结构改进等方法来破坏流场隔离区，强化搅拌槽内流体的混合过程。

Woziwodzki 等对搅拌槽内甘油溶液进行偏心搅拌，并利用可视化技术对搅拌槽内的流场结构进行观测。结果表明，偏心搅拌能够使混合隔离区的结构发生变形，同时能减小混合隔离区的体积，提高流体的混合效率。

Alvarez 等利用激光激发荧光成像技术对中心和偏心搅拌体系中层流流体的流场结构进行观测。结果表明，与中心搅拌相比，偏心搅拌能够破坏混合隔离区结构，提高流体混合效率。

Ameur 研究了在偏心安装的条件下 4 个六弯曲涡轮桨对混合效率的影响。结果表明，该搅拌方式有效地减小了槽内"死区"区域。高殿荣等考察了偏心非对称分布搅拌桨对槽内流体流动的影响。结果表明，偏心安装方式能够有效提高混合效率。

Lamberto 等利用酸碱中和反应对稳速和变速搅拌体系中的流体混合时间和流场结构变化规律进行了对比研究。结果表明，与稳速搅拌相比，变速搅拌能够快速破坏流场中的隔离区结构，缩短流体混合时间。

Yao 等利用脱色实验对稳速和变速搅拌体系中的流体混合时间进行了对比研究。结果表明，与稳速搅拌相比，变速搅拌能够缩短流体混合时间，提高流体混合效率。

杨锋苓等研究了湍流状态下周期性变速旋转方式对搅拌槽内混合特性的影响。研究发现，在周期性变速搅拌时，混合时间比常规体系的少，而周期性变向搅拌方式更能加快混合进程。

栾德玉等对六弯叶和错位六弯叶搅拌槽内假塑性流体的混合特性进行了研究。结果表明，与六弯叶搅拌桨相比，错位六弯叶搅拌桨能够明显缩短流体的混合时间。

Gu等研究了刚-柔组合桨与混沌电机耦合强化搅拌槽内固-液体系混合性能。结果表明，在相同功耗条件下，双层刚柔组合桨叶耦合混沌电机操作模式能够提高搅拌槽内混合程度。

刘作华等利用脱色实验对刚性桨和刚柔桨体系中流体混合时间和流场结构变化规律进行了研究。结果表明，与刚性桨相比，刚柔桨能够有效破坏混合隔离区的界面结构，缩短流体的混合时间。

李挺等研究了Rushton桨、斜叶桨、向心桨、穿流桨四种搅拌桨体系内宏观混合特性。研究结果表明，在相同转速下，穿流桨体系的混合时间基本上较其他三种桨叶体系的混合时间短，而三斜叶桨在各个转速下的功率是最小的。

Liang等设计了一种比较少见的镍钛合金材质的柔性桨，他们在实验中观察到镍钛合金柔性桨叶可以扰动涡流的周期性运动，增强湍动能传递。

Luan等观察到错位桨体系有多尺度小波结构，Kolmogorov熵等也较标准桨更大，这从实验说明了错位桨体系流体混合效率更高。

Kulkarni等则提出了一种新型的分形桨叶，结果表明它有助于减少能量耗散率不均匀的区域，强化流体在搅拌槽内均匀混合。

Mule等也探究了分形桨叶的分支数量对功率消耗、混合和流体动力学的影响，同时使用超声速度分析仪（UVP）进行速度测量。结果表明，分形桨叶的单位功率消耗优于标准桨叶。这说明分形桨叶对于减小功率消耗有一定优势。

这些研究表明，通过有效手段破坏流场中的隔离区结构，可提高流体的混合效率，强化流体的混沌混合过程。

1.5.2　固液两相体系

目前，固液两相混合的强化方法主要有多层组合搅拌桨、偏心搅拌、射流搅拌以及搅拌桨结构改进等。

Fajner等利用四层搅拌桨来强化搅拌槽内上浮颗粒的分散过程，并拟合了固体颗粒的上浮速度与Kolmogorov微尺度、颗粒直径之间的关系式。

杨峰苓等对中心和偏心搅拌体系中下沉颗粒的悬浮状况进行了对比研究。结果表明，与中心搅拌相比，偏心搅拌能够提高搅拌槽内固液两相的悬浮程度，使搅拌槽内的固体颗粒更为均匀。

李亚飞等研究了中心和偏心搅拌体系中上浮颗粒的分散特性。结果表明，偏心搅拌能够有效破坏中心搅拌体系中存在的对称性流场，降低上浮颗粒的临界下沉速度。

杨瑞等将射流搅拌应用到发酵罐内固液两相的混合过程。结果表明，与无射流搅拌相比，射流搅拌能够有效缩短发酵时间，降低能耗。

刘静等将穿流桨应用于磷石膏-水混合过程。结果表明，穿流桨能够增强混合体系的湍动程度，降低固体颗粒的临界悬浮速度，提高固液两相悬浮程度。

欧阳锋等利用穿流桨来强化磷矿的浸出过程。结果表明，穿流桨可增大混合体系的湍动程度，提高磷的分解率 4%～5%，降低能耗 20%。

刘作华等将利用刚柔桨来强化锰矿的浸出过程，与刚性桨相比，刚柔桨能够提高锰矿浸出率，缩短锰矿浸出时间。

刘作华等对刚性桨和刚柔桨体系中上浮颗粒混合过程的混沌特性进行了研究。结果表明，与刚性桨相比，刚柔桨能够有效增大固液混合体系的最大 Lyapunov 指数，提高固液混合体系的混沌混合程度。

这些研究表明，通过有效手段破坏流场结构对称性，增强流体湍动程度，可强化固液两相的悬浮过程。

1.5.3 气液两相体系

目前，气液两相混合的强化方法主要有多层组合搅拌桨、搅拌桨结构改进以及气体分布器结构改进等。

Bao 等利用三层搅拌桨来强化搅拌槽内气液两相的分散过程，并分别拟合了气含率和气泡直径与气速、搅拌桨直径之间的关系式。

Zhang 等对 HEDT + 2WH$_U$、HEDT + 2WH$_D$，PDT + 2WH$_D$，PDT + 2CBY$_W$ 和 PDT + 2CBY$_N$ 五种组合桨体系中气液两相间的传质系数 k_La 进行了对比研究。结果表明，HEDT + 2WH$_U$ 组合桨是五种组合桨中传质性能最好的。

龙建刚等对径向流式组合桨、轴向流式组合桨以及混合流型组合桨体系中气液两相分散过程的通气功率和气含率分布进行了研究。研究发现，混合流型组合桨最适宜于气液分散过程。

Myers 等提出 Scaba 桨（BT-6 桨）来强化气液分散过程。研究发现，与传统 Rushton 桨相比，Scaba 桨的轴向泵送能力强，能有效地将气体分散到液体中，且桨叶后方形成的气穴较小，搅拌功耗较低。

Smith 等测定了气液搅拌槽中 Rushton 桨、CD-6 桨、ICIGF 桨及 BT-6 桨四种桨型体系中通气前后的相对功耗（RPD）曲线。研究发现，与传统 Rushton 桨相比，CD-6 桨、ICIGF 桨及 BT-6 桨三种桨叶 RPD 值要大很多，这有利于提高桨叶的载气能力，强化气液两相分散过程。

马志超等对包括 HEDT 桨和 PDT 桨在内的 4 种桨型体系中气液两相的通气功率和局部气含率分布进行了对比研究。结果表明，与 HEDT 桨相比，在相同气量的条件下，PDT 桨达到气液分散所需的功率略低，且气含率较高。

李良超等研究了管式气体分布器、环形气体分布器以及环形气体分布器的直径大小对气液分散特性的影响规律。结果表明，与管式气体分布器体系相比，环形气体分布器的气液比相界面积更大，气液分散性更好；尺寸较小的环形气体分布器体系中的气体相对集中，气泡易发生聚并，不利于气体的分散。

冉绍辉等对比研究了标准 Rushton 桨、错位 Rushton 桨的气液搅拌性能。结果表明，在相同转速、通气流量下，错位桨体系内的气泡分散更加均匀、气泡尺寸更小、气液间的氧体积传质系数更大，说明错位桨可以有效地提高气液传质速率，加快气体溶解速度。杨锋苓等也发现错位桨能使流场不稳定性增强，强化气体分散行为。

Qiu 等对比研究了刚柔桨和标准桨对气液两相的分散特性。结果表明，刚柔桨可以通过柔性体的动态扰动作用，强化气液两相的分散效果。

Kulkarni 等则提出用分形桨叶强化气液两相分散过程。结果表明，它有助于减少能量耗散率不均匀的区域，整个搅拌反应器中的气泡尺寸分布范围较窄，表明分形桨可以使气泡尺寸更加均一。

这些研究表明，通过有效手段破坏桨叶背后的气穴结构，可强化气液两相的分散过程。

1.6 混沌混合判据与表征

搅拌反应器内流体混合是典型的远离平衡态的非线性过程，必然蕴含大量的非线性动力学机制，包括多尺度流场结构的形成、运移和演化，以及涡的聚并和破裂等过程，具有时空混沌、跨尺度关联耦合的特点，导致流场中必然会出现混沌现象。目前，描述非线性动力学系统状态演变的特征量主要有最大 Lyapunov 指数、宏观不稳定性频率、分形维数、Kolmogorov 熵和多尺度熵。

1.6.1 最大 Lyapunov 指数

Lyapunov 指数是衡量系统动力学特性的一个重要的定量指标，它表征了系统在相空间中相邻轨道间收敛或发散的平均指数率。对于系统是否存在动力学混沌，可从最大 Lyapunov 指数是否大于零非常直观地判断出来：一个正的 Lyapunov 指数，意味着在系统相空间中，无论初始两条轨线的间距多么小，其差别都会随着时间的演化而呈指数增加以致达到无法预测，这就是混沌现象。

Lyapunov 指数对应混沌系统的初始值敏感性，它与吸引子至少有以下关系：

（1）任何吸引子，不论是否为奇怪吸引子，都至少有一个 Lyapunov 指数是负的，否则轨线就不可能收缩为吸引子。

（2）稳定定态和周期运动（以及准周期运动）都不可能有正的 Lyapunov 指数。稳定定态的 Lyapunov 都是负的；周期运动的最大 Lyapunov 等于 0，其余的 Lyapunov 都是负的。

（3）对于任何混沌运动，都至少有一个正的 Lyapunov 指数，如果经过计算得知系统至少有一个正的 Lyapunov 指数，则可肯定系统作混沌运动。

Lyapunov 指数的计算方法可分为两类：如果知道系统的动力学方程，则可以根据定义计算；如果不知道系统的动力学方程，则只能通过观测时间序列来估计。目前，在工程上主要通过采集时间序列来计算 Lyapunov 指数的方法主要有以下两种：

（1）分析法：该方法通常先进行相空间重构，求系统状态方程的雅可比矩阵，然后对雅可比矩阵进行特征值分解或奇异值分解求取系统的 Lyapunov 指数，但该方法对噪声非常敏感。

（2）轨道跟踪法：该方法以 Wolf 和 Rosentein 的小数据法为代表，对系统两条或更多条的轨道进行跟踪，获得它们的演变规律以提取 Lyapunov 指数。该方法的优点是计算结果不易受拓扑复杂性（如 Lorenz 吸引子）的影响。

1.6.2 宏观不稳定性

事实上，由于混合机理的复杂性，带挡板搅拌槽内的流体流动呈现为一个三维高度湍流带有典型准周期性的流体力学系统。该系统由一系列在时空尺度上跨越数个数量级的程度不同的非稳态行为（旋涡、涡流）组成。由于非稳态流体流动，即使在定常（流体物性及叶轮转速保持不变)的操作条件下,搅拌槽槽内流体仍在相当大的时间和空间尺度上存在着流动形态的明显变化和大尺度低频非稳态准周期现象,这种现象称为流场的"宏观不稳定性"(macro-instability,MI),即宏观不稳定性是描述搅拌槽内存在的一种大尺度、低频、非稳态准周期现象。

1.6.3 分形维数

分形是一种可以用于描绘和计算粗糙、破碎或不规则客体性质的新方法,是一类无规则、混乱而复杂,但其局部与整体有相似性的体系。它的两个重要特征就是自相似性和标度不变性。分形体系的形成过程具有不确定性,其维数可以不是整数而是分数。它的外表特征一般是极易破碎、无规则和复杂的,而其内部特征则是具有自相似性和自仿射性。自相似性是分形理论的核心,它指的是局部的形态和整体的形态具有某种相似,即把考察对象的部分沿各个方向以相同比例进行放大后,其形态与整体相同或相似。自仿射性是指分形的局部与整体虽然不同,但经过拉伸、压缩等操作后,两者不仅相似,而且还可以重叠。具有自相似性的结构(或图形)一定满足标度不变性。因此,组成部分以某种方式与整体相似的形叫分形。

混沌理论中的分形维数是定量刻画混沌吸引子的一个重要参数,广泛应用于定量描述系统非线性行为特征。计算分形维数方法主要有圆规法、明科斯基方法、变换方法、盒子计算方法、周长-面积法、裂缝岛屿方法及分形布朗模型法等。

1.6.4 Kolmogorov 熵

熵是系统混沌性质的一种度量,而 Kolmogorov 熵是常用熵中的一种,它是在热力学熵和信息熵的基础上演化而来的,反映了动力系统的运动性质和状态,是在相空间中刻画混沌运动最重要的度量,可根据 K 取值判断系统运动的性质或无规则(随机性)的程度。$K=0$,表示系统作完全规则(决定性)的运动;$K \to \infty$,表示系统作完全无规则的随机运动;K 是大于零的常数,表示系统作具有部分(或受约束的)随机性的混沌运动。Kolmogorov 熵越大,信息的损失率越大,系统的混沌程度越复杂。故 K 可区分规则运动、随机运动和混沌运动。

1.6.5 多尺度熵

克劳修斯提出熵的概念是用来表示任何一种能量在空间中分布的均匀程度,能量分布得越均匀,熵就越大。实践表明,要使一个系统以做功的形式向外输出能量,该系统必须与外界存在能量密度差异,只有这样,能量才会自动从能量的高密度区流向低密度区。在流体的混合搅拌过程中,能量的高密度区是位于搅拌桨附近的湍流区,能量从湍流区向低雷诺数区耗散得越充分,整个槽体内能量分布就更为均匀,熵值就越大;反之熵值就越小。若能量分布完全均匀,熵值达到最大。因此,从能量储存的角度(或从宏观上)看,熵是系统能量密度分布均匀程度的量度。目前,关于搅拌槽内的热力学熵的计算较为困难,Shannon 借鉴热力学熵的概念,把信息中排除了冗余后的平均信息量称为信息熵。热力学熵与信息熵密切相关。在各微观状态相互独立且等概率的假设下,系统的信息熵与热力学熵的关系为:

$$S/S' = k\ln 2 \tag{1.1}$$

式中 S——系统的热力学熵;

S'——信息熵；

k——玻尔兹曼常数。

系统的热力学熵与信息熵成正比关系。这里的信息熵采用 Costa 等提出的多尺度熵。在多尺度熵提出之前，对于时间序列信息熵的测度主要有近似熵算法和样本熵算法。近似熵作为时间序列复杂性的测度，在许多领域得到广泛应用。但是，近似熵不利于数据量小且含有噪声的信号的分析。Costa 等对近似熵进行了改进，提出样本熵（Sample Entropy，SampEn）。上述关于时间序列熵的计算是基于单尺度，无法说明时间序列在尺度上的相关性。Costa 等在样本熵的基础上提出多尺度熵（Multi-scale entroPy，MSE），并将其用于分析生理信号的复杂性。多尺度熵计算了时间序列在多个尺度上的样本熵值，体现了时间序列在不同尺度上的不规则程度，具有较好的抗噪、抗干扰能力，对时间序列的分析更具系统性。熵值在各尺度上越大，时间序列的自相似性就越小，系统的混乱程度就越高。

1.7 计算流体力学研究

1.7.1 计算流体力学简介

计算流体力学（Computational Fluid Dynamics，CFD）是近代流体力学、数值数学和计算机科学共同发展的产物。CFD 以计算机为工具，采用数学方法进行离散，对流体力学中各类问题进行数值实验、计算机模拟和分析研究。目前，商业用 CFD 模拟软件主要有 FLUENT、PHOENICS、CFX、STAR-CCM+等。其中，FLUENT 软件是一款专门用来进行流场分析的商用软件。它具有丰富的物理模型、先进的数值算法以及强大的前后处理功能，被广泛应用于航空航天、汽车设计、流体机械等方面。

CFD 可以给工程设计、生产管理、技术改造提供必需的过程参数，这些数据包括流体在流动中的阻力损失、流体在传输过程中的散热损失、气体或者固体在反应器内的停留时间、产品的生产率与产量等，同时，还能预测现场的可控制因素如流量、温度、组分等对生产的影响规律性。对于流动场，可以观察局部区域的速度矢量图、温度分布图、各组分参数场等，通过模拟分析这些数据，可以发现现有装置存在的不足和弊端，为设备创新设计、改造设计提供合理的依据。

将 CFD 方法应用于研究搅拌反应器内流体混合过程的时间还不算长，可以追溯到 20 世纪 70 年代。对搅拌混合单元操作目前尚未形成完整的理论体系，主要还是依靠一些经验手段，如基于单位体积功耗、基于雷诺数或基于桨叶尖端线速度等这一类放大准则。事实证明，按这些原则设计放大的搅拌反应器并不是处于最佳状态，往往会造成能源浪费。伴随着新产品以及新技术的推进，依靠经验设计放大的传统方法已经无法满足要求。

正是顺应这种趋势，CFD 方法在研究搅拌混合过程中得到了广泛应用。通过数值模拟方法可以快捷地了解新型设备的操作状况，能够整体把握搅拌器内流场结构状况，有针对性地获取搅拌槽内的局部信息，最后用图表将预测结果可视化。

从 CFD 模拟在搅拌反应器中的应用可以看出 CFD 技术近年来的发展历程。由于搅拌反应器内的流场复杂多变，由液面、槽壁、挡板、搅拌桨等所围成的流动域的形状是随着时间而变化的，这就必须得解决运动物体与静止之间的相互作用问题，这个过程也就是 CFD 技术不断完善、不断发展的过程。目前，CFD 技术用到的方法主要有"黑箱"模型法、动量源法、内外迭代法、多重参考系法、滑移网格法等。

1.7.1.1 "黑箱"模型法

该方法的核心思想是在计算时将桨叶区域从计算区域中扣除，桨叶对流体所产生的作用以某些边界条件来代替，这些边界条件的数据一般是由实验来确定的。Middleton 等首先对搅拌槽内三维流动场进行了数值模拟研究，除所需的流动计算外，他们还模拟了一个连续-竞争反应体系。搭建了几何相似、体积分别为 30 L 与 900 L 的两个搅拌槽，实验证明，如果按照传统的放大准则，会造成产品产率的下降。同时也发现了采用"黑箱"模型时存在的缺点，即由实验数据给定的边界条件一定要满足桨叶扫过区域的三大守恒方程。"黑箱"模型法对研究搅拌槽内流体流动发挥了重要的作用；但是存在的缺陷是：确定边界条件离不开实验数据，一套桨叶的边界条件只能用在对应的搅拌体系。由于被这些条件限制，CFD 技术不能独立地进行设计行为，必须依靠实验工作的支持。

1.7.1.2 动量源法

上述"黑箱"模型法在模拟研究过程中受到了区域边界条件的限制，为了解决这个难题，同时能够实现对搅拌槽内流场结构的整体模拟，学者们提出了许多新的方法。为了分析搅拌桨叶区域的流体流动，Periclouusl 等提出了"动量源"模型。该方法把桨叶对流体的作用当作是流场结构的动量源，实际使用的是六直叶涡轮桨，模拟时在切向方向上附加一个"源"来代替桨叶的作用。通过使用 PHOENICS 软件模拟六直叶涡轮桨的二维流场结构速度场，发现计算结果与实验结果保持一致。

1.7.1.3 内外迭代法

内外迭代法是 Brucato 等在"黑箱"模型的基础上提出的。该方法将搅拌槽内的计算域分为包括桨叶的内环部分和包括挡板的外环部分。首先是采用旋转坐标系在内环展开计算，由此可以得到内环边界上的湍流动能、速度矢量和耗散率。接下来，将根据计算得到的边界条件对外环展开计算，这时选择的是静止坐标系。计算完成以后，就可以看到整个搅拌槽内的流动场，但这并不是最终结果。外环计算完以后，用外环得到的结果对内环展开二次计算，同样，再对外环做二次计算，以此类推，直到系统计算结果收敛为止。在此过程中，内环和外环采用的参考系不同，在边界上进行信息交换时必须进行修正。将用此方法模拟得到的涡轮搅拌桨的流场结构与实验结果进行比较，证明了这种方法是可靠的。

与"黑箱"模型法相比，内外迭代法有了很大的改进，在没有实验数据的情况下实现了搅拌槽内流场结构的模拟，且实验证明这种方法对某些搅拌桨的模拟是可靠的。但是，使用内外迭代法计算时，内环和外环边界条件的确定仍然需要试差迭代，导致收敛速度较慢。这种方法一直没有被商业软件所采用，也在一定程度上限制了该方法的普及应用。

1.7.1.4 多重参考系法

多重参考系（MRF）的核心思想与内外迭代法相同，在对搅拌槽进行模拟计算时，采用了两个参考系，对于包含桨叶的动区域采用动态参考系，旋转速度与桨叶的转速相同，动区域以外的静区域选用静止参考系，该区域相对于叶轮区，处在静止状态。这种计算与内外迭代法不同的是搅拌槽内划分的两个区域之间没有重叠的部分，两个区域之间不再需要内外迭代来交换数据,而是直接通过交界面转换数据,因此,整个计算过程简单、便捷。在 STAR-CD 软件中植入这种方法,模拟了直叶涡轮桨的三维流场结构,计算结果与实验数据吻合,说明这种方法是成功、可靠的。Syrjanen 等利用 MRF 方法模拟了 45°斜叶涡轮桨在不同网格数量时的流动场,采用 k-ε 模型和近壁湍流模型,在网格数量较多、密度较大的情况下,结果显示在叶片附近形成了尾涡,这些尾涡的位置、形状与实验结果保持一致。在计算条件相同的情况下,MRF 方法的计算量要小得多,能够比滑移网格法的计算量小一个数量级,更适于多相流体系。Oshinowo 等用 MRF 方法研究了流体的切向速度场。计算结果发现边界条件、网格质量、流动模型的选择对 MRF 方法计算结果的收敛性至关重要。为了获取更准确的计算结果,需要确定更严格的收敛判据,在结构复杂的地方,如桨叶区域、叶轮排出区域最好采用加密的网格结构,选择更复杂的湍流模型(如 RSM 模型)等,这些方法都有助于获得更准确的结果。

1.7.1.5 滑移网格法

滑移网格法是由 Luo 提出的,这种方法的网格划分方法与多重参考系法相同,把计算域划分为动区域和静区域两部分。不同的地方在于使用滑移网格法时,两个区域交界面上的网格是属于相对滑动的关系。在 STAR-CD 软件中,采用这种方法计算了六直叶涡轮桨的流动场,并将实验结果和一种稳态计算结果进行了比较,证明该方法的准确性较好。Brucato 等利用 FLOW3D 软件计算了六直叶涡轮桨的流场结构,同时将计算结果与"黑箱"模型和内外迭代法的计算结果进行了比较。发现滑移网格法的计算结果准确率更高,但是对叶轮区域湍流动能的预报仍然较低,此外,滑移网格法还存在着计算过程工作量大,后处理复杂的缺点。目前该方法的应用多数是在大型计算机上实现的。

流体流动要受物理守恒定律的支配,主要涉及质量、动量和能量守恒定律。CFD 软件的流体流动部分就是基于这些规律,建立控细过程。不过在使用 CFD 软件时,只需要建立模型,输入初始条件和边界条件,还有收敛判据即可。CFD 的主要求解过程如图 1.9 所示。

1.7.2 单相体系

Lamberto 等利用 CFD 模拟中粒子追踪的方法获取流场的庞加莱截面对搅拌槽内混沌混合区和混沌隔离区的演化规律进行表征。

Lane 等利用 CFD 模拟考察了 k-ε 湍动模型和 SST 湍动模型对水翼搅拌桨体系的速度场、湍动能场以及桨叶尾涡结构的影响规律。结果表明,SST 湍动模型更优于 k-ε 湍动模型。

Luan 等利用 CFD 模拟对中心搅拌和偏心搅拌体系中的流场特性进行了对比分析。结果表明,偏心搅拌能够有效破坏中心搅拌体系中存在的对称性流场,强化流体混合过程。

刘作华等利用 CFD 模拟对刚性桨和刚柔桨体系中的速度场、湍动能场进行了对比分析。结果表明,与刚性桨相比,刚柔桨能够增大流体的速度和湍动程度,这有利于流体的混合过程。

Adams 等使用 CFD 模型研究了层流和过渡流动状态下 Herschel-Bulkley 型屈服应力流体中的洞穴形成以及剪切稀化幂律流体中的洞穴变化。结果表明,洞穴形状和大小均随雷诺数变化而变化,且 CFD 模拟结果与实验比较吻合。

Pakzad 等采用 UDV 测量了速度场,并利用 CFD 进行模拟,模拟结果与实验结果具有较强的一致性;采用速度分布对洞穴大小进行研究,与使用圆柱形模型预测结果相差不大,说明 CFD 模拟可以有效用于辅助非牛顿流体混合研究与相关设计。

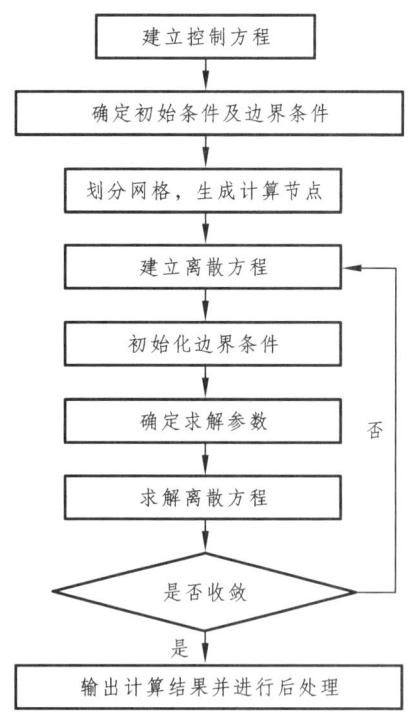

图 1.9　CFD 求解流程

1.7.3　固液两相体系

Kasat 等采用 Euler-Euler 多相流模型耦合标准 k-ε 湍流模型对搅拌槽内固液两相混合体系的轴向固含率分布、固体颗粒悬浮界面进行了研究。结果表明，随着转速的增大，轴向固含率分布更为均匀，固体颗粒的悬浮界面位置越高。

Tamburini 等利用 CFD 模拟对搅拌槽固液两相混合体系的浓度场、固体颗粒堆积状况进行了分析。结果表明，转速的增加有利于增大搅拌槽内固体颗粒的悬浮程度，减少槽底堆积的固体颗粒数量，固体颗粒分布越均匀。

Qi 等采用 Euler-Euler 多相流模型耦合标准 k-ε 湍流模型对搅拌槽内固液两相的悬浮特性进行了研究，考察了固体颗粒密度、颗粒直径、液体黏度以及固体颗粒的初始浓度对固液悬浮效果的影响。

Hosseini 等利用 CFD 模拟考察了桨型、桨叶离底高度、搅拌转速、颗粒密度以及颗粒直径对搅拌槽内固液两相悬浮效果的影响。

Zhao 等利用 CFD 模拟对标准 Intermig 桨和改进 Intermig 桨体系中的固液悬浮特性进行了对比研究。结果表明，改进 Intermig 桨能够加强搅拌槽内流体的对流循环，减少搅拌功耗，提高固体颗粒的悬浮程度。

朱桂华等对六叶螺旋桨和错位六叶螺旋桨体系中含水率为 92% 的污泥和直径为 0.1 mm 的固体颗粒的混合过程进行数值模拟。结果表明，与六叶螺旋桨相比，错位六叶螺旋桨能够降低混合能，提高混合效率。

徐伟幸等利用 CFD 模拟对 PY 平直叶圆盘涡轮桨、四斜叶整体开启涡轮桨及对数螺旋面桨三种桨型体系中的固液悬浮特性进行了对比研究。结果表明，对数螺旋面桨更有利于提高搅拌槽内固液两相的悬浮程度。

Zhou 等利用 CFD 方法研究了搅拌槽内挡板结构对流动混合和功率消耗的影响，模拟结果与 PIV 实验结果吻合很好。

Lane 等利用 CFD 模拟了莱宁 A310 搅拌桨体系的流体流动特性。研究结果表明，SST 湍动模型对于湍动能 k 及湍流耗散率 ε 的预测效果优于 k-ε 湍动模型。

1.7.4 气液两相体系

Kerdouss 等采用 Euler-Euler 多相流模型、标准 k-ε 湍流模型、Ishii-Zuber 曳力模型以及 BND 模型对六直叶涡轮桨体系中气液两相体系中的流场特性、局部气含率分布和气泡尺寸分布进行了数值模拟，得到的模拟结果与文献实验值相吻合。

Montante 等利用 MUSIG 模型对搅拌槽内气液两相体系中的局部气含率分布和气泡尺寸分布进行了预测，同时对气相和液相的轴向速度和径向速度进行了对比分析。

Wang 等采用 Euler-Euler 多相流模型、标准 k-ε 湍流模型、Ishii-Zuber 曳力模型以及 MUSIG 模型对双层六直叶涡轮桨体系中气液两相分散过程的流场特性、局部气含率分布和气泡尺寸分布进行了数值模拟。

Buffo 等利用 PBM 模型对气液两相体系中气泡的破碎和聚并进行了数值模拟，分析了气液体系中的局部气含率分布、气泡尺寸分布以及传质系数分布。

Min 等采用 Euler-Euler 模型、标准 k-ε 湍流模型、PBM 模型对三层组合桨（BT-6+2MF$_U$）搅拌槽内气液两相体系中的局部气含率分布、气泡尺寸分布进行了数值模拟，气泡尺寸和局部气含率的预测与实验值吻合较好。

Kalal 等利用 Euler-Euler 多相流模型耦合 MUSIG 模型预测了搅拌槽内气液体系中的局部气含率分布和气泡尺寸分布，同时考察了 Montante、Bakker、Schiller-Naumann 以及 Brucato 四种曳力模型对局部气含率分布的影响规律。

Gimbun 等利用 Euler-Euler 多相流模型耦合 MUSIG 模型对 Rushton 桨和 CD-6 桨体系中的局部气含率分布、气泡尺寸分布以及溶氧浓度进行了数值模拟。结果表明，CD-6 桨能够有效减小桨叶背后的气穴尺寸，使气体分布更为均匀，提高溶氧浓度。

苏顺开等采用 CFD 模拟对高黏度非牛顿流体黄原胶水溶液中对称锯齿双斜叶涡轮搅拌桨（SPT）和传统 Rushton 桨的气液分散性能进行了对比研究。结果表明，在相同转速和表观气速下，与 Rushton 桨相比，SPT 搅拌功率消耗降低 35% 左右，氧传质效率提高超过 24%。

Yang 等对双层 Rushton 桨和双层错位 Rushton 桨体系中气液两相的流场结构、局部气含率分布、溶氧浓度以及搅拌功耗行了对比研究。结果表明，与双层 Rushton 桨体系相比，双层错位 Rushton 桨体系中的局部气含率和溶氧浓度相对较高，搅拌功耗相对较低。

Murthy 等研究了气-液-固三相系统的混合效果，固体负荷在 0.34%~15%（质量分数），固体颗粒大小在 180~1000 mm 的范围，临界悬浮转速的预测结果与 Chapman 等、Rewatkar 等、Zhu 和 Wu 的实验结果均有较好的一致性。

Cheng 等基于欧拉多相流方法，对比了 k-ε 湍流模型和雷诺应力模型对空气、煤油和水这一气-液-液三相混合系统混合效果的影响。结果表明，在流场、搅拌时间和均匀化曲线方面，

雷诺应力模型比 k-ε 湍流模型具有更好的预测结果。

1.8 分形搅拌桨研究现状

以非整数维形式充填空间的形态特征称为分形，其具有自相似特性。自然界有很多物体具有分形结构，如图 1.10 所示。

（a）荷叶脉络　　　　　　　　　（b）蕨类叶子

（c）雪花微观结构　　　　　　　（d）罗马花椰菜

图 1.10　自然界具有分形结构的物体

分形搅拌桨是基于分形结构将传统搅拌桨桨叶的均匀直边转化成具有凹凸结构的细碎齿边的搅拌桨，具有自相似特性。研究发现，具有分形结构的物体可以破坏或消除流场中的尾迹结构，提高流体的湍动强度。例如，Steiros 等引入具有分形结构的桨叶，并与常规叶片在流体混合的功耗进行了比较，发现具有分形结构的分形桨叶的功耗较低。这是因为流体穿过分形搅拌桨桨叶边缘的间隙会形成射流，射流穿透尾迹内的循环区，将尾涡分解成较小尾涡。Kulkarni 等提出了新型的分形桨叶来强化流体混合行为。研究发现，分形搅拌桨能够强化桨叶传输给流体能量的均匀度，减少桨叶尾涡夹带，降低功耗，且随着分形搅拌桨分形迭代次数的增加，会进一步提高流体混合效率。Basbug 等对比分析了流体混合过程中分形搅拌桨与普通搅拌桨的搅拌功耗。研究发现，分形搅拌桨桨叶阻力系数和扭矩明显低于普通搅拌桨，分形搅拌桨的功率损耗比普通搅拌桨损耗更低，功率的损耗减少了 8% 以上。Gu 等通过 CFD 数值模拟研究了分形搅拌桨与普通搅拌桨强化固液两相混合过程中的功耗特性。研究发现，在相同功率消耗下分形搅拌桨可以提高固体颗粒悬浮质量，且随着分形叶片的分形迭代次数的增加而增加。此外，在相同的转速下，分形搅拌桨叶片能够减小尾涡尺寸，降低功率消耗，且分形搅拌桨的分形迭代次数越多，分形搅拌桨的能量利用率越高。

综上所述，在传统搅拌桨的作用下，桨叶会在末端形成桨叶尾涡，而在分形搅拌桨搅拌时，"凹凸"不平的桨叶边缘会将桨叶尾涡分解成许多的小尾涡，流体流经"凹凸"不平的边缘时也能增强流体湍流程度，作用于流体混合的能量得到增加，有利于改善流体混合效果。

1.9 搅拌装置的放大

搅拌式反应器的放大技术，就是在模试反应器研究的基础上，运用化学工程原理进行工业反应器设计的技术。其基本要求是在工业反应器中重现模试反应器中的主要过程结果，如反应速率、收率和产品的质量等。在放大过程中也可以对模试反应器中的配方和工艺做一定程度的修改，如为了解决大型反应器的传热问题，可用调整反应温度或催化剂浓度的办法降低工业反应器中的反应速率。

影响过程结果的因素主要有温度、浓度、反应时间和切应变速率四个变量。如果工业反应器中的每个体积单元中的温度、浓度、反应时间和切应变速率都和模试反应器中一样，则工业反应器中的过程结果必然与模试反应器相同，放大问题也就解决了。事实上，这几乎是不可能的。特别是大型搅拌式反应器中很难与模试反应器有相同的切应变速率分布。其实，搅拌式反应器的放大技术主要手段就是千方百计使工业反应器中的温度、浓度、反应时间和切应变速率四个变量的平均值及其分布与模试反应器中尽量接近，以使工业反应器得到与模试反应器中相同的过程结果。

许多场合并非要求工业反应器中重现模试反应器的所有过程结果，且有些反应也并不对上述四个变量都很敏感，这就使反应器放大工作得以简化。因此在着手放大之前，明确哪些是必须重现的过程结果，相应地建立定量的检验手段，并通过具有一定规模的模试，弄清影响主要过程结果的主要变量是使放大工作顺利进行的基础。

1.9.1 几何相似放大

相似放大是指能够在放大反应器中实现模试反应器中的流体力学条件和传递行为，比如速度场、浓度场和温度场等，模试过程能在放大后的反应器中实现。

搅拌式反应器中的相似条件很多，如几何相似、运动相似、动力相似和热相似等。几何相似是指放大过程保持所有主要尺寸的比例相同；运动相似是指所有的速度保持相同的比例；动力相似是指所有的力保持相同的比例；热相似是指所有位置的温度差保持相同的比例。根据相似理论，要推广试验参数，就必须使两个系统具有相似性。

通常，几何相似是搅拌式反应器放大技术中首先要满足的条件，并分析在几何相似条件下，各搅拌参数间的变化关系；然后，根据具体搅拌过程的特性，确定放大因子；最后，再对过程效果及经济性进行综合评价，修正某些几何条件，完成搅拌式反应器的放大设计。

几何相似要求大、小搅拌式反应器间各对应的线性尺寸成比例。因此，当大反应器体积确定后，按几何相似条件，大反应器直径、高度、搅拌桨直径、安装位置、挡板等便可以确定。这样，放大的主要问题便归结到确定放大后的转速上。

在几何相似的条件下,放大后的搅拌转速通常可以表示为:

$$N_L = N_s \left(\frac{D_s}{D_L}\right)^X \tag{1.2}$$

式中　X——放大指数,一般在 2/3~1,依据过程类别而定;
　　　S——小反应器;
　　　L——大反应器。

当 $X=1$ 时,表示在几何相似的大、小反应器中,搅拌桨的叶端线速度是相同的;当 $X=2/3$ 时,表示在几何相似的大、小反应器中,被搅拌液体的单位体积功率是相同的;此外,当 $X=0$ 时,表明在湍流条件下,几何相似的大、小反应器中的混合时间相同。

在几何相似条件下,大反应器被搅拌物料单位体积搅拌功率可以表示为:

$$(P_v)_L = (P_v)_s \left(\frac{D_s}{D_L}\right)^Y \tag{1.3}$$

式中　Y——以单位体积功率表示的放大指数。

1.9.2　不同搅拌目的时的放大准则

不同搅拌目的时的几何相似放大准则如表 1.3 所示。

表 1.3　搅拌式反应器的放大准则

要求重现的过程结果	放大准则
均一体系混合速度	$(Q_d/V)^{0.33} P_v^{0.16}$
分散相混合速度	$P_v^{0.5-1.1}$
对应的流速一定	Nd
同一液滴直径	$N^3 d^2$
液滴分散的最小转速	$Nd^{1.1}$
相际传质速度	$N^3 d^2$
固液悬浮	Nd 或 $N^4 d^3$
溶解速度	$(Q_d/V)^{0.24} P_v^{0.11}$ 或 $N^3 d^2$

2 分形搅拌桨强化单相流体混沌混合

2.1 引言

搅拌反应器广泛应用于化工、冶金、医药、食品等过程工业，是相关生产工艺中的核心设备。搅拌桨作为搅拌反应器的关键部件，向搅拌槽内流体提供所需的能量，使流体形成适宜的流场，影响着"三传一反"的效率和程度。传统搅拌桨在旋转过程中容易在桨叶外缘或桨叶背后处形成桨叶尾涡，约70%的搅拌桨输入能量消耗在此，致使流场存在搅拌"死区"，流体的混合效率较低。因此，搅拌桨结构设计与优化已成为流体混合强化研究的热点。

基于具有分形结构的物体能够破坏流场的尾迹结构，提高流场中能量的利用率。本章提出分形搅拌桨强化单相流体混合的新方法，以期达到增大搅拌桨能量传递效率，提高流体混合效率的目的。本章将利用实验和数值模拟研究分形搅拌桨强化牛顿流体和非牛顿流体混合过程中的混沌特性、流场特性以及强化机制，为搅拌反应器内流体的混合过程强化提供理论依据。

2.2 牛顿流体混合特性研究

2.2.1 混沌特性分析

2.2.1.1 实验装置

实验所用搅拌装置如图2.1所示。搅拌槽为内径$T=0.48$ m的平底透明圆柱形有机玻璃槽，搅拌槽内设置4个宽度均为0.048 m（$T/10$）、厚度为0.0048 m（$T/100$）的挡板。搅拌槽内液位高度$H=0.48$ m，底桨的位置高度$C=T/3=0.16$ m。实验过程中所用搅拌桨为三种搅拌桨，分别为涡轮搅拌桨（Four pitched-blade impeller）、分形1搅拌桨（Fractal 1 impeller）、分形2搅拌桨（Fractal 2 impeller），如图2.2所示。其中，本章分形搅拌桨的结构设计是基于希尔伯特（Hibert）曲线的外形，Hibert曲线就是首先把一个正方形等分成四个小正方形，依次从西南角的正方形中心出发往北到西北正方形中心，再往东到东北角的正方形中心，再往南到东南角正方形中心，这是一次迭代；如果对四个小正方形继续上述过程，往下划分，反复进行，最终得到一条可以填满整个正方形的曲线。实验中三种搅拌桨的桨叶尺寸保持不变，当前分形迭代中小正方形的边长为原结构中小正方形边长的$1/(2n-1)$，n表示上一个分形迭代图中一行或一列小正方形的总数。例如$L_1=0.042$ m，$L_2=1/3L_1=0.014$ m，$L_3=1/7L_1=0.006$ m。这些叶轮叶片的非主体结构整体尺寸也保持不变，$L_A=0.042$ m，$L_B=0.006$ m，如图2.3所示。实验过程中采用扭矩仪采集实验过程中的扭矩数据，采用电导率仪测量搅拌槽内流体混合过程的混合时间。在测量流体混合时间的过程中，在搅拌槽P_1位置加入200 mL KCl（250 g/L）溶液，

将电导率仪置于 P_2 位置（$z/H=0.05$）进行测量。混合时间的测量采用 95%规则，即当示踪电解质浓度达到最终稳定浓度的 95%~105%时，则认为是流体混合过程的混合时间。

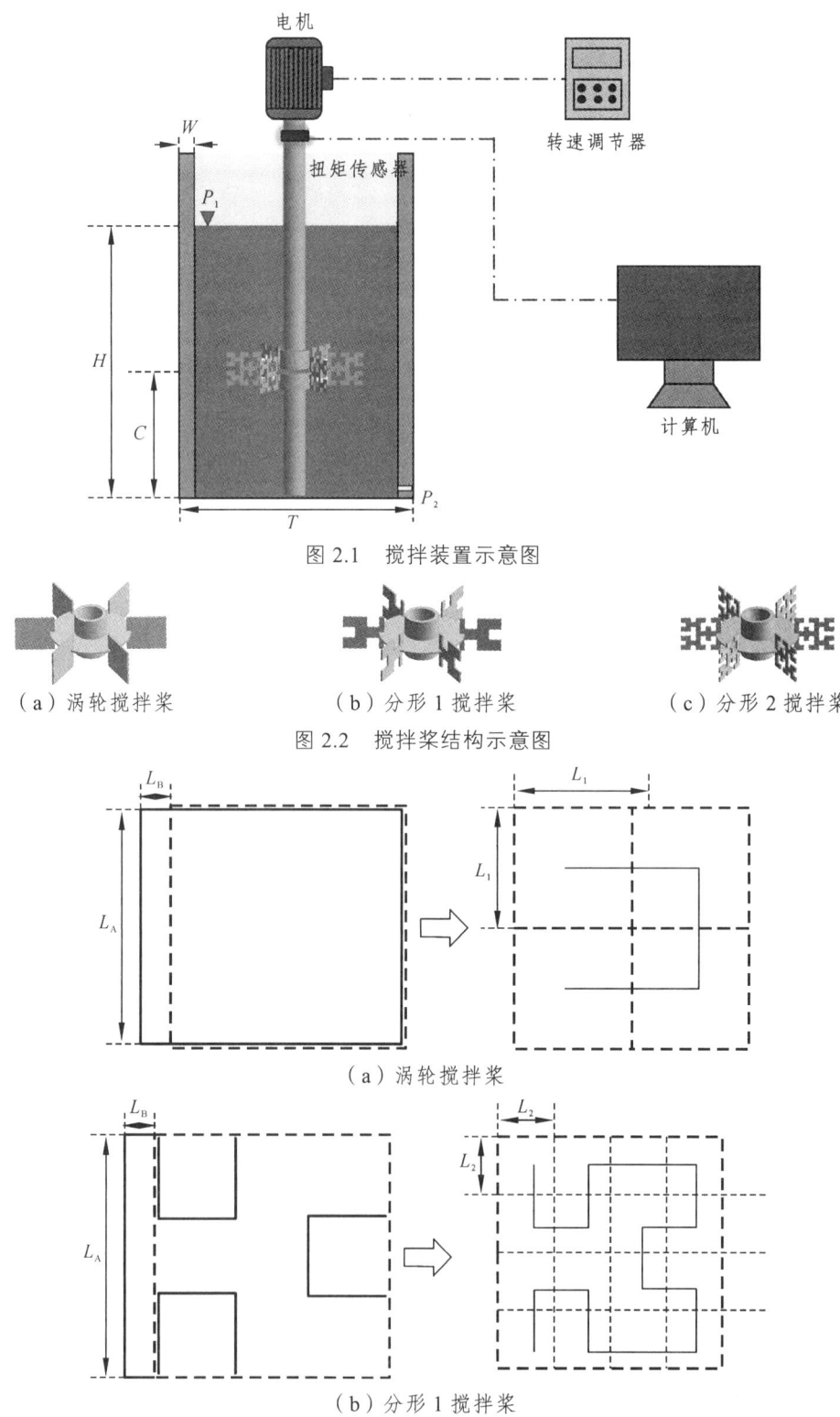

图 2.1　搅拌装置示意图

（a）涡轮搅拌桨　　　　（b）分形 1 搅拌桨　　　　（c）分形 2 搅拌桨

图 2.2　搅拌桨结构示意图

（a）涡轮搅拌桨

（b）分形 1 搅拌桨

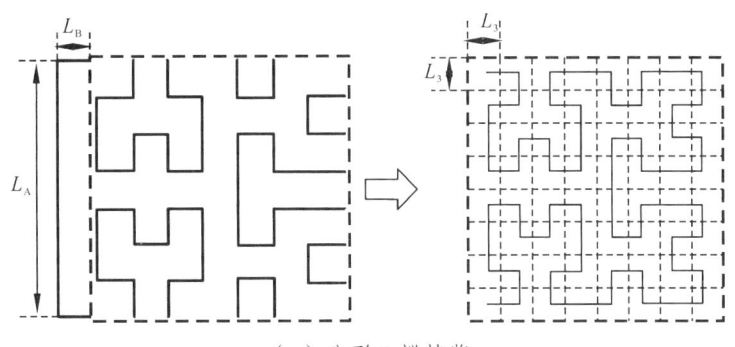

（c）分形2搅拌桨

图2.3 桨叶叶片结构图

2.2.1.2 实验方法

1. 多尺度熵（MSE）

熵被用于计算一个系统中的失序现象，也就是无序化的度量。在搅拌槽中，能量的高密度区是位于桨叶附近的湍流区，能量从湍流区向低Reynolds数区耗散过程中流体流动的随机性越大，其熵值就越大；反之，熵值就越小。因此，从能量储存的角度来讲，熵就可以看作是系统能量随机分布程度的一个度量标尺。Shannon从热力学熵概念入手，把信息中排除了冗余后的平均信息量称为信息熵，这样就降低了搅拌槽内的热力学熵的计算难度。

在各微观状态相互独立且等概率的假设下，系统的信息熵与热力学熵之间的转换关系可表示如下：

$$S/S' = k\ln 2 \tag{2.1}$$

式中 S——系统的热力学熵；
S'——信息熵；
k——波尔兹曼常数。

即系统的热力学熵与信息熵成正比关系。特别地，此处的信息熵为Costa等提出了多尺度熵（MSE），并将其拓展应用到生理信号的复杂性分析。事实上，多尺度熵计算了在多个尺度上时间序列的样本熵值，能够很好地体现尺度上时间序列的演化过程及不规则程度，具有较好的抗噪、抗干扰能力，对时间序列的分析更具系统性。一般来讲，熵在不同尺度上的值越大，其时间序列的抗噪、抗干扰能力，对时间序列的分析更具系统性。多尺度熵包含三个参数τ、m和r，其中τ为尺度因子，m为嵌入维数，r为阈值，其多尺度熵计算方法如下：

设一时间序列$\{x(i), i=1,2,3,\cdots,n\}$，序列长度为$n$，对时间序列进行粗-断点（coarse-graining）变换，得到的新时间序列表示如下：

$$y_j^\tau = \frac{1}{\tau}\sum_{i=(j-1)\tau+1}^{j\tau} x(i) \tag{2.2}$$

根据尺度τ变化得到的时间序列的长度$I=n/\tau$，按顺序组成一组m维的矢量：$\vec{Y}^\tau(1)$到$\vec{Y}^\tau(I-m+1)$，其中$\vec{Y}^\tau(i)=[Y^\tau(i), Y^\tau(i+1),\cdots,Y^\tau(i+m-1)]$，$i=1, 2, \cdots, I-m+1$。

那么就定义$d[Y^\tau(i), Y^\tau(j)]$为矢量$\vec{Y}^\tau(i)$和$\vec{Y}^\tau(j)$对应元素相减，取绝对值最大所对应的那

个值，即此时 $Y^r(i)$ 和 $Y^r(j)$ 对应元素之间差的绝对值小于 r，并对每一个 i 值计算 $Y^r(i)$ 与其余矢量 $Y^r(j)$ 间的距离 $d[Y^r(i),Y^r(j)]$。

给定阈值 r，对于每一个 $i<I-m+1$ 的值，统计 $d[Y^r(i),Y^r(j)]$ 小于 r 的数目为 M，记 $C_i^{\tau,m}(r)$ 为 M 与 $I-m$ 的比值，其中，$i=1, 2, \cdots, I-m+1$，$i \neq j$。$C_i^{\tau,m}$ 表示以 $Y^r(i)$ 为中心，$d[Y^r(i),Y^r(j)]$ 小于 r 的概率，是所有 $Y^r(i)$ 与 $Y^r(j)$ 的关联程度。

对所有点求平均值，即

$$C^{\tau,m}(r) = (I-m+1)^{-1} \sum_{i=1}^{N-m+1} C_i^{\tau,m}(r) \tag{2.3}$$

增加维数至 $m+1$，重复上述步骤，得到 $C^{\tau,m+1}(r)$。

样本熵值（SampEn）与 m 和 r 取值有关，实验取 $m=2$，$r=0.2$std，std 为原始时间序列 $x(i)$（$i=1, 2, \cdots, N$）的标准差，序列长度 $n=60\,000$。因此时间序列在尺度 τ 下的样本熵值为：

$$\text{SampEn}(\tau,m,r) = -\ln[C^{\tau,m+1}(r)/C^{\tau,m}(r)] \tag{2.4}$$

多尺度熵（MSE）为样本熵在多个尺度下的集合，这里 $\tau=1\sim15$。多尺度熵可表示为：

$$\text{MSE} = \{\tau|\text{SampEn}(\tau,m,r) = -\ln[C^{\tau,m+1}(r)/C^{\tau,m}(r)]\} \tag{2.5}$$

2. 最大 Lyapunov 指数（LLE）

Lyapunov 指数是描述系统动力学特性的一个重要参数，它是指系统在相空间中相邻轨道间收敛或发散的平均指数率。对于某个系统是否存在动力学混沌，可根据系统的最大 Lyapunov 指数（Largest Lyapunov exponent，LLE）是否大于零直观地判断出来。根据混沌理论可知，系统存在混沌的充分条件是系统的 LLE>0，与此同时，LLE 值的大小表征了系统混沌程度的大小。实验过程利用扭矩传感器测量搅拌过程的扭矩信号，通过小波分析和傅里叶变化来处理压力脉动信号，利用 wolf 法计算最大 Lyapunov 指数。其计算方法如下：

对于压力脉动时间序列数据 $X_1, X_2, \cdots, X_K, \cdots, X_Q$，其相空间重构过程包括：先采用 G-P 算法确定得到关联维 d，再由 $m \geq 2d+1$ 得到嵌入维数 m，接着用互信息量法算出时间延迟 τ。则重构相空间为

$$Y(t_i) = \{X(t_i), X(t_i+\tau), \cdots, X[t_i+(m-1)\tau]\} \quad (i=1,2,\cdots,Q) \tag{2.6}$$

取初始点 $Y(t_0)$，设其与最近相邻点 $Y_0(t_0)$ 之间的距离为 L_0，追踪这两点的时间演化，直到 t_1 时刻，其间距超过某规定值 $\zeta>0$，$L_0' = |Y(t_1)-Y_0(t_1)| > \zeta$，保留 $Y(t_1)$，在 $Y(t_1)$ 邻近另找一个点 $Y_1(t_1)$，使得 $L_1 = |Y(t_1)-Y_1(t_1)| < \zeta$，并且与之夹角尽可能小。继续上述过程，直到 $Y(t)$ 到达时间序列的终点 Q，这时追踪演化过程的总迭代次数为 J，则最大 Lyapunov 指数为

$$\text{LLE} = \frac{1}{t_J - t_0} \sum_{i=0}^{J} \ln \frac{L_0'}{L_1} \tag{2.7}$$

3. 搅拌功耗

搅拌功率是流体混合过程中的一个重要参数。实验过程中采用扭矩传感器测量搅拌过程中的扭矩 M，采用激光测速仪测量搅拌转速 N，计算搅拌功率 P。

$$P = 2\pi MN \tag{2.8}$$

4. 混合时间

以 KCl 溶液作为示踪剂，在搅拌槽内液体自由面某一位置加入，电导电极则放置于搅拌槽另一侧接近槽底部的某一位置，用于测定搅拌槽内液体的电导率随时间的变化，这样可以测到搅拌槽内流体的最长混合时间。电导电极输出信号经放大及 A/D 转换后由计算机进行数据采集处理。由于电导率仪的输出信号总是有一定的波动，通常取电导率仪的输出信号与最后稳定输出平均值相差在±5%以内即认为混合均匀，所需的时间即为混合时间，如图 2.4 所示。对某一个操作条件重复多次实验并取其平均值即可得该操作条件下的混合时间，其平均相对误差在±10%以内，这样可以减小实验误差。

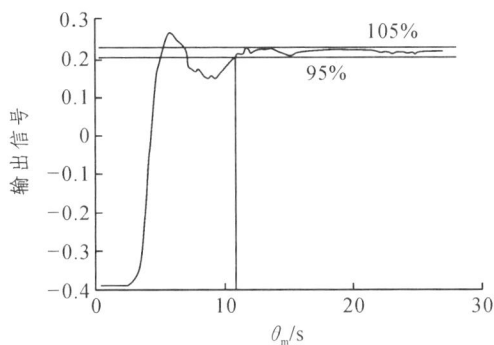

图 2.4　混合时间数据处理

2.2.1.3　实验结果与讨论

1. 多尺度熵（MSE）和最大 Lyapunov 指数（LLE）

图 2.5 和图 2.6 分别为桨叶类型对牛顿流体混合体系中的 MSE 和 LLE 的影响。从图 2.5 中可以看出，三种桨型体系中单相混合体系在各尺度下所表现出来的混沌涨落特性不同。分形搅拌桨体系中的 MSE 要大于涡轮搅拌桨体系，且分形搅拌桨体系中的 MSE 随着分形搅拌桨的分形迭代次数的增加而增大。MSE 还反映了空间能量分布的均匀性。这表明分形搅拌桨能够有效地提高搅拌桨能量的利用率，使搅拌槽内的流场能量分布得更为均匀，有利于流体的混合过程。从图 2.6 中可以看出，分形搅拌桨能够在斜叶搅拌桨的基础上提高单相流体混合体系的 LLE，且 LLE 随着分形搅拌桨的分形迭代次数的增多而增大。这可能是因为分形搅拌桨在旋转过程中桨叶周围的凹凸边缘将产生许多射流，能够有效增加单相混合体系的湍动程度，提高流体混合体系的混沌程度。

2. 流体混合时间及混合数

图 2.7 所示是混合体系的混合时间（t_m）与雷诺数（Re）之间的变化规律。从图 2.7 中可以看出，混合体系的混合时间随着 Re 的增大而减小。在相同操作条件下，与 RT 桨相比，分形 1 搅拌桨能够有效地减少混合时间（t_m），同时随着分形搅拌桨的分形迭代次数的增加，混合体系的混合时间能被进一步地缩短。这表明分形搅拌桨能够有效破坏流场中的搅拌"死区"，缩短流体的混合时间，提高流体的混合效率。基于混合体系中使用的三种搅拌桨结构不同，对比分析了三种搅拌体系在相同功耗条件下的混合时间，如图 2.8 所示。从图 2.8 中可以看出，

流体的混合时间随着搅拌功耗的增加不断减小,且与 RT 桨相比,在相同功耗条件下分形 1 搅拌桨能够有效缩短流体混合时间,分形 2 搅拌桨能够在分形 1 搅拌桨的基础上进一步缩短流体的混合时间,提高流体的混合效率。这可能是因为分形搅拌桨在旋转过程中能够通过自身的分形结构产生许多高速射流,破坏桨叶尾涡,提高桨叶能量传递效率及混合体系的湍动程度,强化流体的混合过程。与此同时,得到了混合时间(t_m)与单位体积功耗(P_v)之间的关系式:

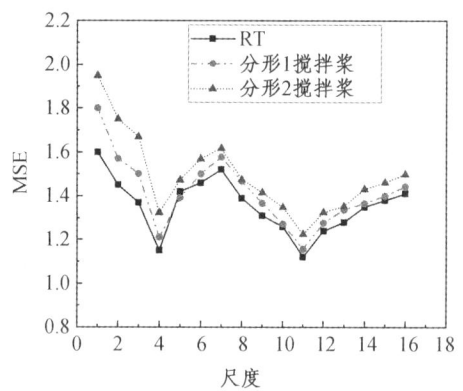

图 2.5　桨叶类型对 MSE 的影响

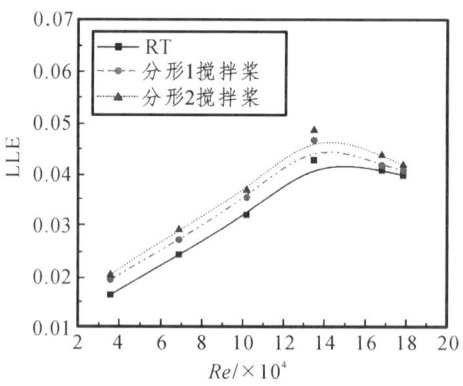

图 2.6　桨叶类型对 LLE 的影响

RT 搅拌桨：$t_m = 26.18 + 40.94 e^{-P_v/198.68} (R^2 = 0.9935)$ 　　　　　　　　　　　（2.9）

分形 1 搅拌桨：$t_m = 24.36 + 40.14 e^{-P_v/142.18} (R^2 = 0.9976)$ 　　　　　　　（2.10）

分形 2 搅拌桨：$t_m = 21.49 + 34.05 e^{-P_v/135.01} (R^2 = 0.9974)$ 　　　　　　　（2.11）

通过混合时间(t_m)和平均能量散率($\bar{\varepsilon}$)可以得到混合体系的混合数,流体混合数可以作为衡量流体混合性能的一个定量指标。

$$\eta = t_m \bar{\varepsilon} \tag{2.12}$$

其中,平均能量散率($\bar{\varepsilon}$)可以通过式(2.13)进行计算。

$$\bar{\varepsilon} = \frac{P}{V\rho} = \frac{N_p N^3 D^5}{V} \tag{2.13}$$

根据文献资料，混合数（η）的值越小，流体的混合效率越高。图2.9所示是在相同单位体积功耗条件下三种不同桨型体系的混合数（η）。从图2.9中可以看出，与RT桨相比，分形搅拌桨体系中的混合数（η）较低，且随着分形搅拌桨的分形迭代次数的增加，混合体系的混合数（η）能够被进一步降低。也就是说，分形搅拌桨能够通过自身的分形结构强化流体的混合过程，提高流体的混合效率，且随着分形搅拌桨的分形迭代次数的增加，流体的混合效率能够进一步提高。

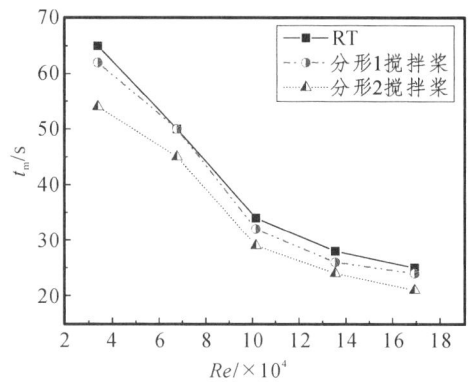

图2.7　不同搅拌桨在不同雷诺数下的混合时间

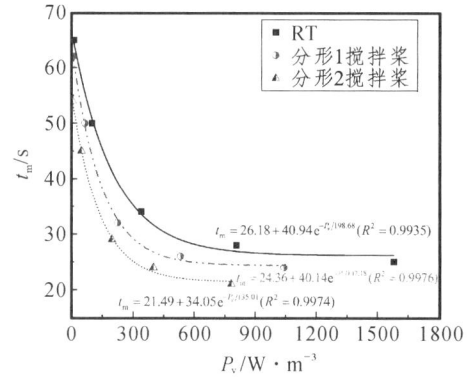

图2.8　不同搅拌桨在不同单位体积功耗下的混合时间

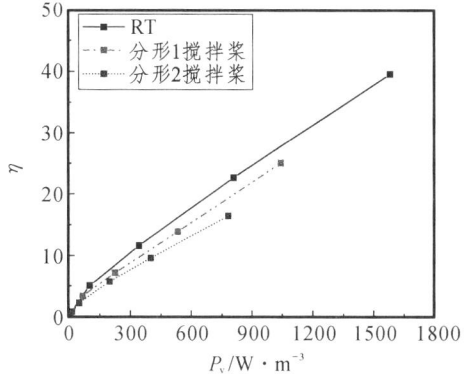

图2.9　不同搅拌桨在不同单位体积功耗下的混合数

3. 搅拌功耗及功率准数

在搅拌桨的设计和优化过程中,搅拌功耗是评价搅拌桨性能的一个非常重要的参数,它影响着设备投资和运行成本。图 2.10 所示是不同搅拌桨在不同雷诺数下的搅拌功耗。从图 2.10 中可以看出,与 RT 桨相比,分形搅拌桨能够有效降低搅拌功耗,且随着分形搅拌桨的分形迭代次数的增加,搅拌功耗能够被进一步降低。与此同时,功率准数(N_p)也是搅拌桨性能优化的重要参数之一。功率准数(N_p)的计算式如式(2.14)所示。

$$N_p = \frac{P}{\rho N^3 D^5} \tag{2.14}$$

图 2.11 为不同搅拌桨在不同雷诺数下的功率准数。一般来说,当雷诺数 $Re>10^4$ 时,功率准数趋向于一个常数。从图 2.11 中可以看出,3 种搅拌桨体系中的功率准数均相对稳定。在相同操作条件下,分形 1 搅拌桨体系的功率准数比 RT 桨体系的功率准数低约 34.6%,分形 2 搅拌桨的功率准数比 RT 桨体系的功率准数低约 51.9%。Vusse et al. 报道了搅拌桨桨叶在旋转方向上的投影面积 S 与功率数 N_p 的相关性,即

$$N_p = kD^{-(0.6\sim 0.8)}S^{(0.3\sim 0.4)} \tag{2.15}$$

基于分形搅拌桨的结构设计可以看出,随着分形搅拌桨的分形迭代次数的增加,分形搅拌桨桨叶面积逐渐减小,桨叶所受到的阻力相应减小,功率准数也相应地减小。由此可见,分形搅拌桨能够利用自身的分形特征,降低功率消耗,改善搅拌桨的混合性能。

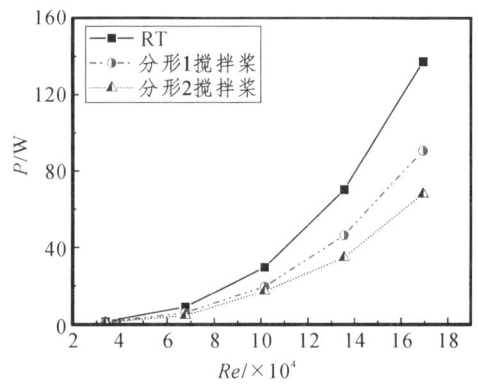

图 2.10 不同搅拌桨在不同雷诺数下的搅拌功耗

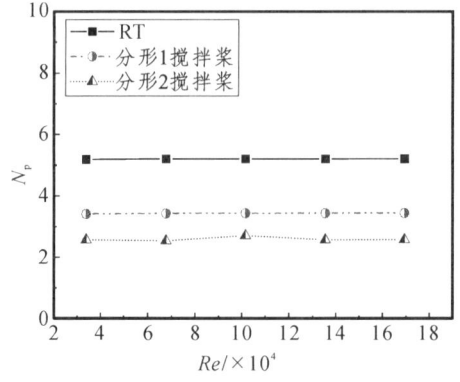

图 2.11 不同搅拌桨在不同雷诺数下的功率准数

2.2.2 数值模拟分析

2.2.2.1 计算模型及方法

1. 几何模型

数值模拟中的搅拌槽和搅拌桨的结构尺寸与前面混沌特性分析实验中搅拌槽和搅拌桨的相同。

2. 网格划分

数值模拟中将搅拌桨附近区域划分为旋转子域，其余区域划分为静止子域。其中，静止子域采用结构六面体网格进行划分，旋转子域采用非结构四面体网格划分，为了提高模拟计算精度，对旋转子域进行网格加密处理。旋转子域和静止子域网格划分分别如图 2.12 和 2.13 所示。通过对比不同数量网格对 RT 桨搅拌槽内液相径向速度的影响，得到与网格数量无相关性解，RT 桨搅拌槽最终网格总数量为 2 262 634 个，如图 2.14 所示。同理，分形 1 桨搅拌槽最终网格总数量为 2 612 569 个，分形 2 桨搅拌槽最终网格总数量为 257 483 个。图 2.15 为 RT 桨搅拌中搅拌功耗的模拟值与实验值。从图 2.15 中可以看出，模拟中实验中的搅拌功耗变化趋势相似，模拟值与实验值的误差较小，表明模拟结果与实验结果吻合较好。

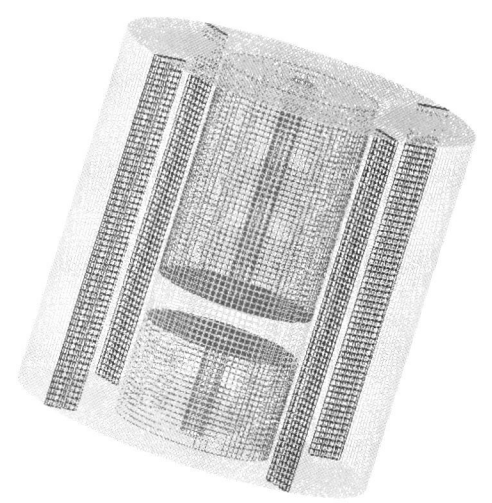

图 2.12 静区域网格划分

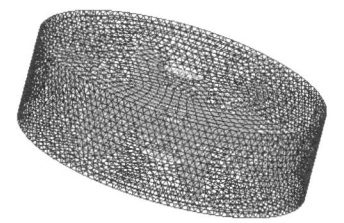 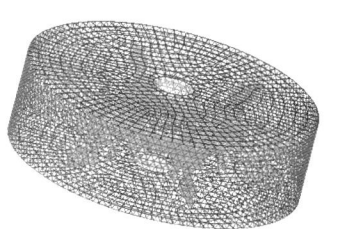 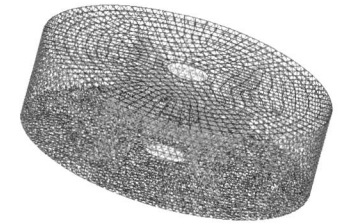

（a）涡轮搅拌桨　　　　　（b）分形 1 搅拌桨　　　　　（c）分形 2 搅拌桨

图 2.13 动区域网格划分

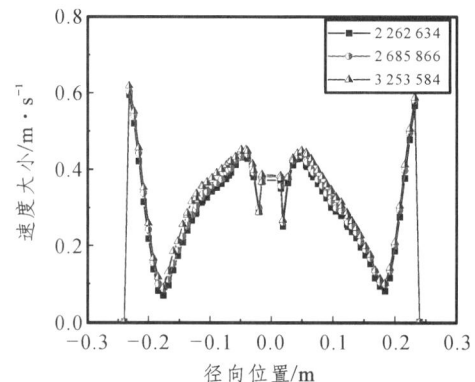

图 2.14　RT 桨混合体系中径向速度分布（$N=3\ \mathrm{s}^{-1}$，$z=0.08\ \mathrm{m}$）

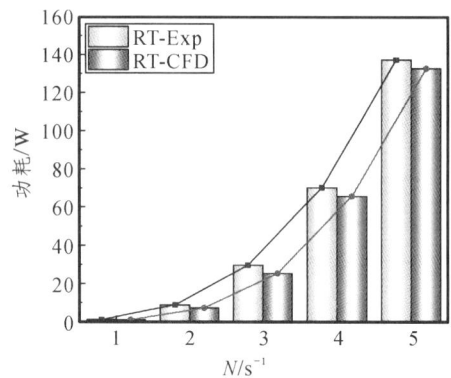

图 2.15　RT 桨混合体系中搅拌功耗的实验值与模拟值

3. 基本控制方程

CFD 数值模拟就是利用数值解算方法求解流体力学的基本控制方程，包括连续性方程、动量方程以及能量方程。对于单相流体，其控制方程如下。

连续性方程：

$$\frac{\partial \rho}{\partial t}+\frac{\partial(\rho u_x)}{\partial x}+\frac{\partial(\rho u_y)}{\partial y}+\frac{\partial(\rho u_z)}{\partial z}=0 \tag{2.16}$$

式中　t——流动时间，s；

　　　P——流体密度，$\mathrm{kg/m^3}$；

　　　u_x、u_y、u_z——在 x、y、z 三个方向上的速度分量，m/s。

动量方程：

$$\frac{\partial(\rho u_x)}{\partial t}+\nabla\cdot(\rho u_x \vec{u})=-\frac{\partial \rho}{\partial x}+\frac{\partial \tau_{xx}}{\partial x}+\frac{\partial \tau_{xy}}{\partial y}+\frac{\partial \tau_{xz}}{\partial z}+F_x \tag{2.17}$$

$$\frac{\partial(\rho u_y)}{\partial t}+\nabla\cdot(\rho u_y \vec{u})=-\frac{\partial \rho}{\partial y}+\frac{\partial \tau_{xy}}{\partial x}+\frac{\partial \tau_{yy}}{\partial y}+\frac{\partial \tau_{yz}}{\partial z}+F_y \tag{2.18}$$

$$\frac{\partial(\rho u_z)}{\partial t}+\nabla\cdot(\rho u_z \vec{u})=-\frac{\partial \rho}{\partial z}+\frac{\partial \tau_{zx}}{\partial x}+\frac{\partial \tau_{zy}}{\partial y}+\frac{\partial \tau_{zz}}{\partial z}+F_z \tag{2.19}$$

式中　τ_{xx}，τ_{yy}，τ_{zz}——流体微元体的黏性应力τ在x、y、z方向上的分量，Pa；

P——流体微元体所受的压力，Pa；

F_x，F_y，F_z——微元体在x、y、z方向上的体力，kg·m^{-2}·s^{-2}。

当体力仅为重力时，则表示$F_x=0$，$F_y=0$，$F_z=-\rho g$。

4. 数值模拟方法

本节采用商业软件 ANSYS 14.5 对牛顿流体混合过程的流场特性进行瞬态模拟。采用多重参考系（Multiple Reference Frame，MRF）模型模拟搅拌桨的转动，即搅拌桨所在区域以桨叶旋转速度为参考系，其他区域使用静止参考系。采用延迟脱体涡模拟（detached eddy simulation，DES）耦合 Spallart-Allmaras（SA）模型模拟流体的湍动特性。压力速度耦合采用 PRESTO 算法，差分格式采用二阶迎风格式，收敛残差设为 10^{-4}。时间步长设为 0.0001 s，总模拟时间为 50 s。搅拌槽壁面设置为壁面条件（wall），旋转子域与静止子域的交界面设为内部界面（interface），自由液面设置为对称边界条件（symmetry）。

2.2.2.2　数值模拟结果与讨论

1. 桨叶尾涡结构分析

搅拌功耗与搅拌桨的尾涡结构密切相关。根据文献报道，搅拌桨的大部分能量消耗在桨叶尾涡处，只有一小部分搅拌桨能量用于流体混合过程。为了分析搅拌桨尾涡结构的形成机理，需对搅拌桨桨叶周围区域的流型进行分析。图 2.16 所示为 $Re=16.9\times10^4$ 时三种不同搅拌桨桨叶背后的循环区结构。从图 2.16（a）中可以看出，RT 桨在旋转过程中，桨叶上、下边缘流动的流体在流过桨叶时会在桨叶背后形成两个比较明显的回流区（A1 和 A2）。从图 2.16（b）中可以看出，在分形 1 搅拌桨桨叶附近的两个回流区不再那么明显，回流区的尺寸变小，这是因为分形搅拌桨在旋转过程中自身的凹凸结构能够产生许多高速射流，能够有效地破坏桨叶背后的回流区，这种现象在分形 2 搅拌桨体系中更为明显，桨叶附近的回流区被分解为尺寸更小的回流区[图 2.16（c）]。

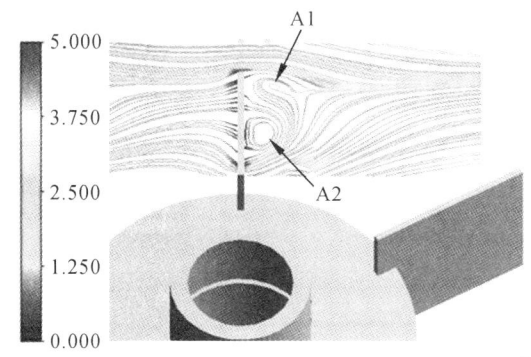
（a）涡轮搅拌桨

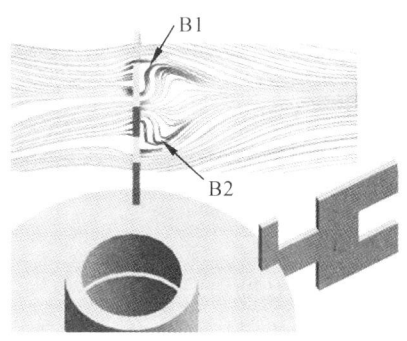
（b）分形 1 搅拌桨

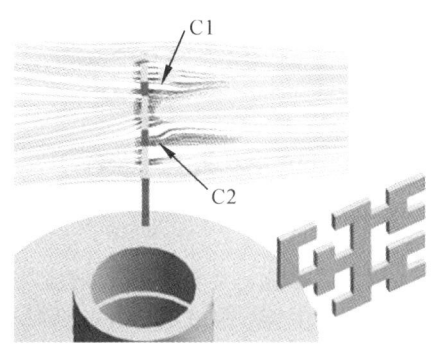

（c）分形 2 搅拌桨

图 2.16　桨叶背后的循环区（$Re=16.9\times10^4$）

图 2.17 所示为 $Re=16.9\times10^4$ 时三种不同桨型体系中搅拌桨平面上的速度分布。从图 2.17 中可以看出，RT 桨体系中的回流区非常明显，分形搅拌桨能够通过自身的分形结构破坏回流区，搅拌桨平面上的速度分布更为均匀，且随着分形搅拌桨的分形迭代次数的增加，桨叶背后的回流区被分割为尺寸更小的区域，搅拌桨平面上的速度分布更加均匀，更有利于流体的混合过程。

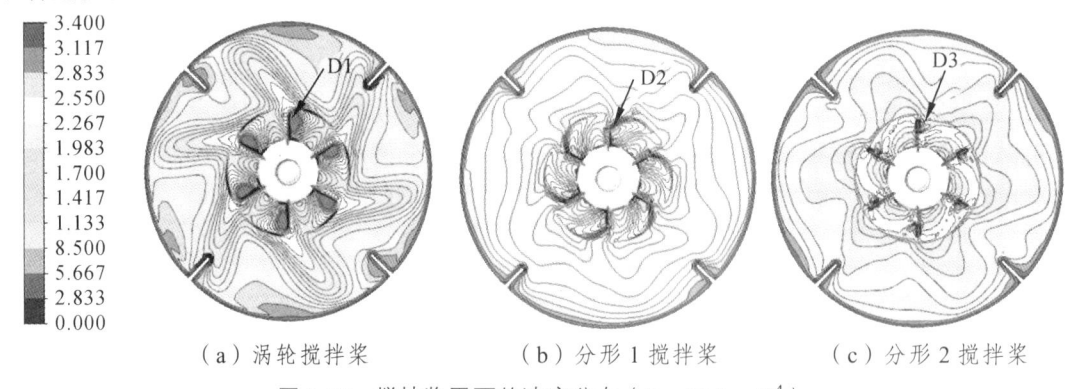

（a）涡轮搅拌桨　　　　　（b）分形 1 搅拌桨　　　　　（c）分形 2 搅拌桨

图 2.17　搅拌桨平面的速度分布（$Re=16.9\times10^4$）

图 2.18 所示为桨叶三维尾涡结构分布。从图 2.18 中可以看出，RT 桨桨叶背后形成了两个尺寸较大的尾涡结构，分形搅拌桨能够通过自身的凹凸结构将尾涡结构分解成较小的尾涡，且随着分形搅拌桨分形迭代次数的增加，这种效果更加明显。这说明分形搅拌桨在流体混合过程中能将更多的能量用于流体的混合过程，提高桨叶能量的利用率，强化流体的混合过程。

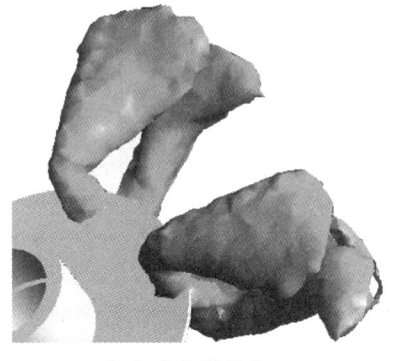

（a）涡轮搅拌桨　　　　　　　　　　　（b）分形 1 搅拌桨

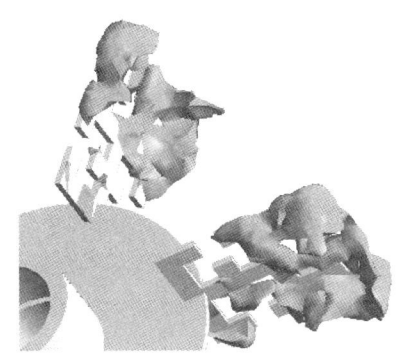

（c）分形 2 搅拌桨

图 2.18　桨叶三维尾涡结构

2. 湍动强度分布

图 2.19 所示为 $Re=16.9\times10^4$ 时三种桨型体系中桨叶后 20°径向的湍流强度分布。从图 2.19 中可以看出，RT 桨体系中桨叶后 20°径向的湍流强度分布有一个峰值点 F，F 点表示尾涡的位置。分形 1 搅拌桨体系中 20°径向的湍流强度分布有两个峰值点，从 r/R 位置可以看出，分形 1 搅拌桨桨叶在搅拌轴附近有一个缺口，在桨叶远端有一个缺口，这两个缺口处产生的尾涡促使这两处流体的湍流强度较大。同时可以观察到，随着分形搅拌桨分形迭代次数的增加，分形搅拌桨桨叶附近的流体湍流强度分布变得更加均匀。图 2.20 所示为在恒定功率条件下三种桨型体系桨叶附近区域的湍动能耗散率分布。从图 2.20（a）中可以看出，湍动能耗散率较大的区域（E1）集中在 RT 桨叶的吸力侧附近，湍动能耗散率数值较大的区域相对较小。从图 2.20（b）和 2.20（c）中可以看出，湍动能耗散率较大的区域随着分形搅拌桨分形迭代次数的增加而扩大，有利于桨叶能量的传递与耗散过程。这表明分形搅拌桨能够将更多的桨叶能量用于流体的混合过程，而不是消耗在桨叶尾涡处。

3. 流体速度分布

图 2.21 和图 2.22 所示分别为 $P=30$ W 时径向和轴向的速度分布。由图 2.21 中可以看出，在恒定功耗下，与 RT 桨体系相比，分形搅拌桨能够提高桨叶到搅拌槽壁之间区域的流体速度，增大流体的径向运动。与此同时，从图 2.22 中可以看出，在恒定功耗下，与 RT 桨体系相比，分形搅拌桨能够增强搅拌槽底部和顶部的流体速度，且随着分形搅拌桨分形迭代次数的增加，轴向速度越来越大，有利于增强搅拌槽内流体的轴向循环能力。

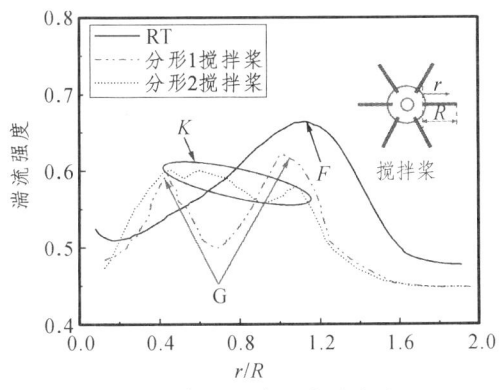

图 2.19　桨叶后 20°径向的湍流强度分布（$Re=16.9\times10^4$）

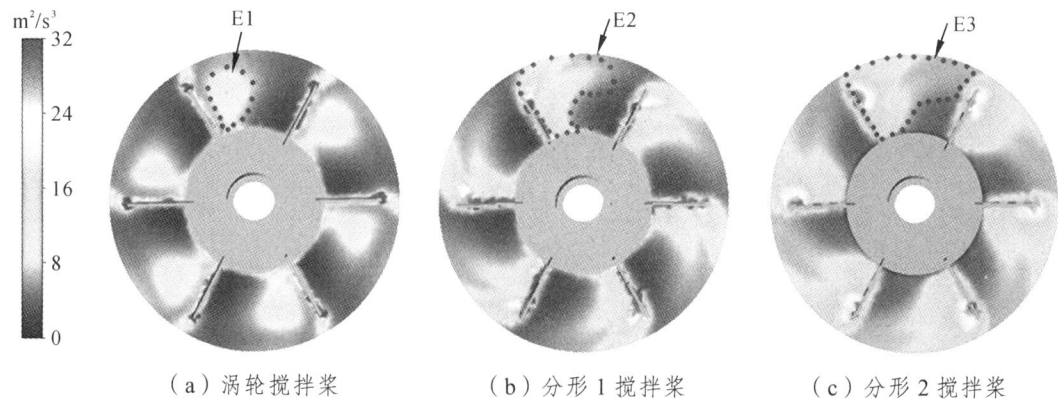

（a）涡轮搅拌桨　　　　　（b）分形1搅拌桨　　　　　（c）分形2搅拌桨

图 2.20　搅拌桨平面的湍动能耗散率分布（P_v=345.6 W）

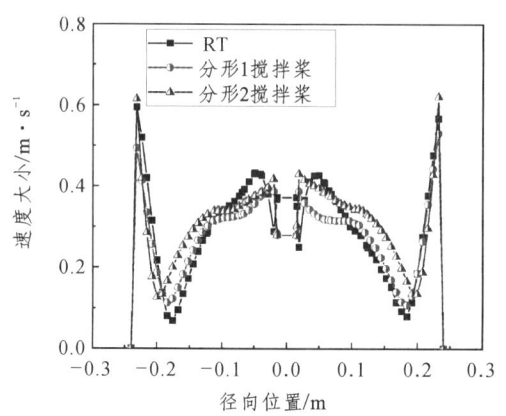

图 2.21　径向速度分布（z=0.08 m）

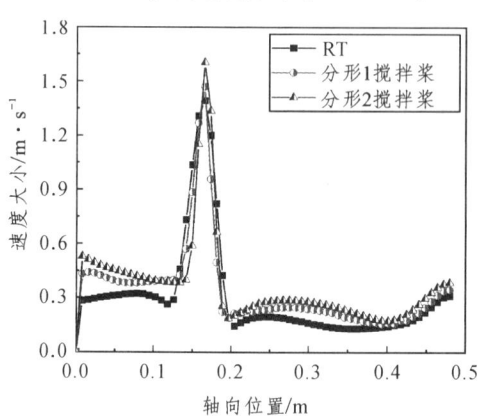

图 2.22　轴向速度分布（r/R=3.17）

2.3　非牛顿流体混合特性研究

2.3.1　混沌特性分析

2.3.1.1　实验装置

实验所用搅拌装置如图 2.23 所示。搅拌槽为内径 T=0.48 m 的平底透明圆柱形有机玻璃槽，搅拌槽内设置 4 个宽度均为 0.048 m（$T/10$）、厚度为 0.0048 m（$T/100$）的挡板。搅拌槽内液位高度 H=0.48 m，底桨的位置高度 $C=T/3$=0.16 m。实验过程中所用搅拌桨为三种搅拌桨，分别为斜叶搅拌桨（Pitched-blade impeller）、分形 1 搅拌桨（Fractal 1 impeller）、分形 2 搅拌桨（Fractal 2 impeller），如图 2.24 所示。三种搅拌桨的直径为 0.19 m，桨叶形状为正方形（图 2.25），L_0 为 0.042 m，$L_1=1/3L_0$，$L_2=1/7L_0$，桨叶叶片厚度为 0.002 m。实验中以质量分数 1.4% 的黄原胶溶液为流体介质，其流变参数如表 2.1 所示。实验过程中采用扭矩仪采集实验过程中的扭矩数据。

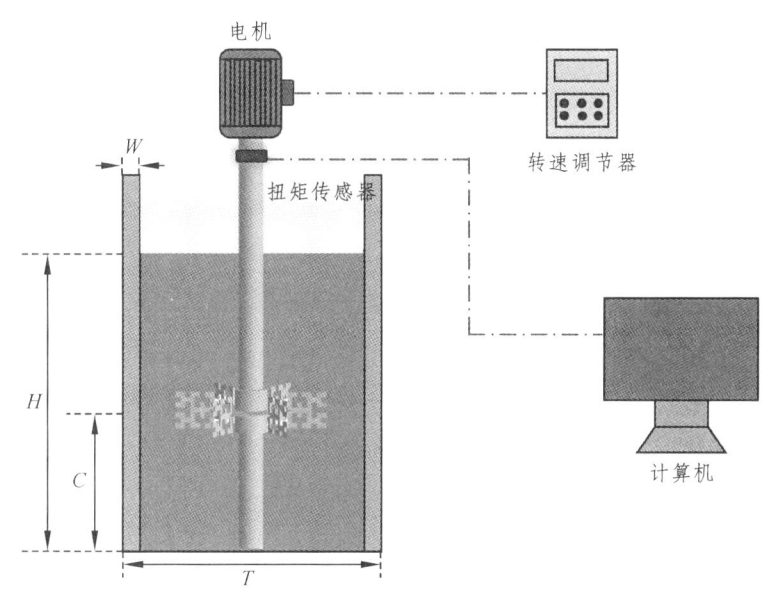

图 2.23 实验装置示意图

（a）斜叶搅拌桨　　　　（b）分形 1 搅拌桨　　　　（c）分形 2 搅拌桨

图 2.24 搅拌桨结构示意图

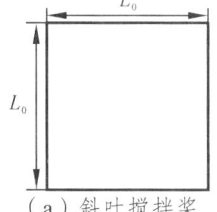 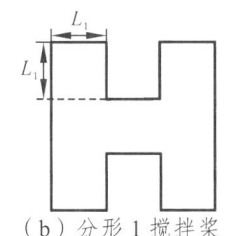

（a）斜叶搅拌桨　　　　（b）分形 1 搅拌桨　　　　（c）分形 2 搅拌桨

图 2.25 桨叶叶片结构示意图

表 2.1 流变参数

黄原胶质量分数 w/%	初始屈服切应力 τ_y/Pa	稠度系数 K/Pa·s^{-n}	密度 ρ/kg·m^{-3}	流变指数 n
1.4	7.16	11.68	990	0.28

2.3.1.2 流变模型

根据流体切应力与切应变速率的关系，可以把流体分为两大类，即牛顿流体和非牛顿流体。在层流状态下，若流体的切应力与速度梯度（切应变速率）成线性关系，则称这种流体为牛顿流体，将其表示为：

$$\tau = \eta \gamma \tag{2.20}$$

式中　τ——切应力，Pa；
　　　γ——切应变速率，1/s；
　　　η——流体动力黏度，Pa·s。

然而，工程应用中的很多流体并不满足牛顿剪切应力公式，其应力为切应变速率的单值函数，如下：

$$\tau = f(\gamma)\gamma \tag{2.21}$$

但 τ 与 γ 之间不是线性关系，性质不同的流体其 $f(\gamma)$ 的取值也不相同，把 $f(\gamma)$ 不为常数的流体称为非牛顿流体。对于纯黏性液体，可以用流变图来表达切应力与变形速率的关系，典型流体的流变图如图 2.26 所示。

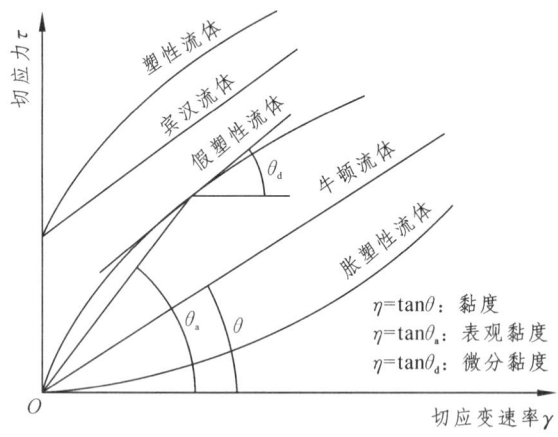

图 2.26　纯黏性流体的流变图

由图 2.26 可以看出，假塑性流体的流变曲线是一条下弯的曲线。在化学工程中常用幂律模型来描述假塑性流体和胀塑性流体，即

$$\tau = K\dot\gamma^n \tag{2.22}$$

式中　K——稠度系数，Pa·s^n；
　　　n——流变指数。

黄原胶是由野油菜黄胞杆菌发酵产生的一种胞外多糖，它的水溶液是一种典型的假塑性流体，具有高剪切变稀的特性。此外，黄原胶的黏塑性使其具有一定的初始屈服应力，也是少数几个在低浓度下就具有较高屈服应力的水状胶体，只有当受到的剪切力大于其屈服应力时溶液才开始流动，它的流变性可以由 Herschel-Bulkley 方程描述：

$$\tau = \tau_y + K\dot\gamma^n \tag{2.23}$$

式中 τ_y——初始屈服切应力，Pa。

剪切速率的估算可以通过搅拌槽内的平均剪切速率 γ_{avg}（单位：1/s）来实现。平均剪切速率 γ_{avg} 由 Mctzner-Otto 常数法确定，平均剪切速率 γ_{avg} 确定公式如下：

$$\gamma_{avg} = k_s N \tag{2.24}$$

式中 k_s——Mctzner-Otto 常数；

N——搅拌器转速，对于斜叶搅拌桨，其取值为 13。

带有屈服应力的假塑性流体的流变行为符合 Herschel-Bulkley 模型的描述，在搅拌槽中流体的表观黏度 η_a 可以表达为：

$$\eta_a = \frac{\tau}{\gamma_{avg}} = \frac{\tau}{k_s N} = \frac{\tau_y + K(k_s N)^n}{k_s N} \tag{2.25}$$

表观雷诺数 Re_y 为：

$$Re_y = \frac{k_s N^2 D^2 \rho}{\tau_y + K(k_s N)^n} \tag{2.26}$$

2.3.1.3 实验方法

1. 最大 Lyapunov 指数（LLE）

Lyapunov 指数是描述系统动力学特性的一个重要参数，它是指系统在相空间中相邻轨道间收敛或发散的平均指数率。对于某个系统是否存在动力学混沌，可根据系统的最大 Lyapunov 指数（Largest Lyapunov exponent，LLE）是否大于零直观地判断出来。根据混沌理论可知，系统存在混沌的充分条件是系统的 LLE>0，与此同时，LLE 值的大小表征了系统混沌程度的大小。实验过程利用扭矩传感器测量搅拌过程的扭矩信号，通过小波分析和傅里叶变化来处理压力脉动信号，利用 Wolf 法计算最大 Lyapunov 指数。

2. 搅拌功耗

搅拌功率是流体混合过程中的一个重要参数。实验过程中采用扭矩传感器测量搅拌过程中的扭矩 M，采用激光测速仪测量搅拌转速 N，计算搅拌功率 P。

2.3.1.4 实验结果与讨论

1. 最大 Lyapunov 指数（LLE）

图 2.27 为桨叶类型对黄原胶溶液混合体系的 LLE 的影响。从图 2.27 中可以看出，分形搅拌桨能够在斜叶搅拌桨的基础上提高流体混合体系的 LLE，且 LLE 随着分形搅拌桨的分形迭代次数的增多而增大。这可能是因为分形搅拌桨在旋转过程中桨叶周围的凹凸边缘将产生许多射流，能够有效增加混合体系的流动性，提高流体混合体系的混沌程度。

2. 搅拌功耗

图 2.28 为转速 N=150 r/min、180 r/min、210 r/min、240 r/min 条件下斜叶搅拌桨、分形 1 搅拌桨、分形 2 搅拌桨三种搅拌体系的实验功耗。从图 2.28 中可以看出，在 120~180 r/min，三个搅拌桨体系中的搅拌功耗相差不大；在 210 r/min 时，与斜叶搅拌桨体系相比，分形 1 搅

拌浆体系的功耗减少 16%，分形 2 搅拌浆体系的功耗减少 29%；在 240 r/min 时，与斜叶搅拌浆体系相比，分形 1 搅拌浆体系功率消耗减少 18%，分形 2 搅拌浆体系的功耗减少 34%。由此可以看出，分形搅拌浆体系的功率消耗明显小于斜叶搅拌浆体系，且随着分形搅拌浆的迭代次数的增加，功率消耗会进一步降低。这表明分形搅拌浆能够有效降低功耗，且随着浆叶分形迭代次数增高，功耗也会降低。

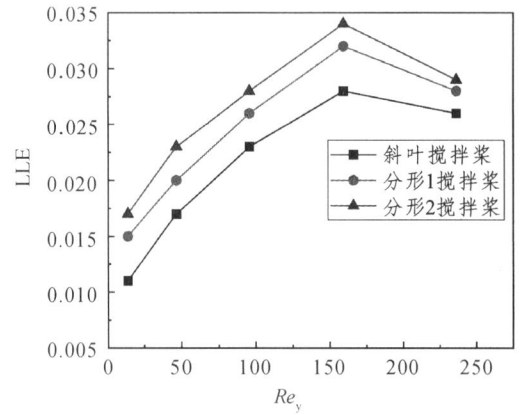

图 2.27　桨叶类型对 LLE 的影响

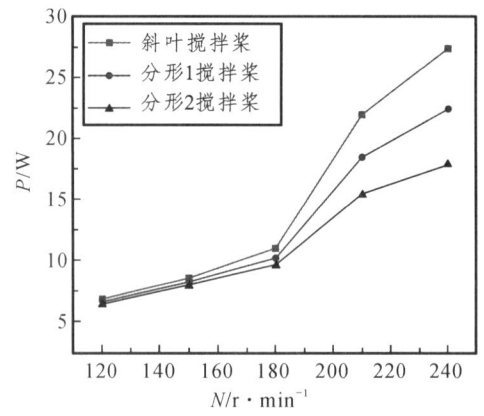

图 2.28　不同搅拌桨在不同转速条件下的搅拌功耗

3. 可视化实验

黄原胶溶液混合过程中，由于黄原胶溶液具有初始屈服应力和剪切稀化的特性，在搅拌桨附近会形成一个强烈的混合区域，称为洞穴区；而在远离搅拌桨处的流体所受切应力略大于或小于初始屈服应力，流体处于缓慢流动甚至停滞的状态，称为停滞区或滞流区。为了观察洞穴结构的演化规律，通过可视化实验获取黄原胶溶液混合过程中的洞穴结构。可视化实验将酚酞作为指示剂，加入 1 mol/L 的 NaOH 溶液 240 mL 于搅拌桨附近作为显色剂，黄原胶溶液混合过程中洞穴区将优先被染成红色；待流体混合均匀后，再加入 1 mol/L 的 H_2SO_4 溶液 120 mL 于搅拌桨附近作为脱色剂，黄原胶溶液混合过程中洞穴区将优先进行脱色，洞穴区将由红色变为白色。通过酸碱中和实验将洞穴区以不同颜色展现出来，对洞穴结构演化进行观察。

可视化实验对比了在搅拌时间为 30 min，功耗 P=8.47 W 的条件下斜叶搅拌桨、分形 1 搅拌桨、分形 2 搅拌桨三种搅拌体系的洞穴结构，如图 2.29 和图 2.30。从图 2.29 和图 2.30 可以看出，同一搅拌体系在着色过程中形成的洞穴区与脱色过程中形成的洞穴区的大小与形状大致相同。与斜叶搅拌桨体系相比，分形 1 搅拌桨体系形成的洞穴尺寸更大，分形 1 搅拌桨混合形成更好；与分形 1 搅拌桨体系相比，分形 2 搅拌桨体系形成的洞穴尺寸进一步增大，这表明随着分形搅拌桨分形迭代次数的增加，流体混合效果能够被进一步提高。

同时，考察了搅拌转速对洞穴结构的影响，如图 2.31 和图 2.32，分别是斜叶搅拌桨体系在搅拌时间为 30 min，转速 N=150 r/min、180 r/min、210 r/min、240 r/min 的条件下形成的洞穴区。从图 2.31 和图 2.32 可以看出，随着搅拌转速的增大，洞穴区域的尺寸也随之增大，洞穴区的颜色也加深，流体流动性增强。通过增大转速的方式可以扩大洞穴，增强流体流动性，但这是以功耗增加为代价来提高混合效果。

（a）斜叶搅拌桨　　　　　（b）分形 1 搅拌桨　　　　　（c）分形 2 搅拌桨

图 2.29　着色过程中的洞穴结构

（a）斜叶搅拌桨　　　　　（b）分形 1 搅拌桨　　　　　（c）分形 2 搅拌桨

图 2.30　脱色过程中的洞穴结构

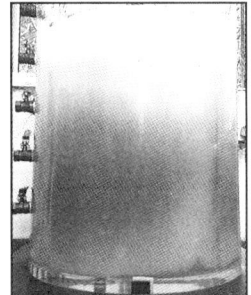   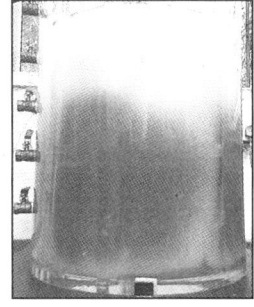

（a）150 r/min　　（b）180 r/min　　（c）210 r/min　　（d）240 r/min

图 2.31　不同转速下斜叶搅拌桨体系着色过程中的洞穴结构

（a）150 r/min　　　（b）180 r/min　　　（c）210 r/min　　　（d）240 r/min

图 2.32　不同转速下斜叶搅拌桨体系脱色过程中的洞穴结构

2.3.2　数值模拟分析

2.3.2.1　计算模型及方法

1. 几何模型

数值模拟中的搅拌槽和搅拌桨的结构尺寸与前面混沌特性分析实验中搅拌槽和搅拌桨的相同。

2. 网格划分

数值模拟中将搅拌桨附近区域划分为旋转子域，其余区域划分为静止子域，如图 2.33 所示。其中，静止子域采用结构六面体网格进行划分，旋转子域采用非结构四面体网格划分，为了提高模拟计算精度，对旋转子域进行网格加密处理。斜叶桨搅拌槽最终网格总数量为 1 107 895 个，分形 1 桨搅拌槽最终网格总数量为 1 111 060 个，分形 2 桨搅拌槽最终网格总数量为 1 108 797 个。图 2.34 为斜叶桨搅拌体系中搅拌功耗的模拟值与实验值。从图 2.34 中可以看出，模拟中实验中的搅拌功耗变化趋势相似，模拟值与实验值的误差较小，表明模拟结果与实验结果吻合较好。

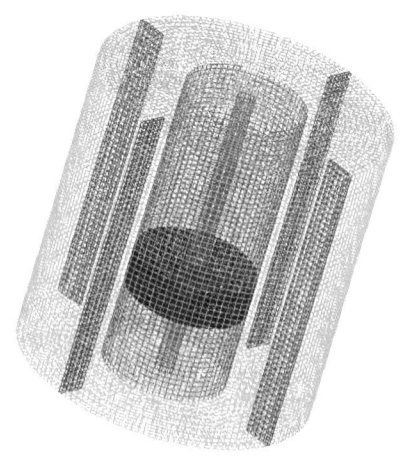

图 2.33　搅拌槽区域网格划分

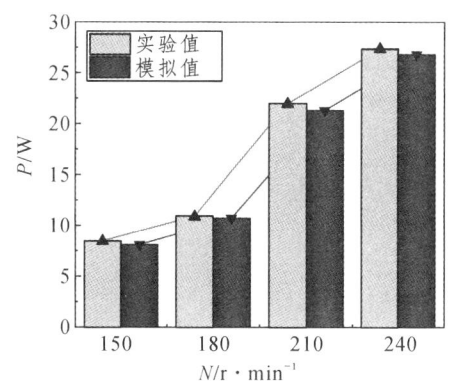

图 2.34　斜叶桨混合体系中搅拌功耗的实验值与模拟值

3. 数值模拟方法

本节采用商业软件 ANSYS 14.5 对非牛顿流体混合过程的流场特性进行稳态层流模拟。采用多重参考系（Multiple Reference Frame，MRF）模型模拟搅拌桨的转动，即搅拌桨所在区域以桨叶旋转速度为参考系，其他区域使用静止参考系。采用 Herschel-Bulkley 黏度模型对黄原胶溶液的流变特性进行模拟。收敛残差设为 10^{-4}。搅拌槽壁面设置为壁面条件（wall），旋转子域与静止子域的交界面设为内部界面（interface），自由液面设置为对称边界条件（symmetry）。

2.3.2.2　数值模拟结果与讨论

1. 流体黏度分布

图 2.35 为功率 P=8.47 W 的条件下斜叶搅拌桨、分形 1 搅拌桨、分形 2 搅拌桨三种不同搅拌体系中的纵向截面黏度分布图。由图 2.35 可以看出，靠近搅拌桨附近区域的黄原胶溶液受到的剪切力较大，流体黏度下降变低；而远离搅拌桨区域的黄原胶溶液受到的剪切力较低，流体黏度较高。与斜叶搅拌桨体系相比，分形搅拌桨体系中所形成的洞穴侧面与搅拌槽壁接触部分更高，洞穴底部与槽底接触部分也更宽，在搅拌槽底部的滞流区也缩小了很多，流体流动范围更广，但搅拌桨下方存在着一个"灯下黑"的搅拌死区。与分形 1 搅拌桨体系相比，分形 2 搅拌桨体系中的洞穴侧面和底部与搅拌槽接触部分的尺寸更大，几乎囊括整个搅拌槽底部，底部区域更加饱满，洞穴区域覆盖范围更广，搅拌桨下方的"灯下黑"死区也基本被消除。这表明分形搅拌桨能扩大洞穴区域，还能消除桨叶下方的搅拌死区，随着分形搅拌桨的分形迭代次数的增加，洞穴区域尺寸变大，流体混合效果也越好。

图 2.36 为转速 N=150 r/min 条件下斜叶搅拌桨体系在搅拌槽高度为 z=0.08 m、0.16 m、0.24 m、0.32 m 处的横截面黏度分布图。z=0.16 m 处是搅拌桨所在位置，此高度截面上黄原胶溶液受到的剪切应力最大，流体黏度最小，受到挡板影响，挡板处存在着搅拌死区。z=0.08 m 与 z=0.24 m 是离搅拌桨所在高度相同距离的高度。在 z=0.08 m 截面，流体黏度较低；在 z=0.16 m 截面，流体黏度较高。这是因为搅拌桨叶 45°向下倾斜，溶液会被向下排出，所以 z=0.08 m 截面的扰动程度比 z=0.24 截面的扰动程度低。在 z=0.32 m 截面，因为距离搅拌桨距离较远，流体受到的剪切应力小于初始屈服应力，所以整个截面几乎是红色的高黏度滞流区，流体流动十分缓慢几乎停滞。总的来说，随着高度的升高，流体黏度先降低，在搅拌桨处达到最低，后黏度逐渐升高。

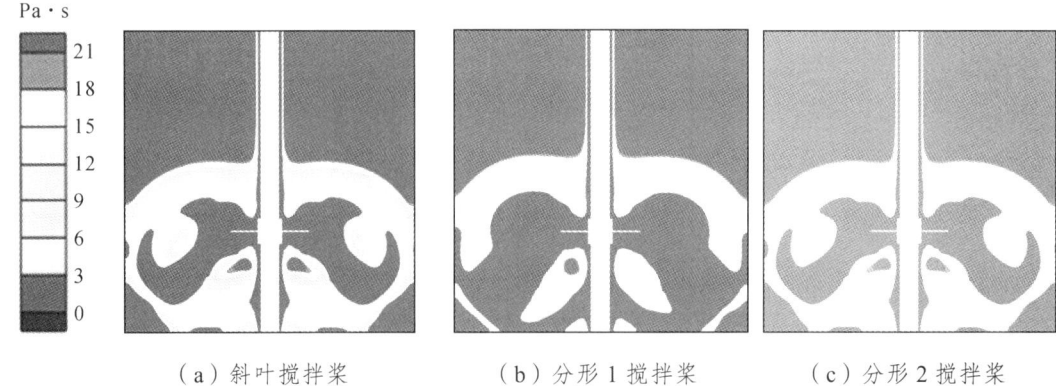

(a)斜叶搅拌桨　　　　　(b)分形1搅拌桨　　　　　(c)分形2搅拌桨

图 2.35　在功率 P=8.47 W 条件下不同搅拌桨体系 Y=0 面流体黏度分布图

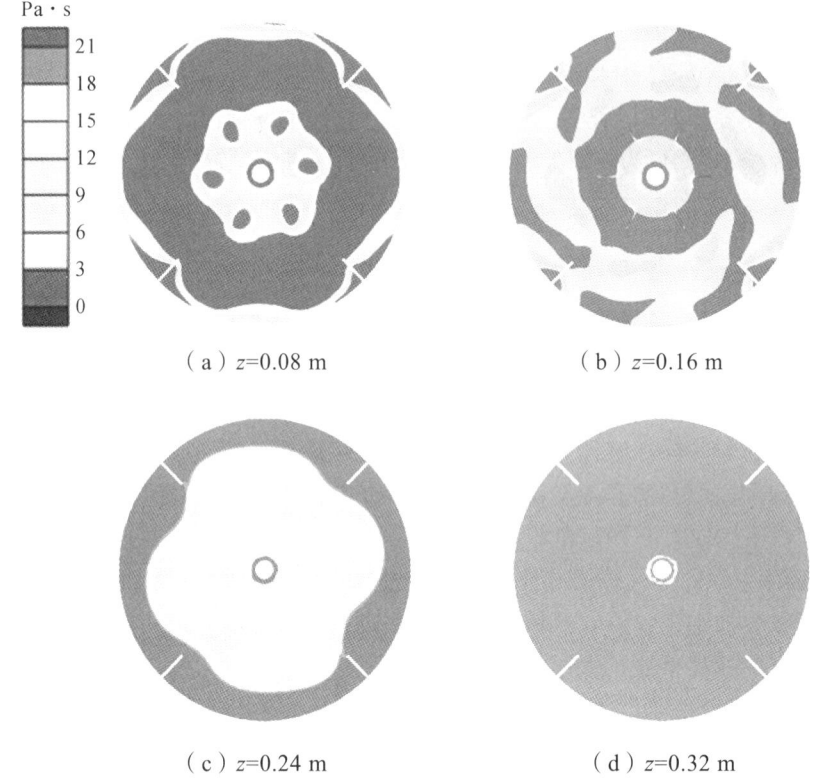

(a) z=0.08 m　　　　　　　(b) z=0.16 m

(c) z=0.24 m　　　　　　　(d) z=0.32 m

图 2.36　转速 N=150 r/min 条件下斜叶搅拌桨体系在不同搅拌槽高度的黏度径向分布图

图 2.37 为斜叶搅拌桨体系在转速 N=150 r/min、180 r/min、210 r/min、240 r/min 下的流体黏度分布图。从图 2.37 中可以看出,随着搅拌转速的增加,搅拌槽中低黏度区域面积在增加,且颜色在加深,黏度变得更低,洞穴底部区域和洞穴侧面区域都扩大,存在于搅拌槽底部的滞流区也被缩小,搅拌槽底部的滞流区只剩很小一部分,洞穴底部几乎与槽底重合。但位于搅拌桨下方的死区仍然存在,并没有受到转速的变化影响。总的来说,增大搅拌转速能够扩大洞穴区,减小滞流区,提高流体混合效率。

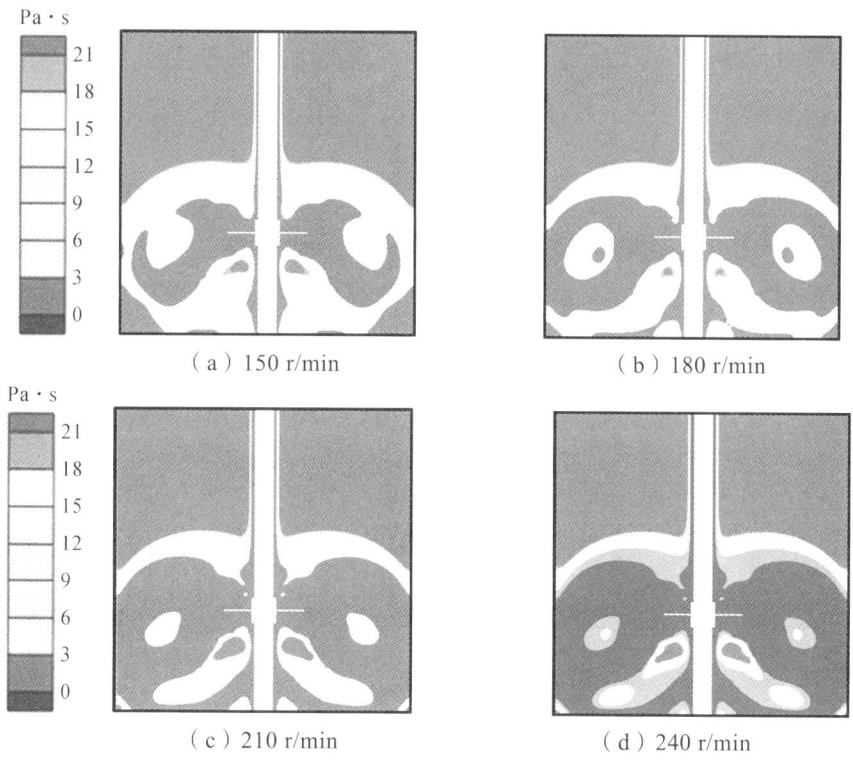

图 2.37 不同转速下斜叶搅拌桨体系在 $Y=0$ 面上流体黏度分布图

2. 流体速度分布

图 2.38 为功率 $P=8.47$ W 的条件下斜叶搅拌桨、分形 1 搅拌桨、分形 2 搅拌桨三种不同搅拌体系中的纵向截面速度分布图。通过流体速度分布图可以直观地看出搅拌槽内流体分布状况,从图 2.38 中可以看出,由于桨叶呈 45°下倾,流体被桨叶以 45°倾角向下排出,对流体有轴向与径向共同作用。在靠近搅拌桨附近的区域流体流动性较好,但在远离搅拌桨区域处受到的剪切应力小于初始屈服应力,流体处于缓慢流动或静止状态。与斜叶搅拌桨体系相比,分形搅拌桨体系的流速较高区域更大。与分形 1 搅拌桨体系相比,分形 2 搅拌桨体系的流体速度较高区域进一步扩大。这表明分形搅拌桨能够扩大流速较高区域,且随着分形迭代次数的增加,流速较高区域也增大,流体流动性增强。

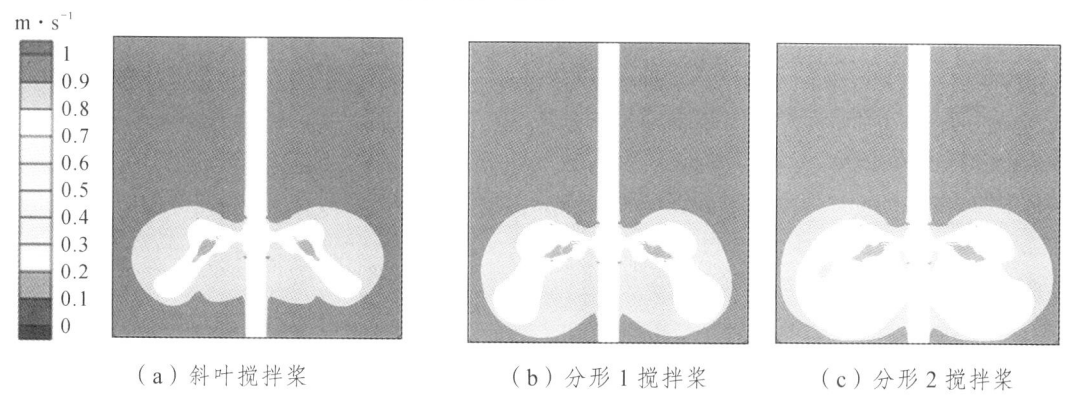

图 2.38 在功率 $P=8.47$ W 条件下不同搅拌桨体系 $Y=0$ 面流体速度分布图

图 2.39 为转速 N=150 r/min 条件下斜叶搅拌桨体系在搅拌槽高度为 Z=0.08 m、0.16 m、0.24 m、0.32 m 处的横截面流体速度分布图。由图 2.39 可知，Z=0.16 m 是搅拌桨所在高度，此处流体受到的剪切应力最大，流体具有最高速度。Z=0.08 m 与 Z=0.24 m 是离搅拌桨所在高度相同距离的高度，因为搅拌桨叶 45°向下倾斜，溶液会被向下排出，所以 Z=0.08 m 处的速度会比 Z=0.24 m 处的速度高。在 Z=0.24 m 高度，由于离搅拌桨较远，受到的剪切应力小于初始屈服应力，流体处于缓慢流动或静止状态。总的来说，随着高度升高，流体速度先增大，在桨叶所在高度流体速度最大，之后降低。

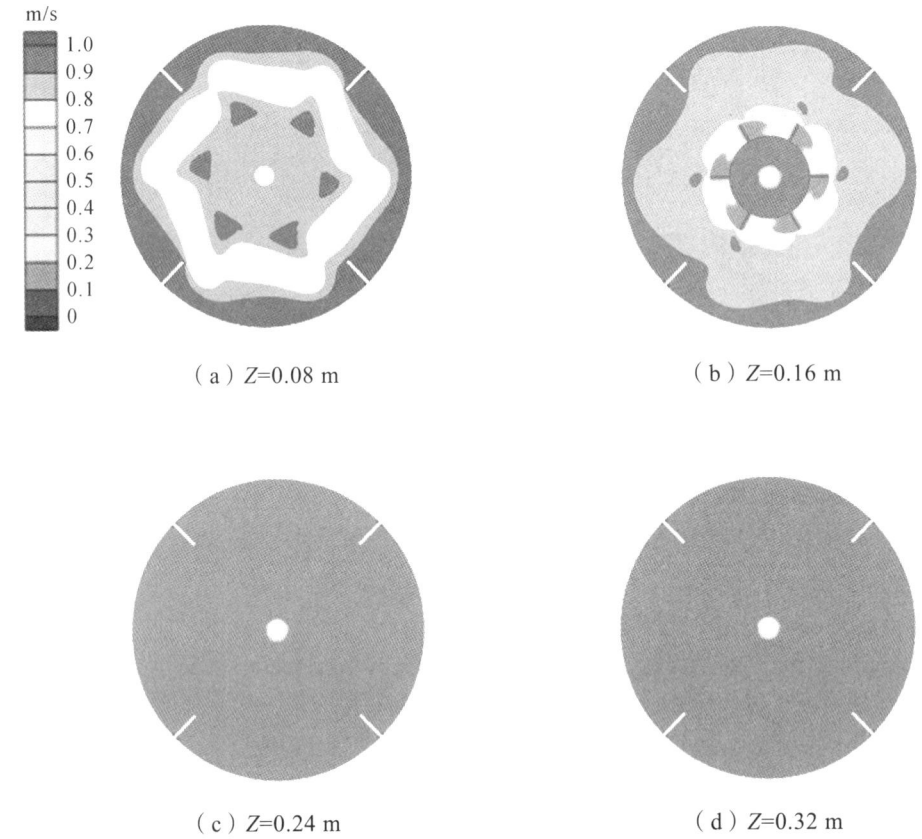

（a）Z=0.08 m   （b）Z=0.16 m

（c）Z=0.24 m   （d）Z=0.32 m

图 2.39 在转速 N=150 r/min 条件下斜叶搅拌桨体系不同高度的速度径向分布图

图 2.40 为斜叶搅拌桨体系在转速 N=150 r/min、180 r/min、210 r/min、240 r/min 下的流体速度分布图。从图 2.40 可以看出，随着搅拌转速的增大，流速较高区域开始向下方和四周扩展。在转速达到 210 r/min 时，流速较高区域开始触及槽底与槽壁，开始与搅拌槽壁重合；在转速达到 240 r/min 时，流速较高区域几乎布满整个搅拌槽下部分，且流体整体流速提高，流体流动性大幅度提升。总的来说，搅拌转速越高，流体流动性越强，流速较高区域越大，混合效率提高。

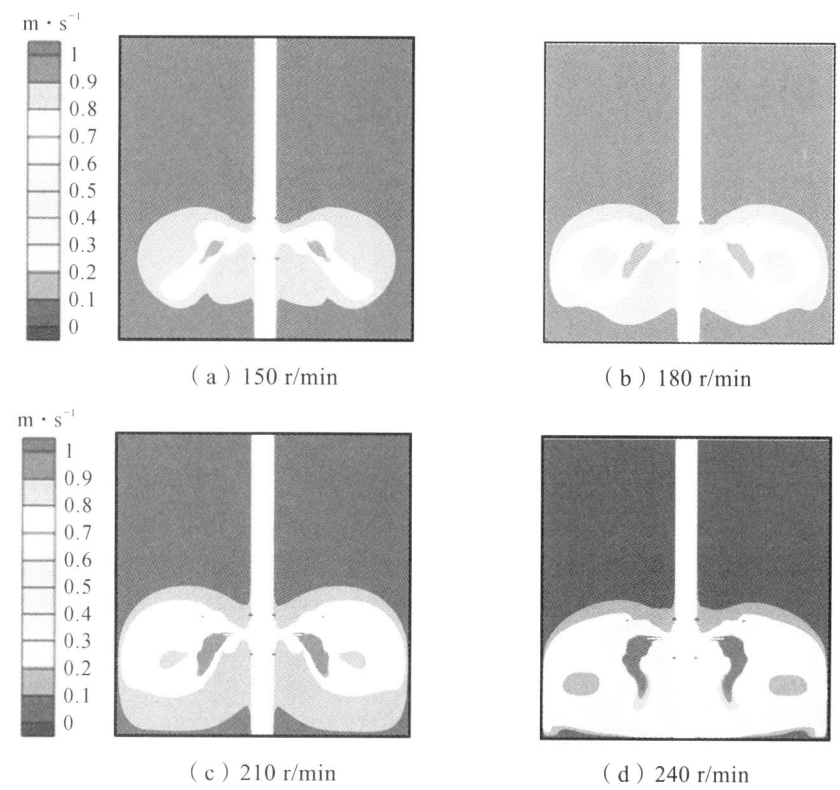

图 2.40 不同转速下斜叶搅拌桨体系在 $Y=0$ 面上流体速度分布图

2.4 本章小结

本章利用实验和数值模拟对比分析了分形搅拌桨强化单相流体混合过程中的混沌特性、流场特性以及强化机制。得出以下结论：

（1）在牛顿流体混合中，与涡轮搅拌桨相比，分形搅拌桨能够提高流体混合体系的 LLE 值和 MSE 值，增强混合体系的混沌程度，强化流体的混合过程。随着分形搅拌桨的分形迭代次数的增加，混合体系的混沌程度进一步增大。

（2）在牛顿流体混合中，与涡轮搅拌桨相比，分形搅拌桨可以减小桨叶背后的回流区尺寸及尾涡尺寸，降低其在流体混合过程中的搅拌功耗（P）和功率准数（N_p），提高桨叶能量利用率，增强混合体系的湍动强度，增大混合体系的湍动能耗散率，强化搅拌槽内流体的径向和轴向循环运动，提高流体的混合效率。随着分形搅拌桨的分形迭代次数的增加，搅拌槽内流体的混合效率进一步增大。

（3）在非牛顿流体混合中，与斜叶搅拌桨体系相比，分形搅拌桨能够扩大洞穴区，减小搅拌槽内的滞流区，提高流体流速，同时随着搅拌桨分形迭代次数的增加，洞穴区会被扩大，流速也会提高，滞留区也会进一步被减小。

（4）在非牛顿流体混合中，与斜叶搅拌桨体系相比，分形搅拌桨体系功耗更低，随着分形迭代次数的增加，所需功耗越低。随着转速的增加，搅拌桨能够有效地扩大洞穴区域，增强搅拌槽内流体的流动性。

3 分形搅拌桨强化固液两相混沌混合

3.1 引 言

固液搅拌反应器广泛应用于化工、冶金、医药、食品加工、生物发酵和废水处理等过程工业。搅拌桨作为固液搅拌反应器的核心部件,向搅拌反应器内的固液两相提供了所需的能量和适宜的流场,对固液体系的混合效果起着决定作用。但是,传统的搅拌桨在桨叶背后易形成较大的尾涡,桨叶大部分能量消耗在桨叶尾涡处,用于固液两相混合的能量较少,搅拌桨能量的利用效率较低,导致搅拌反应器内固体颗粒的聚集现象较为严重,固液两相的混合程度较低,工业生产能力降低。因此,搅拌桨结构的优化设计已成为强化固液两相混合过程的主要手段。

基于具有分形结构的物体可以在流场较大空间范围内产生湍流区,减小低雷诺数区,提高流场湍动强度的均匀性,破坏流场的尾迹结构。本章提出分形搅拌桨强化固液两相混合的新方法,以期达到增大搅拌桨能量传递效率,提高固液两相混合效率的目的。本章将利用实验和数值模拟研究分形搅拌桨强化固液两相混合过程中的混沌特性、流场特性以及强化机制,为搅拌反应器内固液两相的混合过程强化提供理论依据。

3.2 下沉颗粒与牛顿流体混合特性研究

3.2.1 混沌特性分析

3.2.1.1 实验装置

实验所用搅拌装置如图 3.1 所示。搅拌槽为内径 $T=0.48$ m 的平底透明圆柱形有机玻璃槽,搅拌槽内设置 4 个宽度均为 0.048 m($T/10$)、厚度为 0.0048 m($T/100$)的挡板。搅拌槽内液位高度 $H=0.80$ m,底桨的位置高度 $C=T/3=0.16$ m。实验过程中所用搅拌桨分为三种,分别为四斜叶搅拌桨(Four pitched-blade impeller)、分形 1 搅拌桨(Fractal 1 impeller)、分形 2 搅拌桨(Fractal 2 impeller),如图 3.2 所示。实验中三种不同搅拌桨的桨叶叶片面积 $A=0.0034$ m^2,桨叶叶片倾角为 45°,桨叶叶片长度 l 和宽度 h 分别为 0.085 m 和 0.04 m,其中 $h=4h_1=16\ h_2$,如图 3.3 所示。固液两相混合实验中的液相为自来水,其密度为 998 kg/m^3,黏度为 1 mPa·s;固相为玻璃砂,其密度为 2470 kg/m^3。实验过程中采用扭矩仪采集实验过程中的扭矩数据。

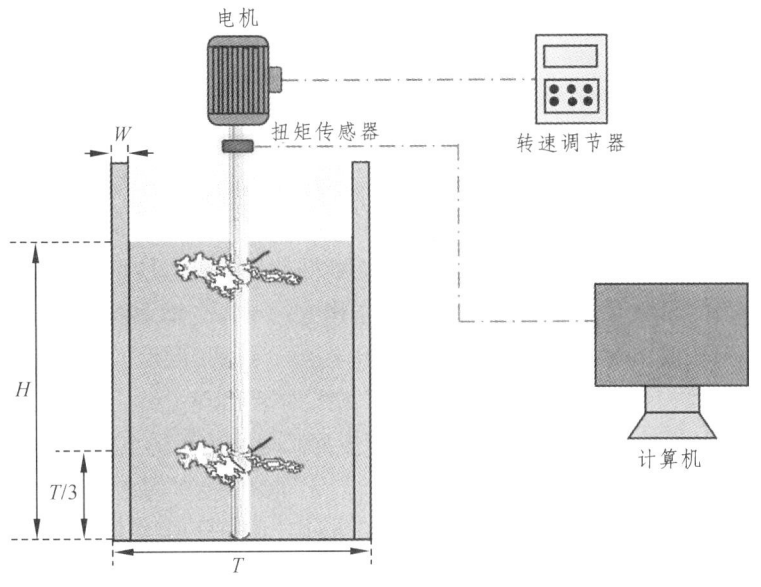

图 3.1 搅拌装置示意图

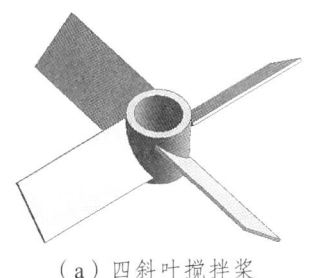

（a）四斜叶搅拌桨

（b）分形 1 搅拌桨

（c）分形 2 搅拌桨

图 3.2 搅拌桨结构示意图

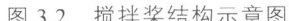

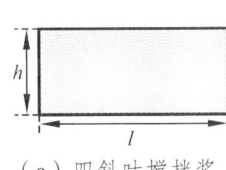

（a）四斜叶搅拌桨

（b）分形 1 搅拌桨

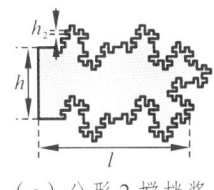

（c）分形 2 搅拌桨

图 3.3 桨叶叶片结构图

3.2.1.2 实验方法

1. 最大 Lyapunov 指数（LLE）

同 2.2.1.2 节。

2. 搅拌功耗

同 2.2.1.2 节。

3.2.1.3 实验结果与讨论

1. 桨叶类型对 LLE 的影响

图 3.4 为固液混合体系中的最大 Lyapunov 指数（LLE）与雷诺数（Re）之间的关系，其中 $Re=\rho ND^2/\mu_a$，在其他参数不变的情况下，雷诺数随着搅拌转速的增大而增大。从图 3.4 中可以看出，搅拌槽内固液混合体系的 LLE 随着雷诺数的增大先增大后减小。这是由于随着转速的增大，固液两相的湍动程度增大，固液两相体系的混沌程度增大，但随着转速进一步增大，搅拌槽内固液两相的周向运动加剧，固液两相整体会出现"打旋"现象，固液体系的混沌混合程度减小。从图 3.4 中也可以看出，分形搅拌桨混合体系的 LLE 值高于四斜叶搅拌桨混合体系，且分形搅拌桨随着分形迭代次数的增加，固液混合体系的混沌混合程度增大。这是因为分形搅拌桨在旋转过程中，分形叶片能够通过自身的分形结构提高流场的湍动程度，增大固液两相的悬浮程度，且随着分形搅拌桨的分形迭代次数的增加，分形搅拌桨在旋转过程中能够产生更多的高速射流，有利于破坏桨叶的尾涡结构，提高桨叶能量的利用率，强化固液两相的混合过程。

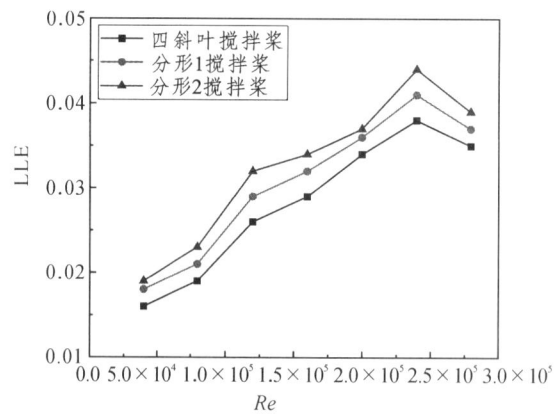

图 3.4 桨叶类型对 LLE 的影响

[桨叶间距=5T/6，颗粒直径=120 μm，初始固含率（体积分数，余同）=10%]

2. 桨间距对 LLE 的影响

图 3.5 为桨间距对固液两相混合体系 LLE 的影响。从图 3.5 中可以看出，桨间距为 2T/3 时，固液两相混合体系的 LLE 值较小，这是因为下层搅拌桨的位置固定不变，桨间距为 2T/3 时，上层搅拌桨距离液面的距离较大，固体颗粒运动到液面的距离较大，需要的输送能量较多，固液两相的悬浮程度相对较小，混合体系的 LLE 值较小。当桨间距为 T 时，桨间距相对较大，上下两层搅拌桨之间的相互作用较小，不利于搅拌槽内固液两相的轴向主体循环。从图 3.5 中可以看出，桨间距为 5T/6 时，固液两相混合系统的混沌混合程度较大，有利于固液两相的混合过程。

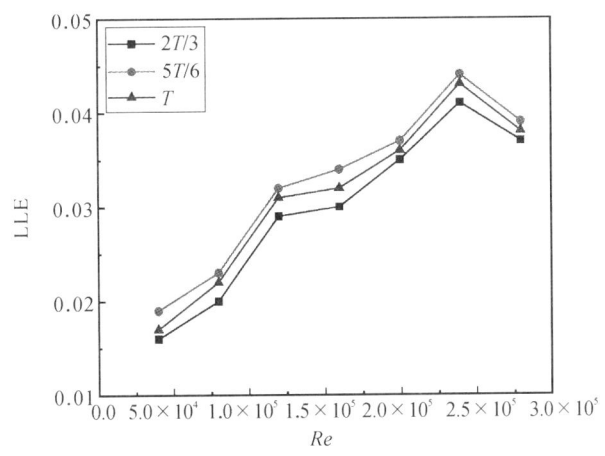

图 3.5 桨间距对 LLE 的影响

（分形 2 搅拌桨，$N=5\ s^{-1}$，颗粒直径=120 μm，初始固含率=10%）

3. 固体颗粒直径对 LLE 的影响

图 3.6 为固体颗粒直径对固液两相混合体系 LLE 的影响。从图 3.6 中可以看出，固体颗粒尺寸对固液两相的混沌混合程度有较大的影响，固体颗粒直径越小，固液两相混合体系的 LLE 值越大。这是因为固体颗粒直径越小，固体颗粒本身所受的重力以及在悬浮过程中所遇到的阻力较少，上升过程中所需的能量也较少。因此，在相同转速的条件下，固体颗粒直径小的固液混合体系的混合程度较大，固体颗粒直径较大的固液混合体系的混合程度较小。

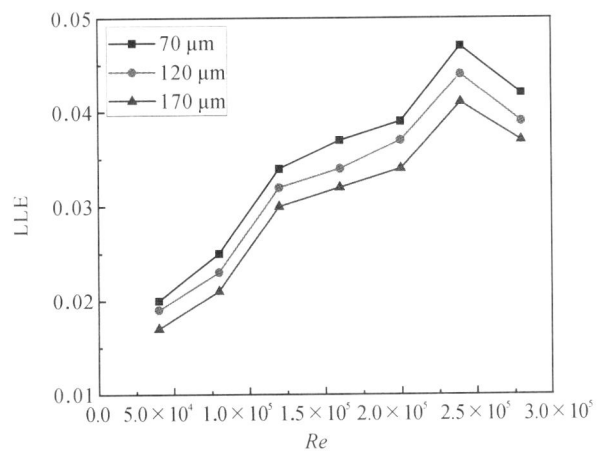

图 3.6 固体颗粒直径对 LLE 的影响

（分形 2 搅拌桨，$N=5\ s^{-1}$，桨间距=5T/6，初始固含率=10%）

4. 固体颗粒初始固含率对 LLE 的影响

图 3.7 为固体颗粒初始固含率对固液两相混合体系 LLE 的影响。从图 3.7 中可以看出，固体颗粒初始固含率为 2.50% 的混合体系的 LLE 值比固体颗粒初始固含率为 10.0% 的混合体系的大。这是因为初始固含率低的混合体系中的固体颗粒的数量较少，在相同转速的条件下，固体颗粒能获得更多的能量，固体颗粒的悬浮程度较大，固液两相混合体系的混沌混合程度较高。

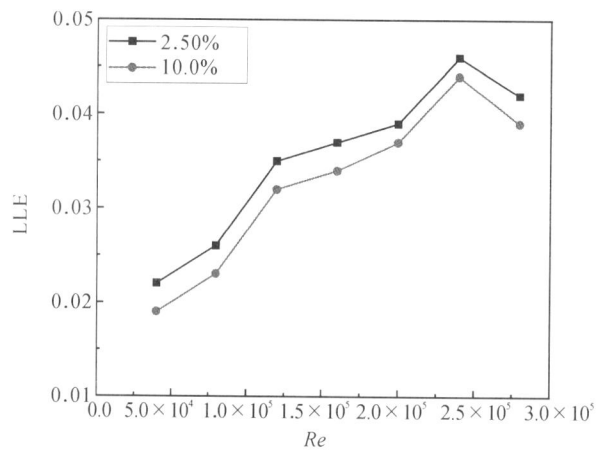

图 3.7 固体颗粒初始固含率对 LLE 的影响
（分形 2 搅拌桨，$N=5\ s^{-1}$，桨间距=5T/6，颗粒直径=120 μm）

3.2.2 数值模拟分析

3.2.2.1 计算模型

1. 几何模型

数值模拟的搅拌槽结构及搅拌桨类型与图 3.1 和图 3.2 相同。数值模拟中的搅拌槽和搅拌桨的几何尺寸与前面固液两相混沌特性分析实验中的搅拌槽和搅拌桨的相同。

2. 网格划分

数值模拟中将搅拌桨附近区域划分为旋转子域，其余区域划分为静止子域。其中，静止子域采用结构六面体网格进行划分，旋转子域采用非结构四面体网格划分，为了提高模拟计算精度，对旋转子域进行网格加密处理。旋转子域和静止子域网格划分分别如图 3.8 和图 3.9 所示。通过对比不同数量网格对四斜叶桨搅拌槽内固体颗粒的轴向速度（$r/R=0.5$）的影响，得到与网格数量无相关性解，四斜叶桨搅拌槽最终网格总数量为 1 637 394 个，如图 3.10 所示。同理，分形 1 桨搅拌槽最终网格总数量为 1 641 080 个，分形 2 桨搅拌槽最终网格总数量为 1 732 333 个。

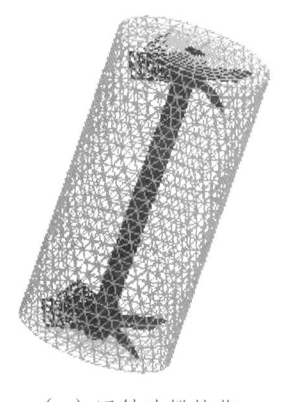
（a）四斜叶搅拌桨

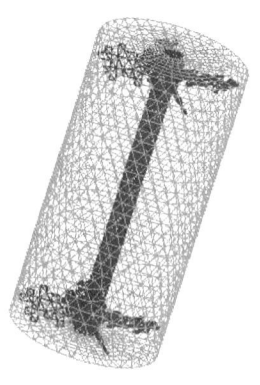
（b）分形 1 搅拌桨

（c）分形 2 搅拌桨

图 3.8 动区域网格划分

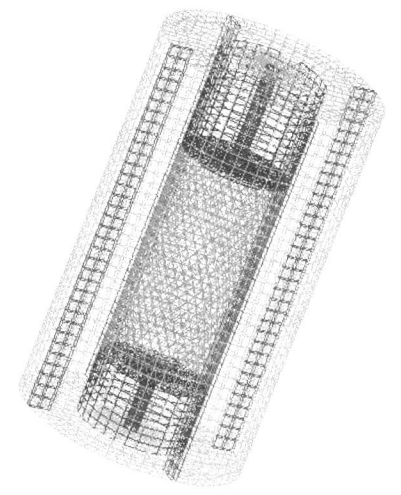

图 3.9　静区域网格划分

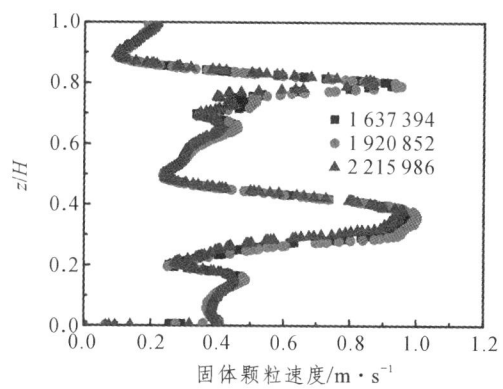

图 3.10　四斜叶桨搅拌槽网格无关性验证

3.2.2.2　基本控制方程

在 CFD 模拟中，多相流模拟中常用的两种模型分别为欧拉-欧拉（Euler-Euler）模型和欧拉-拉格朗日（Euler-Lagrange）模型。在 Euler-Euler 模型中，连续相和离散相在计算域中被视为相互渗透的连续介质。离散相的守恒方程可以在欧拉坐标系中与连续相类似地求解。相反，Euler-Lagrange 模型用欧拉方程描述连续相，但是离散相被看作是大量的单个粒子。该计算模型需要较高的计算成本和巨大的内存空间。Euler-Euler 模型则具有简单、低计算和更快的数值求解等优点。因此，本节采用 Euler-Euler 多相流模型进行搅拌槽内固液两相悬浮的 CFD 模拟。在质量和动量守恒原理的基础上，固液两相的连续性和动量方程如下。

连续性方程：

$$\frac{\partial}{\partial t}(\alpha_l \rho_l) + \nabla \cdot (\alpha_l \rho_l \vec{U}_l) = 0 \tag{3.1}$$

$$\frac{\partial}{\partial t}(\alpha_s \rho_s) + \nabla \cdot (\alpha_s \rho_s \vec{U}_s) = 0 \tag{3.2}$$

式中　下标 s，l——固相和液相；

　　　α——体积分数；

　　　ρ——密度，kg/m^3；

　　　$\vec{U}$——速度矢量。

动量方程：

$$\frac{\partial}{\partial(t)}(\alpha_l\rho_l\vec{U}_l)+\vec{\nabla}\cdot\left\{\alpha_l\left[\rho_l\vec{U}_l\vec{U}_l-(\mu_l+\mu_{tl})(\vec{\nabla}\vec{U}_l+(\vec{\nabla}\vec{U}_l)^T)\right]\right\}$$
$$=\alpha_l(\rho_l\vec{g}-\vec{\nabla}P)+\vec{F}_{l,s} \quad (3.3)$$

$$\frac{\partial}{\partial(t)}(\alpha_s\rho_s\vec{U}_s)+\vec{\nabla}\cdot\left\{\alpha_s\left[\rho_s\vec{U}_s\vec{U}_s-\mu_s(\vec{\nabla}\vec{U}_s+(\vec{\nabla}\vec{U}_s)^T)\right]\right\}$$
$$=\alpha_s(\rho_s\vec{g}-\vec{\nabla}P)+\vec{F}_{l,s} \quad (3.4)$$

式中　g——重力加速度，m/s^2；

　　　μ——黏度，$Pa\cdot s$；

　　　μ_t——湍流黏度，$Pa\cdot s$；

　　　P——压力，Pa；

　　　F——两相间的相互作用力，N。

3.2.2.3　湍流模型

CFD 数值模拟中有多种湍流模型可以用来处理流体的湍流模拟，如标准 k-ε 模型、可实现 k-ε 模型、重整化 k-ε 模型（RNG k-ε 模型）、雷诺应力模型（RSM 模型）、直接数值模拟（DNS）和大涡模拟（LES）。在这些湍流模型中，DNS 和 LES 在计算过程中非常耗时，在某些工程应用中常常不被接受。标准 k-ε 因其具有经济、快速和与实际实验数据吻合较好等优点，被广泛用于处理湍流流动。因此，本节数值模拟中采用标准 k-ε 湍流模型来模拟固液两相悬浮过程的湍流流动，其中假定连续相和分散相具有相同的湍动能 k 和湍流能量耗散率 ε。k 和 ε 的方程如下：

$$\frac{\partial}{\partial}(\alpha_l\rho_l k)+\vec{\nabla}\left[\alpha_l\rho_l\vec{U}_l k-\alpha_l(\mu_l+\frac{\mu_{tl}}{\sigma_k})\vec{\nabla}k\right]$$
$$=\alpha_l\left[\mu_{tl}\vec{\nabla}\vec{U}_l(\vec{\nabla}\vec{U}_l+(\vec{\nabla}\vec{U}_l)^T)-\rho_l\varepsilon\right] \quad (3.5)$$

$$\frac{\partial}{\partial}(\alpha_l\rho_l\varepsilon)+\vec{\nabla}\left[\alpha_l\rho_l\vec{U}_l\varepsilon-\alpha_l(\mu_l+\frac{\mu_{tl}}{\sigma_\varepsilon})\vec{\nabla}\varepsilon\right]$$
$$=\alpha_l\left[C_{1\varepsilon}\frac{\varepsilon}{k}\mu_{tl}\vec{\nabla}\vec{U}_l(\vec{\nabla}\vec{U}_l+(\vec{\nabla}\vec{U}_l)^T)-C_{2\varepsilon}\rho_l\frac{\varepsilon^2}{k}\right] \quad (3.6)$$

对于标准 k-ε 湍流模型来说，μ_t 可以用 k 和 ε 的函数来表示，即

$$\mu_{tl}=\rho_l C_\mu\frac{k^2}{\varepsilon} \quad (3.7)$$

在标准 k-ε 湍流模型中，经验常数 $C_{1\varepsilon}$，$C_{2\varepsilon}$，$C_{3\varepsilon}$ 分别为 1.44，1.92，0.09；湍动能和湍动

耗散率对应的普朗特数σ_k，σ_ε分别为1.0，1.3。

3.2.2.4　曳力模型

固液两相间的相互作用力包括升力、浮力、虚拟质量力和曳力等作用力。研究发现，当$\rho_s/\rho_l>2$时，升力、浮力和虚拟质量力与曳力相比都很小，对固液两相的悬浮特性影响较小。因此，本章模拟中的相间作用力只考虑曳力作用。曳力的表达式如下：

$$F_{\text{drag}} = \frac{3}{4}\frac{C_D}{d_p}\alpha_s\rho_l|\vec{U}_s - \vec{U}_l|(\vec{U}_s - \vec{U}_l) \tag{3.8}$$

式中　d_p——颗粒的直径，m；

C_D——曳力系数。

考虑到本模拟中的固含率较低（<20%），故采用Wen-Yu模型来计算曳力系数。在Wen-Yu模型中，曳力系数C_D的表达式如下：

$$C_D = \frac{24}{\alpha_l Re}\left[1 + 0.15(\alpha_l Re)^{0.687}\right] \tag{3.9}$$

$$Re = \frac{\rho_l d_p}{\mu_l}|\vec{U}_s - \vec{U}_l| \tag{3.10}$$

3.2.2.5　模拟方法

本节采用商业软件ANSYS 14.5对固液两相悬浮特性进行瞬态模拟。采用多重参考系（Multiple Reference Frame，MRF）模型模拟搅拌桨的转动，即搅拌桨所在区域以桨叶旋转速度为参考系，其他区域使用静止参考系。压力速度耦合采用SIMPLEC算法，差分格式采用二阶迎风格式，收敛残差设为10^{-4}。时间步长设为0.01 s，总模拟时间为50 s。搅拌槽壁面设置为壁面条件（wall），旋转子域与静止子域的交界面设为内部界面（interface），自由液面设置为对称边界条件（symmetry）。

3.2.2.6　模拟结果与讨论

1. 桨叶类型及搅拌转速对轴向固含率分布的影响

图3.11为不同搅拌转速下四斜叶桨、分形1桨以及分形2桨搅拌槽径向位置$r/R=0.80$处轴向局部固含率的分布规律。从图3.11中可以看出，在较低搅拌转速（即1 s^{-1}）下，可以观察到搅拌槽上部的C_h/C_{avg}值非常接近零，这说明几乎没有固体颗粒悬浮到搅拌槽的上部，搅拌槽的上部几乎充满液体，随着搅拌转速的增大，搅拌槽上部的固体颗粒数量逐渐增多，C_h/C_{avg}值逐渐增大并接近1，搅拌槽内轴向固含率分布越均匀。与四斜叶搅拌桨体系相比，分形搅拌桨体系中搅拌槽上部的局部固含率较高，且轴向固含率分布更为均匀。这是因为分形搅拌桨能够通过自身的分形结构破坏流场的尾迹结构，增大流场的湍动程度，有利于固体颗粒的悬浮过程，搅拌槽内固体颗粒的分布更为均匀。同时，随着分形搅拌桨的分形迭代次数的增多，固液两相的悬浮效果更好。

（a）1 s^{-1}　　（b）3 s^{-1}

（c）5 s^{-1}　　（d）7 s^{-1}

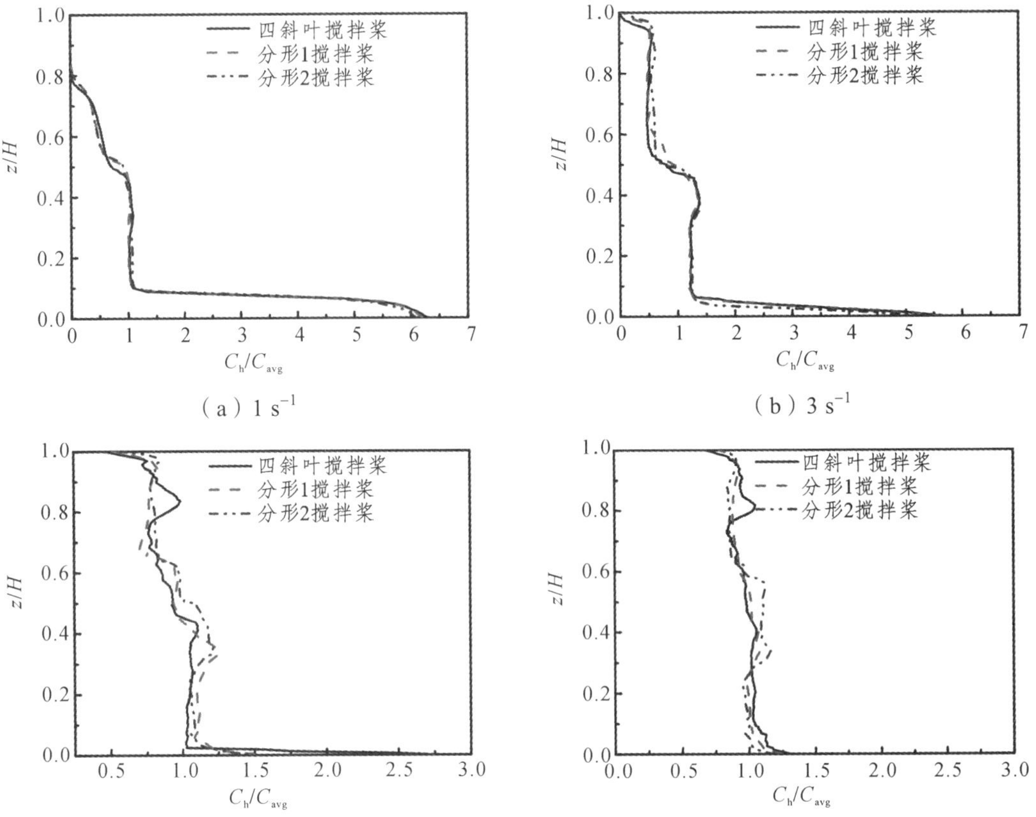

图 3.11　桨叶类型及搅拌转速对轴向固含率分布的影响（桨间距=5T/6，颗粒直径=120 μm，r/R=0.8）

图 3.12 为不同搅拌速度下不同搅拌槽高度（即 Z=0H，0.3H，0.5H，0.7H，0.9H）下水平面上固含率的云图。从图 3.12 中可以看出，在较低搅拌转速（即 1 s^{-1}）条件下，搅拌槽底部沉积着大量的固体颗粒，搅拌槽上部几乎是液体，搅拌槽内固体颗粒的悬浮程度较低。随着搅拌转速的增大，搅拌槽底部大量的固体颗粒悬浮起来并分散到搅拌槽上部，搅拌槽上部的固含率逐渐增大，且搅拌槽内固体颗粒分布更为均匀。在相同搅拌转速条件下，与四斜叶搅拌桨相比，分形 1 搅拌桨能够减少搅拌槽底部的高固含率区域，提高搅拌槽内固液两相的悬浮程度。且随着分形搅拌桨的分形迭代次数的增大，搅拌槽固液两相的悬浮效果有所提高。

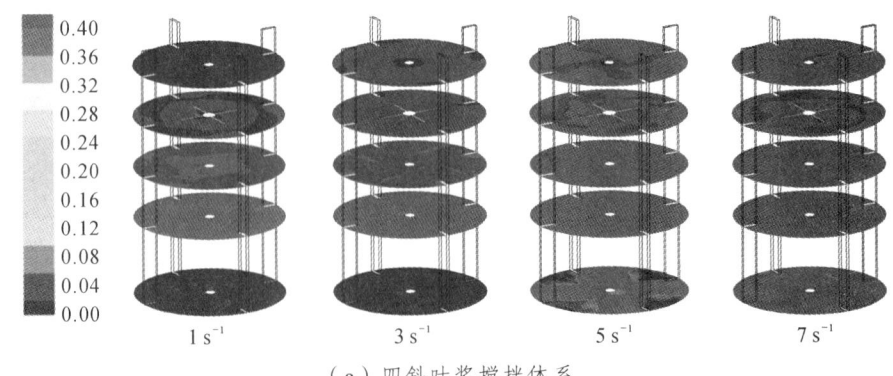

（a）四斜叶桨搅拌体系

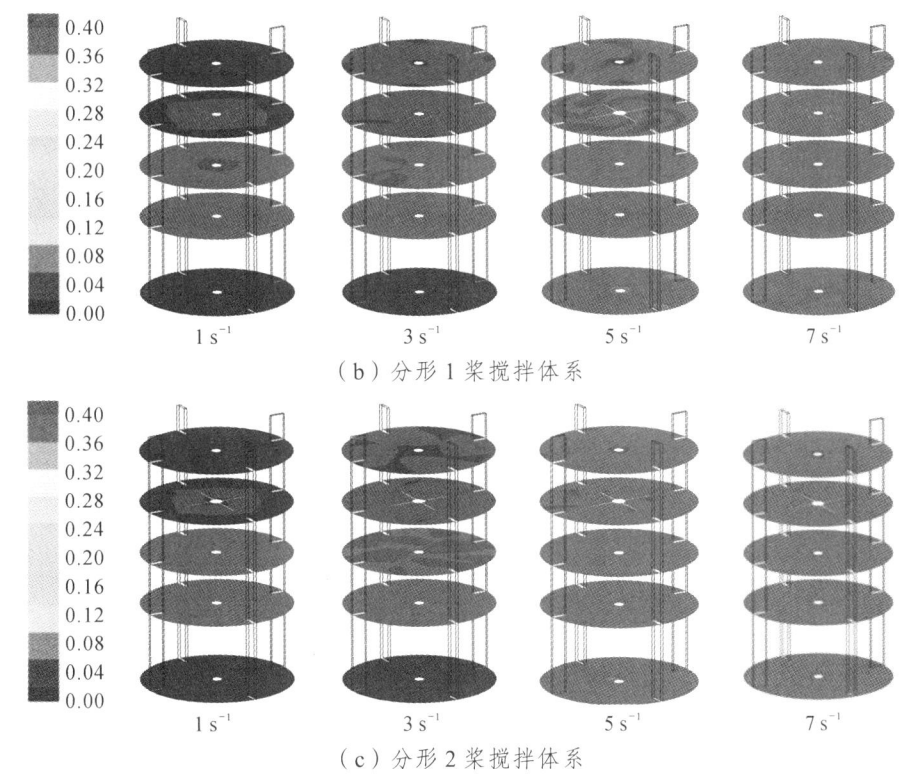

(b)分形 1 桨搅拌体系

(c)分形 2 桨搅拌体系

图 3.12 不同搅拌槽不同高度($Z=0H$,$0.3H$,$0.5H$,$0.7H$,$0.9H$)的水平面固含率云图
(桨叶间距=$5T/6$,颗粒直径=120 μm)

图 3.13 为不同搅拌转速下四斜叶桨、分形 1 桨以及分形 2 桨搅拌槽中固体颗粒的沉积情况(图中阴影部分为固含率大于 $1.4C_{avg}$ 的区域)。从图 3.13 中可以看出,四斜叶桨搅拌槽底部沉积大量的固体颗粒,固体颗粒的悬浮程度较低,分形搅拌桨桨搅拌槽底部沉积的固体颗粒数量减少,固液两相的悬浮程度有所提高。分形 2 搅拌桨能够在分形 1 搅拌桨基础上进一步减少搅拌槽底部固体颗粒的堆积数量,提高搅拌槽内固液两相的悬浮程度。这可能是因为分形搅拌桨桨叶叶片周围的间隙可以产生一系列的射流,将尾涡分解成较小的尾涡,搅拌桨能量利用率得到提高。

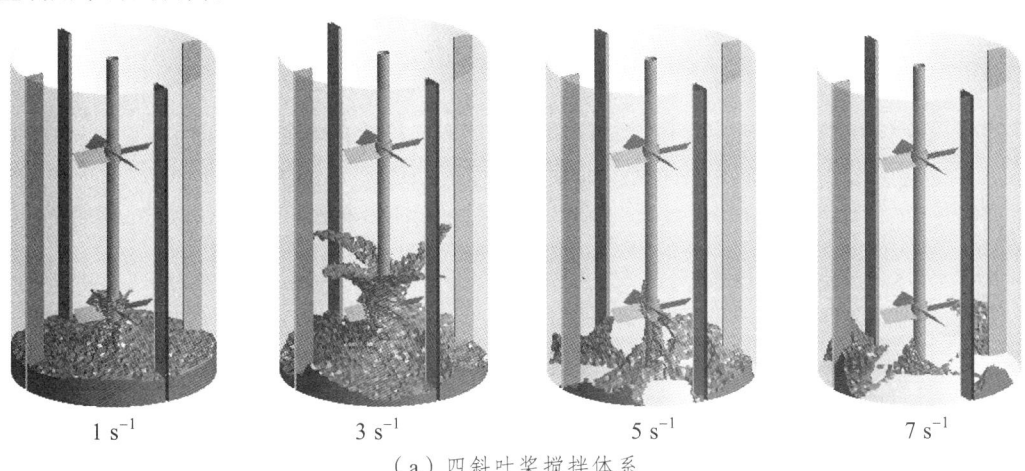

(a)四斜叶桨搅拌体系

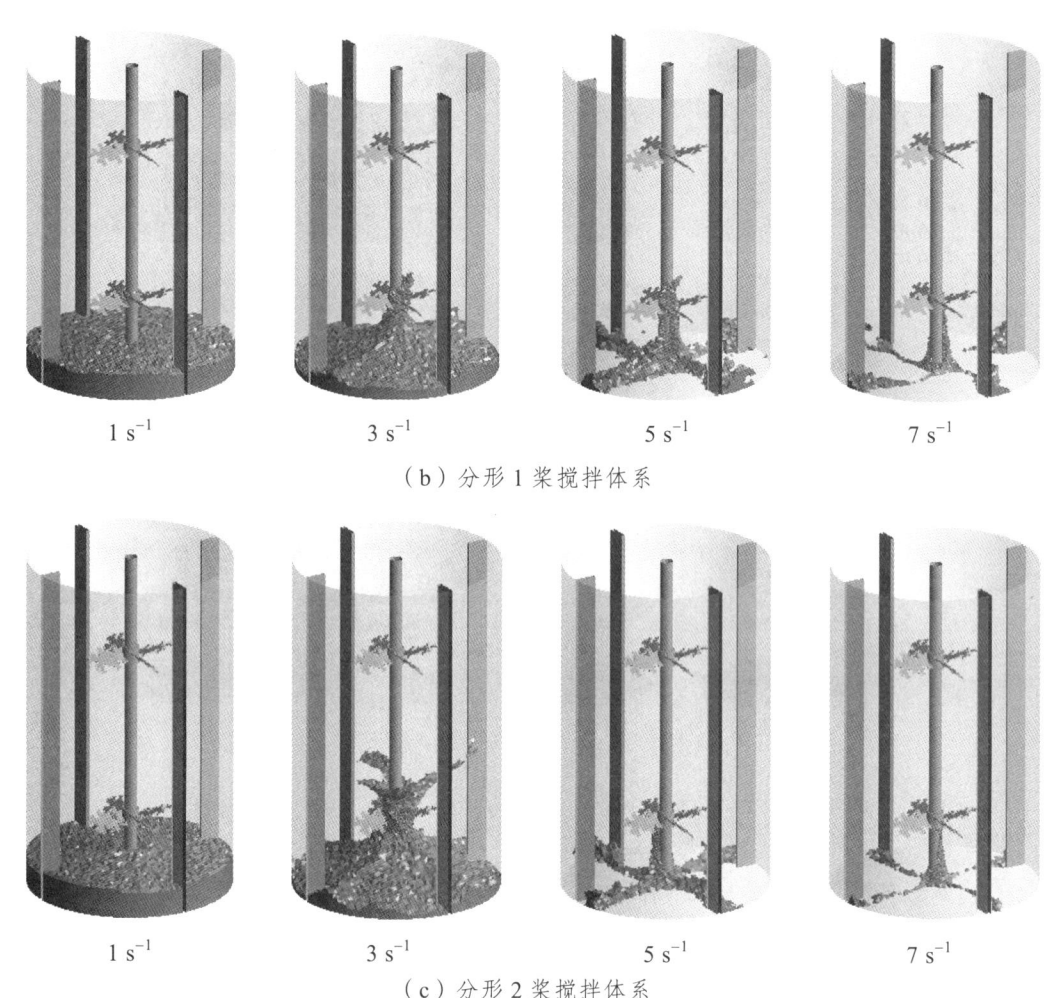

（b）分形1桨搅拌体系

（c）分形2桨搅拌体系

图 3.13　不同桨叶类型不同转速下固含率在 $1.4C_{avg}$（暗区）以上的固体沉积状态
（桨间距=$5T/6$，颗粒直径=$120\,\mu m$）

2. 桨间距对轴向固含率分布的影响

图 3.14 为桨间距对局部轴向固含率随桨叶间距的变化曲线。当桨间距为 $2T/3$ 时，搅拌槽上部 C_h/C_{avg} 值较小；当桨叶间距为 $5T/6$ 和 T 时，搅拌槽上部 C_h/C_{avg} 值高于桨间距为 $2T/3$ 时的值。这可能是因为当桨叶间距为 $5T/6$ 和 T 时，下层搅拌桨和上层搅拌桨的相互作用可以增强搅拌槽内流场的主体对流，有利于固体颗粒在整个搅拌槽内的轴向循环运动。当桨叶间距为 $2T/3$ 时，上层搅拌桨远离液体表面，固体颗粒无法获得足够的能量去克服重力悬浮至搅拌槽上部。

3. 固体颗粒直径对轴向固含率分布的影响

图 3.15 为固体颗粒直径对局部轴向固含率分布的影响。从图 3.15 中可以看出，在其他条件不变的情况下，固相颗粒粒径越大，搅拌槽底部沉积较多，搅拌槽上部悬浮的固体颗粒较少，固体颗粒直径越小，越容易悬浮在搅拌槽的上部，搅拌槽上部 C_h/C_{avg} 值越高，搅拌槽内固体颗粒分布的均匀性随着颗粒直径的减小而增大。这是因为直径较大的固体颗粒本身所受

的重力及所受阻力越大，需要获取更多的能量才能悬浮至搅拌槽上部，而直径较小的固体颗粒本身所受的重力及所受阻力较小，达到悬浮状态所需的能量较少。

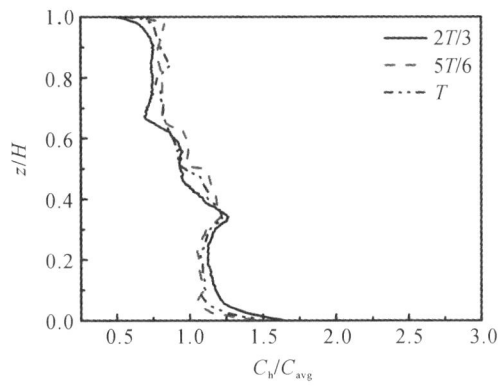

图 3.14　桨间距对轴向固含率分布的影响
（分形 2 搅拌桨，$N=5\ \text{s}^{-1}$，颗粒直径=120 μm，$r/R=0.80$）

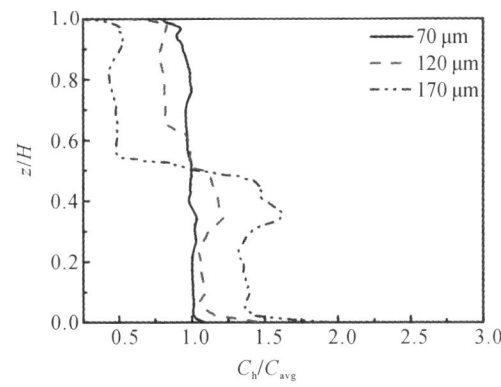

图 3.15　颗粒直径对轴向固含率分布的影响
（分形 2 搅拌桨，$N=5\ \text{s}^{-1}$，桨间距=5T/6，$r/R=0.8$）

4. 固体颗粒初始固含率的影响

图 3.16 为固体颗粒初始固含率对轴向固含率分布的影响。如预期的一样，较低初始固含率（2.5%）混合体系中的固体颗粒比较高初始固含率（10%）混合体系中的固相颗粒分布更为均匀。固液混合体系的初始固含率越高，意味着更多的颗粒需要获得能量来克服自身的阻力以保持悬浮状态。初始固含率较低的固液混合体系中的固体颗粒相对于初始固含率较高的固液混合体系中的固体颗粒而言，能够获得相对较多的能量从搅拌槽底部悬浮到搅拌槽上部。

5. 固体颗粒悬浮质量的测定

搅拌槽内固液两相混合体系的混合效果可通过固体颗粒浓度的相对标准偏差（RSD）随搅拌功耗的变化来预测不同桨型体系内固体颗粒的悬浮质量。选取 $z/H=0.125$、0.25、0.375、0.5、0.625、0.75、0.875 这 7 个搅拌槽轴向位置的局部固含率计算 RSD。RSD 值越小，搅拌桨的效率越高。RSD 计算方法如下：

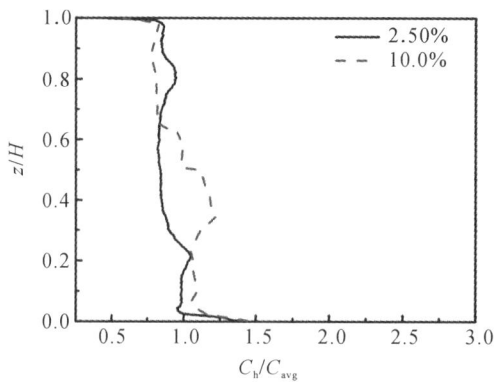

图 3.16 初始固含率对轴向固含率分布的影响
（分形 2 搅拌桨，$N=5\ \text{s}^{-1}$，桨间距=$5T/6$，颗粒直径=120 μm，$r/R=0.8$）

$$\text{RSD} = \frac{1}{C_{\text{avg}}}\sqrt{\frac{1}{n-1}\sum_{h=1}^{n}(C_h - C_{\text{avg}})^2} \tag{3.11}$$

式中　n——采样点个数；

　　　C_h——局部轴向固含率；

　　　C_{avg}——平均固含率。

图 3.17 为四斜叶搅拌桨、分形 1 搅拌桨和分形 2 搅拌桨三种桨型体系中 RSD 与功率消耗（P）的函数关系。从图 3.17 中可以看出，RSD 随着功耗的增加而减小，说明固体颗粒悬浮质量随着功耗的增加而增加。且分形搅拌桨体系中固体颗粒分布的均匀度高于四斜叶搅拌桨体系，且随分形迭代次数的增加而增大。

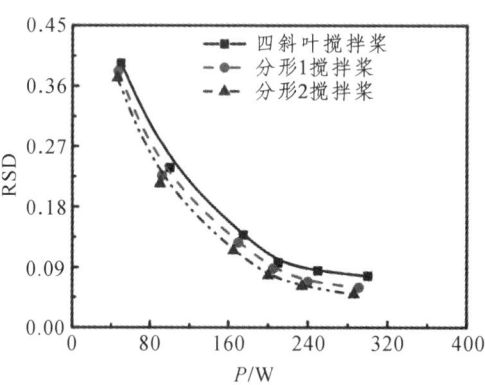

图 3.17　不同功耗下 RSD 的比较

同时，对不同转速下三种不同搅拌桨的功耗进行了分析。图 3.18 为不同转速下三种不同搅拌桨体系的功耗变化。正如预期的一样，搅拌功耗随着搅拌转速的增加而增加。从图 3.18 中可以看出，在搅拌转速相同的情况下，分形 1 搅拌桨比四斜叶搅拌桨的功耗低，分形 2 搅拌桨在分形 1 搅拌桨的基础上能够进一步降低了搅拌功耗。这说明分形搅拌桨与四斜叶搅拌桨相比，可以提高搅拌桨的能量利用率，且随着分形桨叶分形迭代次数的增加，搅拌桨的能量利用率得到提高。

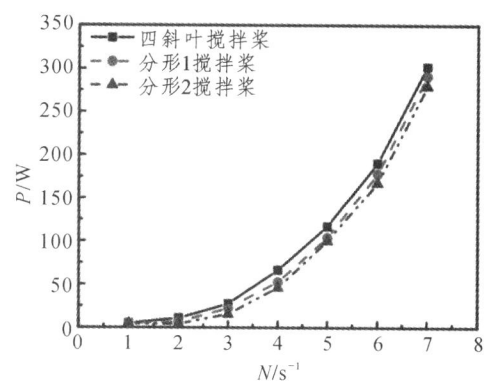

图 3.18 不同搅拌转速下的功耗比较

6. 桨叶尾涡

图 3.19 为在相同功耗 $P=100$ W 的条件下三种不同桨叶体系中桨叶尾涡的三维结构。从图 3.19 中可以看出,在四斜叶搅拌桨桨叶尾迹处,桨叶边缘及背后有一个较大的尾涡,桨叶能量很大一部分消耗在桨叶的尾涡处,只有一小部分桨叶能量能够传递到流场的远端,用于固体颗粒的悬浮过程。分形搅拌桨的桨叶可以将尾涡分解成较小的尾涡,减小尾涡的尺寸,提高桨叶的能量利用率,且分形搅拌桨桨叶的尾涡尺寸随分形迭代次数的增加而减小。同时,从图 3.20 中还可以看出,分形搅拌桨与四斜叶搅拌桨相比,可以减小桨叶前后叶片的压差,且随着分形迭代次数的增加,压差逐渐减小,进而减小桨尾涡尺寸。这可能是因为分形搅拌桨的桨叶周围的凹凸边缘可以产生一系列的高速射流,形成很多小旋涡,破坏桨叶尾涡结构,提高桨叶能量传递效率,有利于固液两相的混合过程。

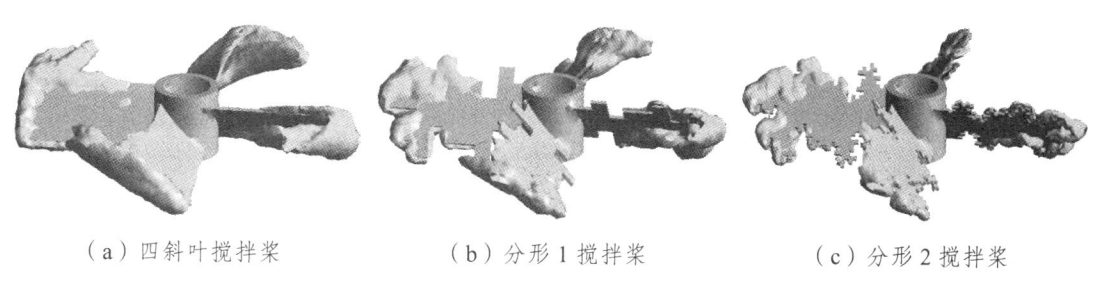

（a）四斜叶搅拌桨　　　　（b）分形 1 搅拌桨　　　　（c）分形 2 搅拌桨

图 3.19 不同桨叶尾涡的三维结构

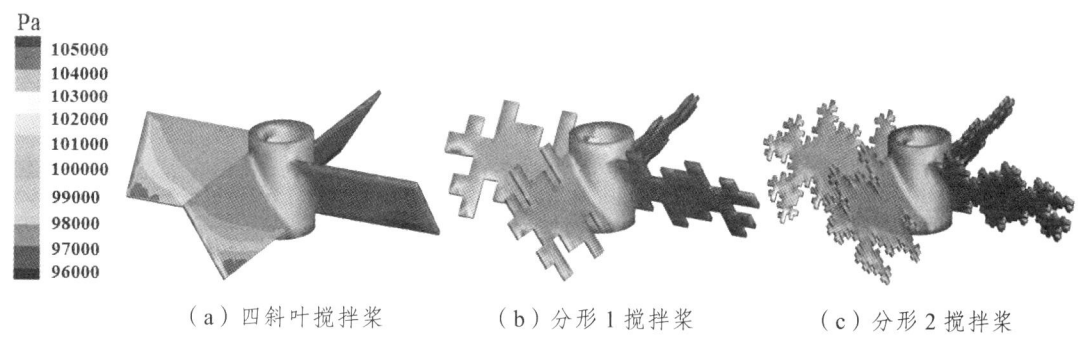

（a）四斜叶搅拌桨　　　　（b）分形 1 搅拌桨　　　　（c）分形 2 搅拌桨

图 3.20 $P=100$ W 时不同桨叶叶片的绝压分布图

7. 固体颗粒的速度分布

图 3.21 为在相同功耗 $P=100$ W 的条件下三种桨叶类型在 YZ 平面上的固体颗粒的速度分布图。从图 3.21 可以看出，四斜叶桨搅拌槽底部附近的固体颗粒速度较小，不利于固体颗粒的向上运动。与四斜叶搅拌桨相比，分形桨搅拌槽底部附近的固体颗粒整体速度相对较大，且分形 2 桨搅拌槽内部固体颗粒整体速度大于分形 1 桨叶搅拌槽内部固体颗粒整体速度，更有利于固体颗粒的悬浮过程。

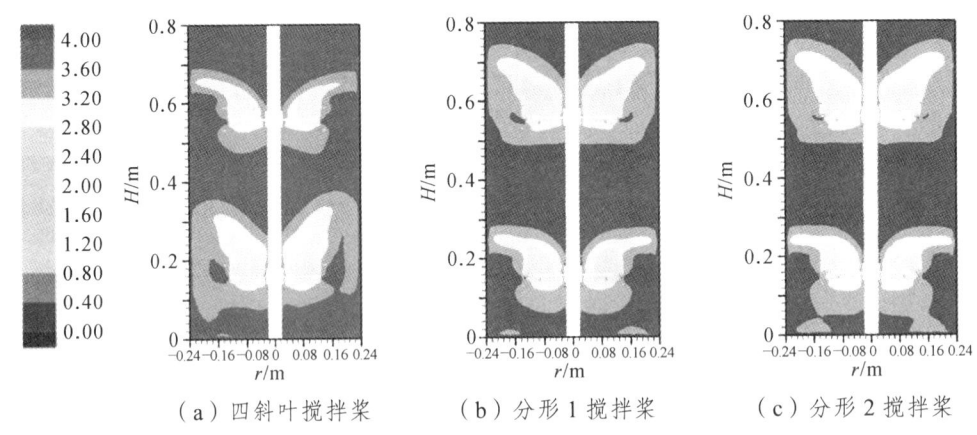

（a）四斜叶搅拌桨　　　　（b）分形 1 搅拌桨　　　　（c）分形 2 搅拌桨

图 3.21　$P=100$ W 时不同桨叶类型体系中 YZ 平面的固体颗粒速度分布图

8. 固含率分布及固体颗粒悬浮状态

图 3.22 为四斜叶搅拌桨、分形 1 搅拌桨和分形 2 搅拌桨三种桨型体系在功耗 $P=100$ W 的条件下，搅拌槽 $X=0$ 平面上的固含率分布图。从图 3.22 中可以看出，三种桨叶搅拌反应器底部堆积了一部分固体颗粒，与四斜叶搅拌桨相比，分形搅拌桨可以减少搅拌槽底部固体颗粒的沉积数量，提高固体颗粒的悬浮程度。此外，分形搅拌桨体系中固体颗粒分布的均匀性随着分形迭代次数的增加而增大。图 3.23 为在功耗 $P=100$ W 的条件下，四斜叶搅拌桨、分形 1 搅拌桨和分形 2 搅拌桨三种桨型体系中固体颗粒的悬浮状态（图中固体颗粒的悬浮面为固含率等于 C_{avg} 的等值面）。从图 3.23 中可以看出，分形搅拌桨体系中固体颗粒的悬浮程度高于四斜叶搅拌体系，且随着分形桨叶分形迭代次数的增加，分形搅拌桨体系中固液悬浮效果进一步增强。这表明分形搅拌桨可以改善固体颗粒悬浮质量，且随着分形桨叶分形维数的增加，固体颗粒悬浮质量能够进一步提高。

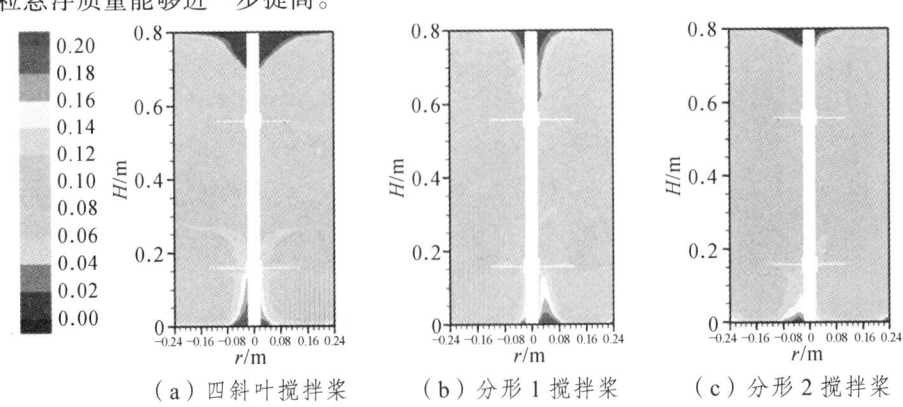

（a）四斜叶搅拌桨　　　　（b）分形 1 搅拌桨　　　　（c）分形 2 搅拌桨

图 3.22　$P=100$ W 时不同桨叶类型体系中 YZ 平面上固含率云图

（a）四斜叶搅拌桨　　　　　（b）分形 1 搅拌桨　　　　　（c）分形 2 搅拌桨

图 3.23　P=100 W 时不同桨叶类型体系中固体颗粒的悬浮状态（悬浮面为固含率等于 C_{avg} 的等值面）

9. 湍动强度及湍动能耗散率

图 3.24 和图 3.25 分别为在功耗 P=100 W 的条件下，四斜叶搅拌桨、分形 1 搅拌桨和分形 2 搅拌桨三种桨型体系中的湍动强度分布和湍流动能耗散率。从图 3.24 和图 3.25 中可以看出，在相同功耗下，与四斜叶搅拌桨相比，分形搅拌桨能够有效提高搅拌槽内固液两相的湍动强度和湍动能耗散率，有利于提高搅拌桨能量的传递效率，增强固液两相的悬浮程度，强化固液两相的混合过程。

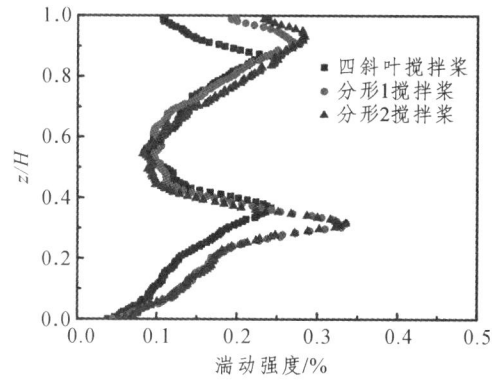

图 3.24　P=100 W 时不同桨叶类型体系中的湍动强度分布（r/R=0.8）

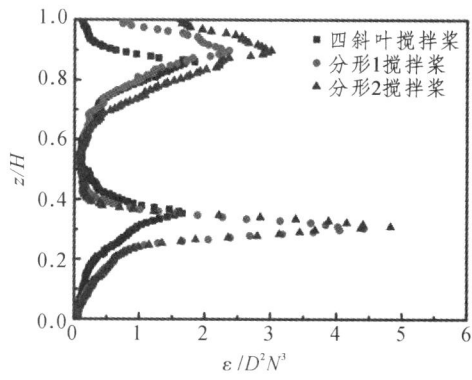

图 3.25　P=100 W 时不同桨叶类型体系中的湍流动能耗散率（r/R=0.8）

3.3 上浮颗粒与牛顿流体混合特性研究

3.3.1 混沌特性分析

3.3.1.1 实验装置

实验所用搅拌装置如图 3.26 所示。搅拌槽为内径 $T=0.48$ m 的平底透明圆柱形有机玻璃槽，搅拌槽内设置 4 个宽度均为 0.048 m（$T/10$）、厚度为 0.0048 m（$T/100$）的挡板。搅拌槽内液位高度 $H=0.80$ m，上层搅拌桨位置到液面的距离 $C=T/3=0.16$ m。实验过程中所用搅拌桨为三种搅拌桨，分别为四斜叶搅拌桨（Four pitched-blade impeller）、分形搅拌桨（Fractal impeller）、圆形外包分形搅拌桨（Circle package fractal impeller），如图 3.27 所示。三种不同搅拌桨的桨叶叶片面积 $A=0.0034$ m^2，桨叶叶片倾角为 45°，桨叶叶片长度 l 和宽度 h 分别为 0.085 m 和 0.04 m。其中，圆形外包分形搅拌桨的外包圆形片宽度为 0.04 m，厚度为 0.002 m。固液两相混合实验中的液相为自来水，其密度为 998 kg/m^3，黏度为 1 mPa·s；固相为 PP 球，其密度为 850 kg/m^3。实验过程中采用扭矩仪采集实验过程中的扭矩数据。

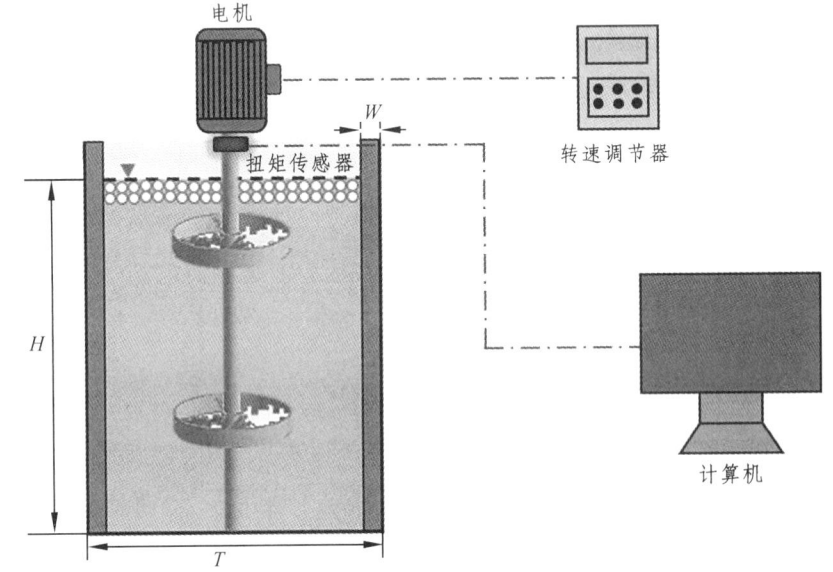

图 3.26 搅拌装置示意图

（a）四斜叶搅拌桨　　　（b）分形搅拌桨　　　（c）圆形外包分形搅拌桨

图 3.27 搅拌桨结构示意图

3.3.1.2 实验方法

1. 最大 Lyapunov 指数（LLE）

同 2.2.1.2 节。

2. 搅拌功耗

同 2.2.1.2 节。

3.3.1.3 实验结果与讨论

1. 桨叶类型对 LLE 的影响

图 3.28 为固液混合体系中的最大 Lyapunov 指数（LLE）与雷诺数（Re）之间的关系，其中 $Re=\rho ND^2/\mu_a$，在其他参数不变的情况下，雷诺数随着搅拌转速的增大而增大。从图 3.28 中可以看出，搅拌槽内固液混合体系的 LLE 随着雷诺数的增大先增大后减小。这是因为在雷诺数较小的条件下，搅拌转速也较低，搅拌桨对固液混合体系输入的能量较少，混合体系的混沌混合程度较低。随着搅拌转速的增大，搅拌桨输入的能量较多，固液混合体系的混沌程度较大。从图 3.28 中还可以看出，与四斜叶搅拌桨相比，分形搅拌桨能够有效提高固液混合体系的混沌程度；圆形外包分形搅拌桨能够在分形搅拌桨的基础上进一步提高固液混合体系的混沌程度。这可能是因为分形搅拌桨能够增大混合体系的湍动程度，提高搅拌桨能量的传递效率，而圆形外包分形搅拌桨在分形搅拌桨的桨叶外端添加了一个圆形圈，增大了搅拌桨在旋转过程中所产生的卷吸作用，增强了上浮固体颗粒在搅拌槽轴向的循环运动，强化了上浮固体颗粒的混合过程。

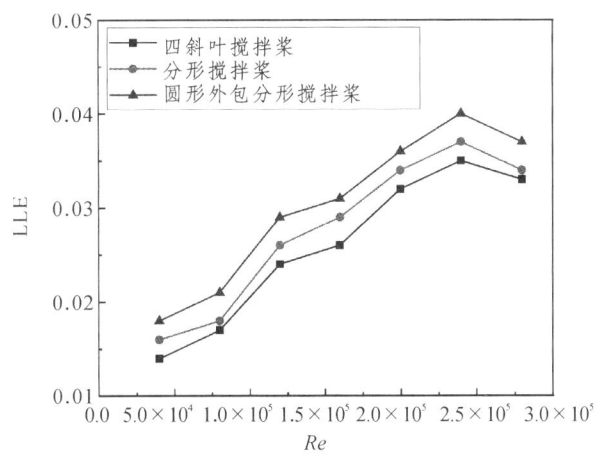

图 3.28 桨叶类型对 LLE 的影响

（桨间距=5T/6，桨叶浸没量=T/3，颗粒直径=4 mm，初始固含率=10%）

2. 桨间距对 LLE 的影响

图 3.29 为桨间距对固液两相混合体系 LLE 的影响。从图 3.29 中可以看出，当搅拌槽中上下两层搅拌桨之间的桨间距为 T 时，两桨之间的距离较远，两层搅拌桨之间的相互作用较弱，固体颗粒的轴向循环运动较弱；当搅拌槽中上下两层搅拌桨之间的桨间距为 T/6 时，两桨之间的距离较近，但两个搅拌桨位置都偏上，导致搅拌槽下部流体的轴向循环运动较弱。当桨间距为 2T/3 时，搅拌槽内固液两相的混沌程度较大。

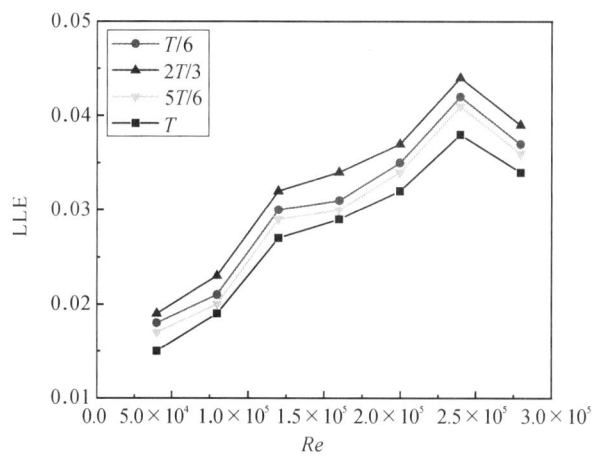

图 3.29　桨间距对 LLE 的影响（桨叶浸没量=$T/3$，颗粒直径=4 mm，初始固含率=10%）

3. 桨叶浸没量对 LLE 的影响

图 3.30 为桨叶浸没量对固液两相混合体系 LLE 的影响。从图 3.30 中可以看出，当桨叶浸没量为 T 时，搅拌桨位置距离液体自由面较远，搅拌桨对液面上的上浮颗粒所产生的卷吸力较弱，上浮颗粒所受到的下拉作用较弱，固液两相的混沌程度较小。随着桨叶浸没量的减小，搅拌桨的位置距离液体自由面越来越近，液面上的上浮颗粒所受到搅拌桨的卷吸力较强，上浮颗粒能够被有效地下拉到液相中并进行很好的分散，固液混合体系的混沌程度也得到增强。

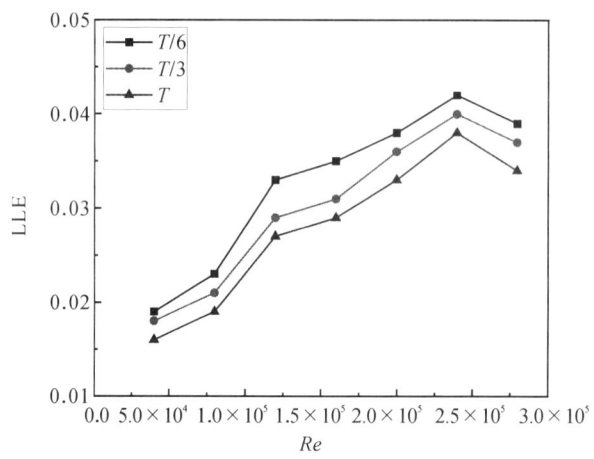

图 3.30　桨叶浸没量对 LLE 的影响（桨间距=$5T/6$，颗粒直径=4 mm，初始固含率=10%）

4. 固体颗粒初始固含率对 LLE 的影响

图 3.31 为固体颗粒初始固含率对固液两相混合体系 LLE 的影响。从图 3.31 中可以看出，随着上浮固体颗粒的数量增多，固液混合体系混沌程度逐渐增大。这是因为随着上浮颗粒数量的增多，固体颗粒之间的相互作用以及颗粒之间的挤压所产生的下降流增强，有利于上浮颗粒的混合过程。

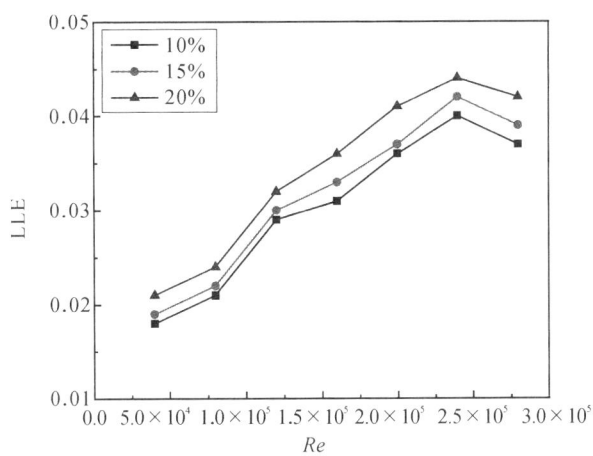

图 3.31 初始固含率对 LLE 的影响（桨间距=$5T/6$，桨叶浸没量=$T/3$，颗粒直径=4 mm）

5. 颗粒直径对 LLE 的影响

图 3.32 为颗粒直径对固液两相混合体系 LLE 的影响。从图 3.32 中可以看出，随着上浮颗粒直径的逐渐增大，固液混合体系的混沌程度逐渐减小。这是因为颗粒直径较大的固体颗粒本身所具有的浮力较大，在颗粒下拉过程中所受到的阻力也较大，不利于上浮颗粒的混合过程。颗粒直径较小的上浮颗粒其本身所受到的浮力和阻力相对较小，有利于上浮颗粒的混合过程。

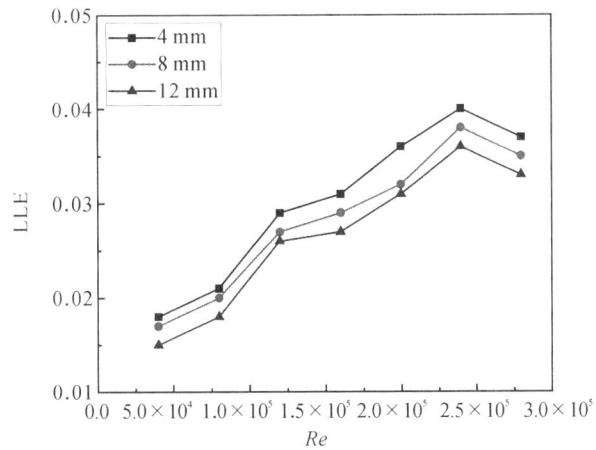

图 3.32 颗粒直径对 LLE 的影响（桨间距=$5T/6$，桨叶浸没量=$T/3$，初始固含率=10%）

3.3.2 数值模拟分析

3.3.2.1 计算模型

1. 几何模型

数值模拟中的搅拌槽和搅拌桨的结构尺寸与前面固液两相混沌特性分析实验中搅拌槽和搅拌桨的相同。

2. 网格划分

数值模拟中将搅拌桨附近区域划分为旋转子域，其余区域划分为静止子域。其中，静止子域采用结构六面体网格进行划分，旋转子域采用非结构四面体网格划分，为了提高模拟计算精度，对旋转子域进行网格加密处理。旋转子域和静止子域网格划分分别如图 3.33 和图 3.34 所示。通过对比不同数量网格对四斜叶桨搅拌槽内固体颗粒的轴向速度的影响，得到与网格数量无相关性解，四斜叶桨搅拌槽最终网格总数量为 1 616 943 个，如图 3.35 所示。同理，分形桨搅拌槽最终网格总数量为 1 621 484 个，圆形外包分形桨搅拌槽最终网格总数量为 1 643 821 个。

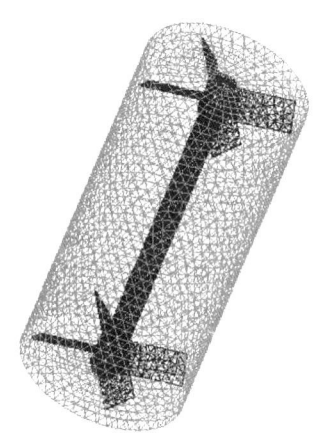  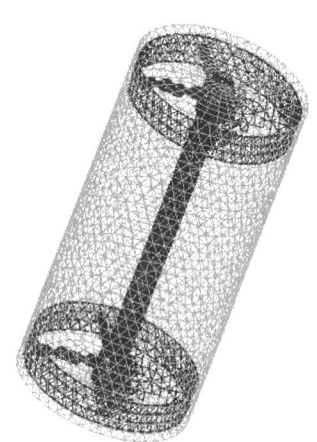

（a）四斜叶搅拌桨　　　　（b）分形搅拌桨　　　　（c）圆形外包分形搅拌桨

图 3.33　动区域网格划分

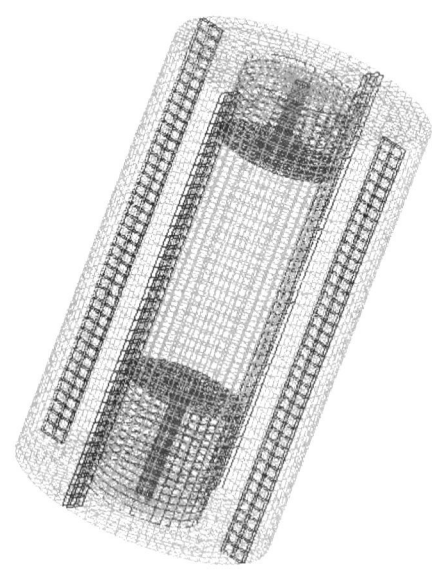

图 3.34　静区域网格划分

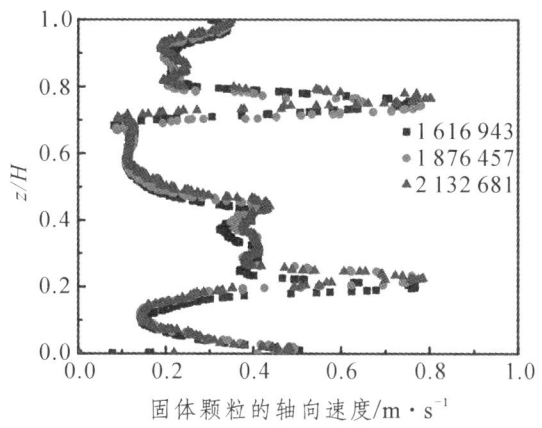

图 3.35 四斜叶桨搅拌槽网格无关性验证

3.3.2.2 基本控制方程

在 CFD 数值模拟中，多相流模拟中常用的两种模型分别为欧拉-欧拉（Euler-Euler）模型和欧拉-拉格朗日（Euler-Lagrange）模型。在 Euler-Euler 模型中，连续相和离散相在计算域中被视为相互渗透的连续介质。离散相的守恒方程可以在欧拉坐标系中与连续相类似地求解。相反，Euler-Lagrange 模型用欧拉方程描述连续相，但是离散相被看作是大量的单个粒子。该计算模型需要较高的计算成本和巨大的内存空间。Euler-Euler 模型则具有简单、低计算和更快的数值求解等优点。因此，本节采用 Euler-Euler 多相流模型进行搅拌槽内固液两相悬浮的 CFD 模拟。在质量和动量守恒原理的基础上，固液两相的连续性和动量方程如下所示。

连续性方程：

$$\frac{\partial}{\partial t}(\alpha_l \rho_l) + \nabla \cdot (\alpha_l \rho_l \vec{U}_l) = 0 \tag{3.12}$$

$$\frac{\partial}{\partial t}(\alpha_s \rho_s) + \nabla \cdot (\alpha_s \rho_s \vec{U}_s) = 0 \tag{3.13}$$

式中　下标 s，l——固相和液相；
　　　α——体积分数；
　　　ρ——密度，kg/m^3；
　　　$\vec{U}$——速度矢量。

动量方程：

$$\frac{\partial(\alpha_s \rho_s \vec{v}_l)}{\partial t} + \nabla \cdot (\alpha_s \rho_s \vec{v}_l \vec{v}_l) = -\alpha_l \nabla P + \nabla \cdot \overline{\overline{\tau}}_l + \alpha_l \rho_l \vec{g} + \sum_{p=1}^{n}[K_{ls}(\vec{v}_l - \vec{v}_s)] \tag{3.14}$$

$$\frac{\partial(\alpha_s \rho_s \vec{v}_s)}{\partial t} + \nabla \cdot (\alpha_s \rho_s \vec{v}_s \vec{v}_s) = -\alpha_s \nabla P - \nabla P_s + \nabla \cdot \overline{\overline{\tau}}_s + \alpha_s \rho_s \vec{g} + \sum_{p=1}^{n}[K_{sl}(\vec{v}_s - \vec{v}_l)] \tag{3.15}$$

式中　g——重力加速度，m/s^2；
　　　P——压力，Pa；
　　　$\vec{v}$——速度矢量；

$\bar{\bar{\tau}}$ ——黏度和速度波动而产生的应力应变张量；

K_{ls} ——相间动量交换系数。

$$\bar{\bar{\tau}}_q = \alpha_q \mu_q (\nabla \vec{v}_q + \nabla \vec{v}_q^T) + \alpha_q (\lambda_q - \frac{2}{3} \mu_q) \nabla \vec{v}_q \qquad (3.16)$$

式中 μ_q ——剪切黏度；

λ_q ——体积黏度。

利用 Gidaspow 模型计算流固动量交换系数 K_{ls}。

当 $\alpha_s < 0.2$ 时，K_{ls} 计算如下：

$$K_{ls} = \frac{3}{4} C_D \frac{\alpha_s \alpha_l \rho_l \left| \vec{v}_s - \vec{v}_l \right|}{d_s} \alpha_l^{-2.65} \qquad (3.17)$$

曳力系数 C_D 可由下式计算：

$$C_D = \frac{24}{\alpha_l Re_s} [1 + 0.15 (\alpha_l Re_s)^{0.687}] \qquad (3.18)$$

当 $\alpha_s > 0.2$ 时，K_{ls} 计算如下：

$$K_{ls} = 150 \frac{\alpha_s (1 - \alpha_l) \mu_l}{\alpha_l d_s^2} + 1.75 C_D \frac{\alpha_s \rho_l \left| \vec{v}_s - \vec{v}_l \right|}{d_s} \qquad (3.19)$$

式（3.18）中 Re_s 为基于主相与第二相滑移速度的雷诺数：

$$Re_s = \frac{\rho_l d_s \left| \vec{v}_s - \vec{v}_l \right|}{\mu_l} \qquad (3.20)$$

3.3.2.3 湍流模型

本节采用 RNG k-ε 湍流模型来模拟上浮颗粒混合过程中的湍流流动，液相的 k 和 ε 的方程如下：

$$\frac{\partial}{\partial t}(\rho k) + \frac{\partial}{\partial x_i}(\rho k u_i) = \frac{\partial}{\partial x_j}(\alpha_k \mu_t \frac{\partial k}{\partial x_j}) - \rho \overline{u_i' u_j'} \frac{\partial u_j}{\partial x_i} - \rho \varepsilon - 2\rho \varepsilon \frac{k}{a^2} \qquad (3.21)$$

$$\frac{\partial}{\partial t}(\rho \varepsilon) + \frac{\partial}{\partial x_i}(\rho \varepsilon u_i) = \frac{\partial}{\partial x_j}(\alpha_\varepsilon \mu_t \frac{\partial k}{\partial x_j}) - C_{1\varepsilon} \frac{\varepsilon}{k} \rho \overline{u_i' u_j'} \frac{\partial u_j}{\partial x_i} - C_{2\varepsilon} \rho \frac{\varepsilon^2}{k} - R_\varepsilon \qquad (3.22)$$

湍流黏度 μ_t 为：

$$\mu_t = \rho C_\mu \frac{k^2}{\varepsilon} f \left(\alpha_p, \Omega, \frac{k}{\varepsilon} \right) \qquad (3.23)$$

$$R_\varepsilon = \frac{C_\mu \rho \eta^3 (1 - \eta / \eta_0)}{1 + \beta \eta^3} \frac{\varepsilon^2}{k} \qquad (3.24)$$

式中，$C_\mu = 0.0845$，$\alpha_p = 0.05$，$\eta_0 = 4.38$，$\beta = 0.012$，$\eta = Sk/\varepsilon$，$C_{1\varepsilon} = 1.42$，$C_{2\varepsilon} = 1.68$。

3.3.2.4 模拟方法

本节采用商业软件 ANSYS 14.5 对固液两相悬浮特性进行瞬态模拟。采用多重参考系（Multiple Reference Frame，MRF）模型模拟搅拌桨的转动，即搅拌桨所在区域以桨叶旋转速度为参考系，其他区域使用静止参考系。压力速度耦合采用 SIMPLEC 算法，差分格式采用二阶迎风格式，收敛残差设为 10^{-5}。时间步长设为 0.01 s，总模拟时间为 50 s。搅拌槽壁面设置为壁面条件（wall），旋转子域与静止子域的交界面设为内部界面（interface），自由液面设置为对称边界条件（symmetry）。

3.3.2.5 模拟结果与讨论

1. 桨叶类型和搅拌转速对轴向固含率分布的影响

图 3.36 为四斜叶搅拌桨、分形搅拌桨、圆形外包分形搅拌桨三种不同桨型体系在不同搅拌转速下的轴向固含率分布。从图 3.36 中可以看出，在较低搅拌转速的条件下，三种桨型体系中大量的固体颗粒堆积在液体的自由表面，搅拌槽底部几乎没有固体颗粒，搅拌槽内固体颗粒在轴向有较大的浓度梯度。随着转速的增大，搅拌槽下部的固体颗粒逐渐增多。

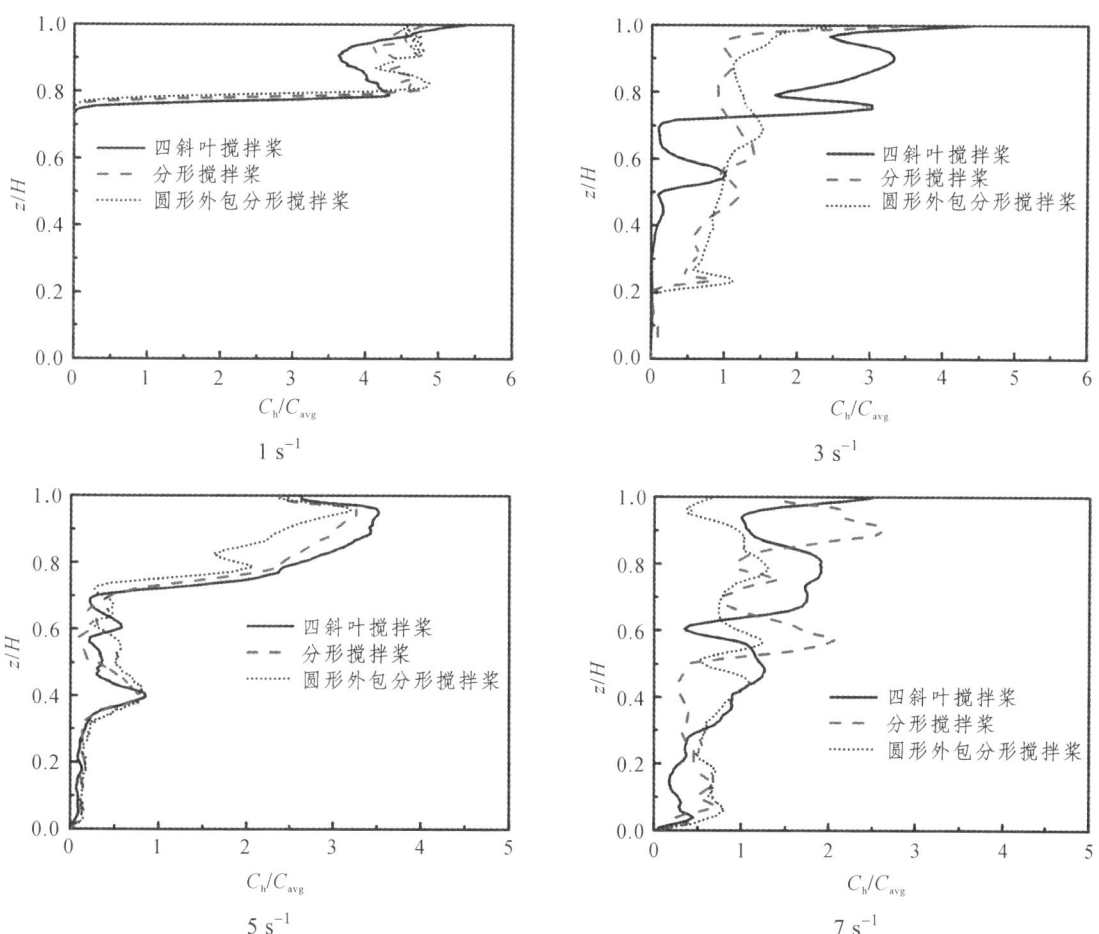

图 3.36　桨叶类型和搅拌转速对轴向固含率分布的影响
（桨间距=$5T/6$，桨叶浸没量=$T/3$，颗粒直径=4 mm，初始固含率=10%，r/R=0.8）

图 3.37 为三种不同搅拌体系在不同搅拌槽轴向高度（z=0H，0.3H，0.5H，0.7H，0.9H）的水平面上的固含率分布。从图 3.37 中可以看出，在较低搅拌转速的条件下，搅拌槽上部的固含率较高，搅拌槽底部固含率几乎为零，随着搅拌转速的增大，更多的上浮固体颗粒被下拉到搅拌槽底部，固液两相的混合程度逐渐增大。

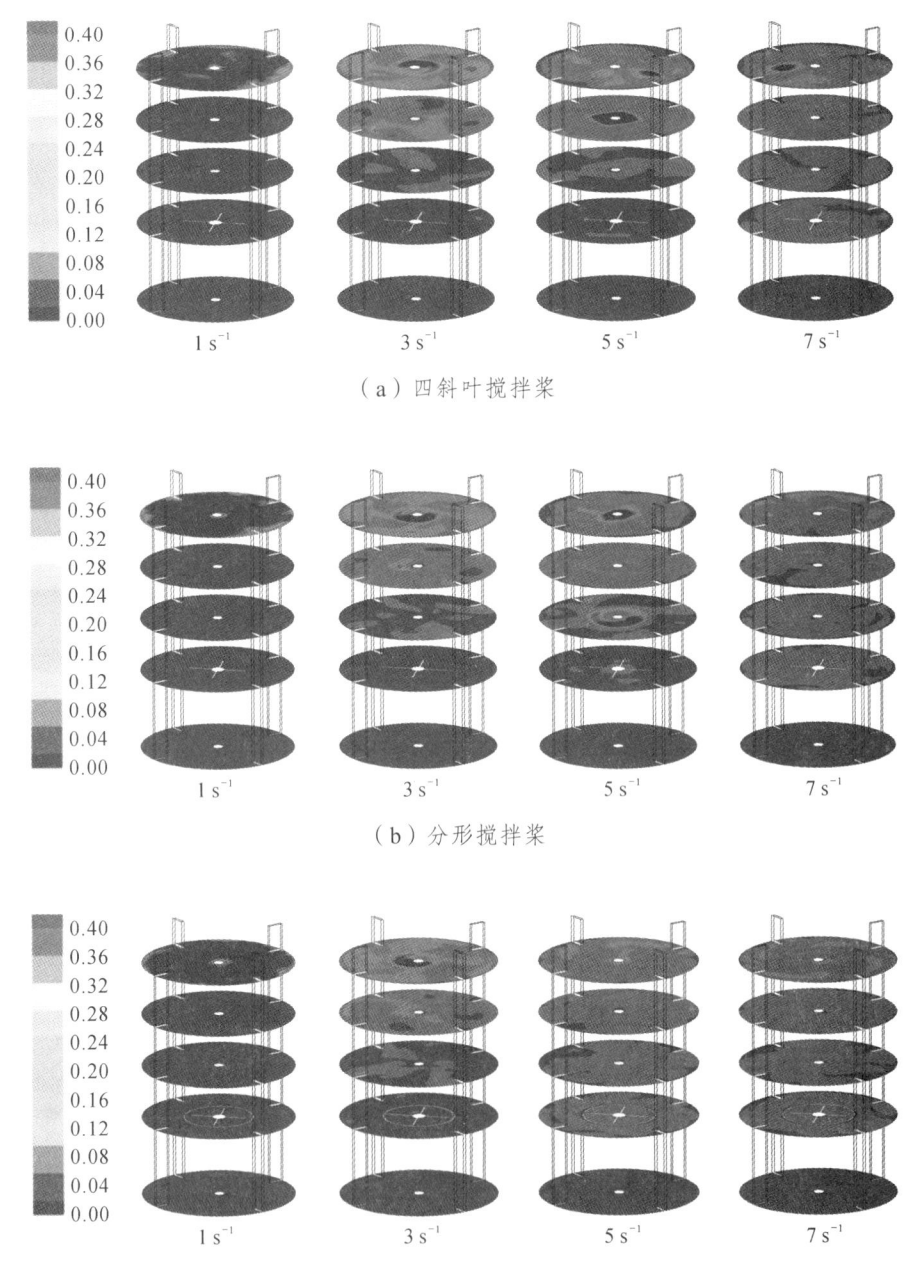

（a）四斜叶搅拌桨

（b）分形搅拌桨

（c）圆形外包分形搅拌桨

图 3.37　不同桨型体系中不同搅拌槽高度（z=0H，0.3H，0.5H，0.7H，0.9H）水平面的固含率云图
（颗粒直径=4 mm，桨叶距=5T/6，桨叶浸没量=T/3，初始固含率=10%）

从图 3.36 和图 3.37 中也可以看出，在相同操作条件下，与四斜叶搅拌桨相比，分形搅拌

桨能够强化上浮颗粒的下拉过程，减小轴向固体颗粒的浓度梯度，提高上浮颗粒分布的均匀性。与此同时，圆形外包分形搅拌桨能够在分形搅拌桨的基础上，通过圆形外包圈增强搅拌桨的卷吸力，强化上浮颗粒的混合过程，提高固液两相的混合程度。

图 3.38 为四斜叶搅拌桨、分形搅拌桨和圆形外包分形搅拌桨三种桨型体系中固体颗粒的悬浮状态（悬浮面为固含率等于 C_{avg} 的等值面）。从图 3.38 中可以看出，在搅拌转速较低时，等值面仅存在于搅拌槽的上部。随着搅拌转速的增大，液面上的固体颗粒向搅拌槽下部下降，搅拌槽轴向固相浓度梯度逐渐减小，等值面的位置也逐渐下降。同时，从图 3.38 中还可以看出，与四斜叶搅拌桨相比，分形搅拌桨可以提高固液体系的均匀度，而圆形外包分形桨可以在分形桨的基础上进一步提高悬浮颗粒的分散度。这可能是因为分形搅拌桨桨叶边缘的凹凸结构在桨叶旋转过程中会产生一系列的射流，可以增大流场湍动程度，强化上浮颗粒的下拉过程。圆形外包分形搅拌桨在分形搅拌桨外端安装有一个圆环，其可以增大搅拌桨的卷吸力，使更多的上浮固体颗粒更容易下拉到搅拌槽下部液相中，强化上浮颗粒的混合过程。

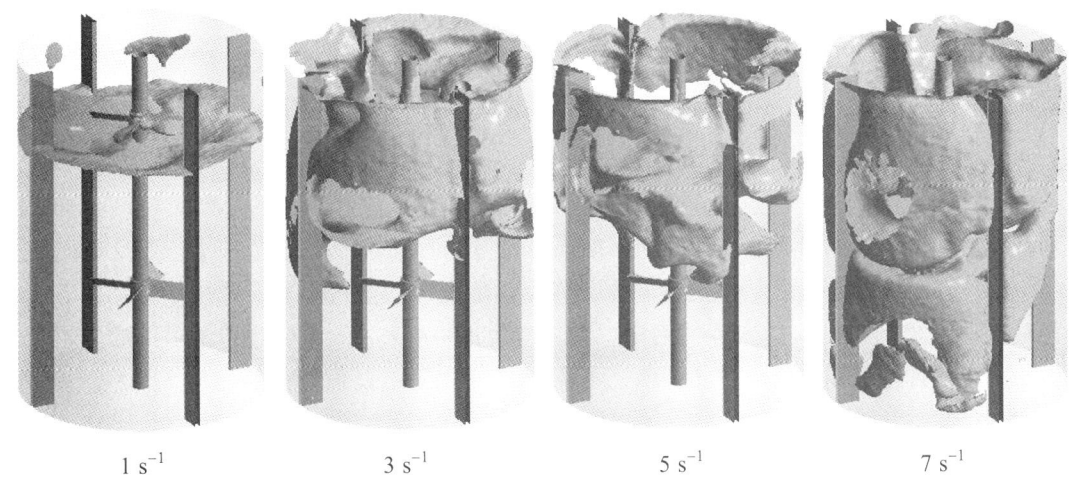

（a）四斜叶搅拌桨

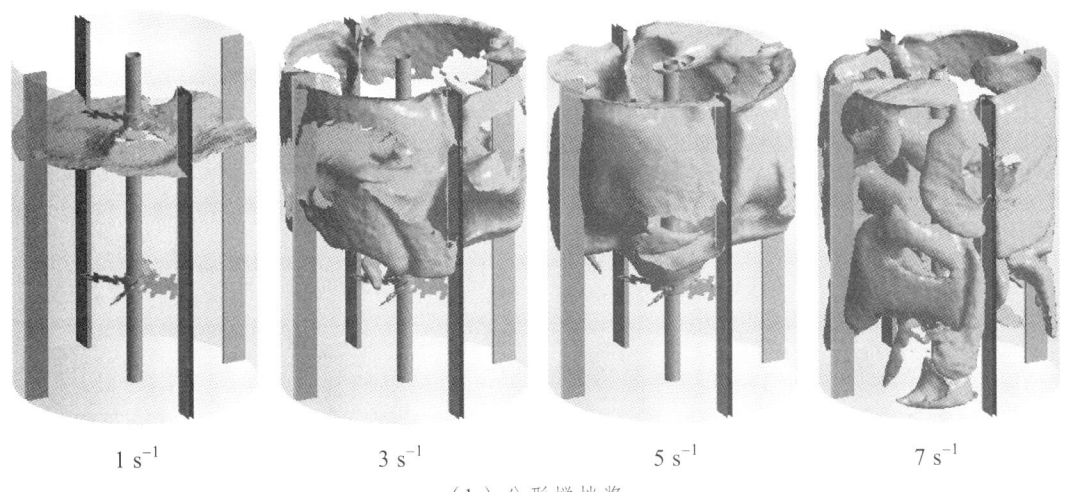

（b）分形搅拌桨

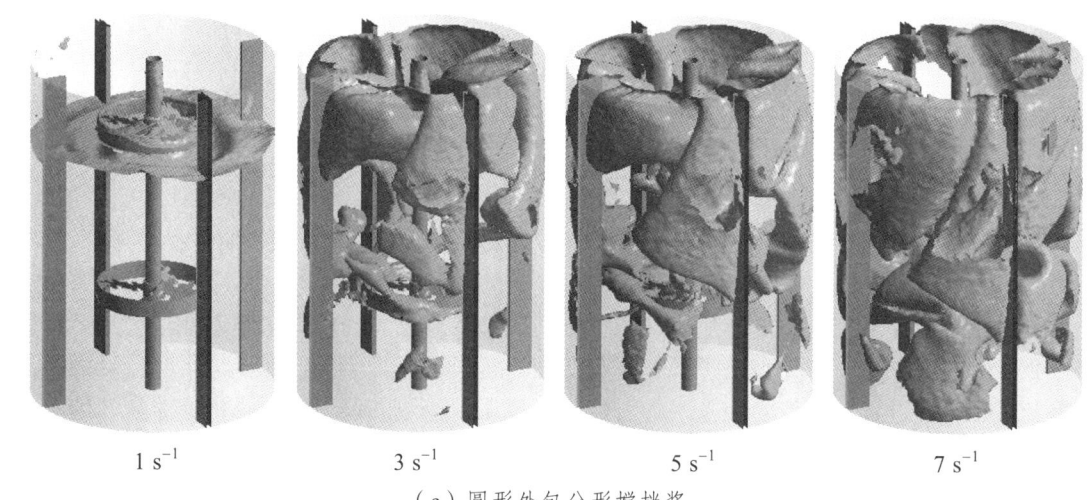

(c) 圆形外包分形搅拌桨

图 3.38　不同桨型体系中固体颗粒的悬浮状态

(悬浮面为固含率等于 C_{avg} 的等值面，颗粒直径=4 mm，桨间距=5T/6，桨叶浸没量=T/3，初始固含率=10%)

2. 桨间距对轴向固含率的影响

图 3.39 为桨间距对局部轴向固体浓度分布的影响。当上、下两层搅拌桨之间的间距为 T 或 5T/6 时，下层搅拌桨与上层搅拌桨之间的距离较大，且上、下两层搅拌桨之间的相互作用较弱，无法在搅拌槽内形成较强的轴向循环，可见搅拌槽下部 C_h/C_{avg} 值较小。随着桨间距的减小，下层搅拌桨与上层搅拌桨之间的相互作用逐渐增大，有利于上浮颗粒在整个搅拌槽内的循环运动，搅拌槽下部 C_h/C_{avg} 值逐渐增大。当桨叶间距为 T/6 时，搅拌槽上部的流体循环能力较强，搅拌槽下部的流体循环较差，不利于上浮颗粒的混合过程。

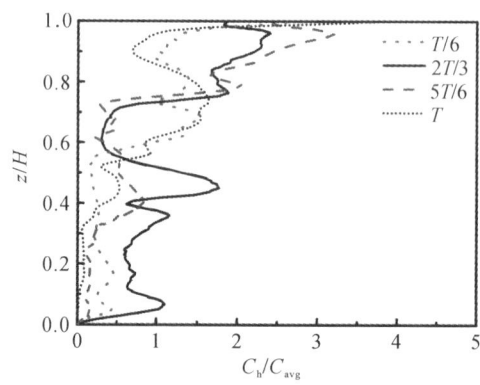

图 3.39　桨间距对轴向固含率分布的影响

(桨叶浸没量=T/3，初始固含率=10%，颗粒直径=4 mm，r/R=0.8)

3. 桨叶浸没量对轴向固含率的影响

图 3.40 为桨叶浸没量对轴向固含率的影响。从图 3.40 中可以看出，随着桨叶浸没量的减小，搅拌槽下部 C_h/C_{avg} 的值逐渐增大，有利于浮颗粒的下拉过程，提高上浮颗粒在液相中分布的均匀性。上层搅拌桨越接近液相自由面上的悬浮颗粒，搅拌桨的曳力越强，可以将更多的上浮颗粒下拉到液相中，使上浮颗粒在搅拌槽内的液相中分散更加均匀。随着上层搅拌桨

位置距离液相自由面越来越远，搅拌桨对液面上的上浮颗粒的卷吸力逐渐减小，不利于上浮颗粒的下拉过程。

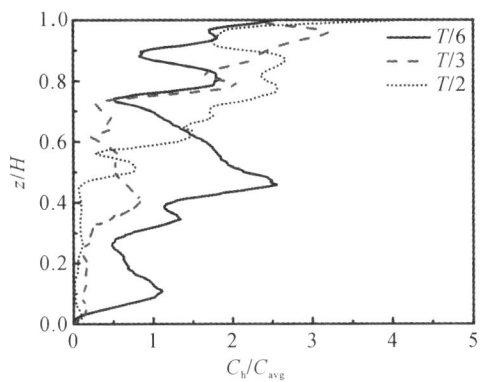

图 3.40　桨叶浸没量对轴向固含率的影响
（桨间距=$5T/6$，初始固含率=10%，颗粒直径=4 mm，r/R=0.8）

4. 固体颗粒初始固含率对轴向固含率分布的影响

图 3.41 为固体颗粒初始固含率对轴向固含率分布的影响。从图 3.41 中可以看出，随着固体颗粒初始固含率的增大，上浮颗粒的分散质量逐渐提高。这主要是因为随着初始上浮颗粒浓度的增大，颗粒间相互作用以及颗粒之间的相互挤压所引起的下降流增强，从而提高了上浮颗粒的混合效率。

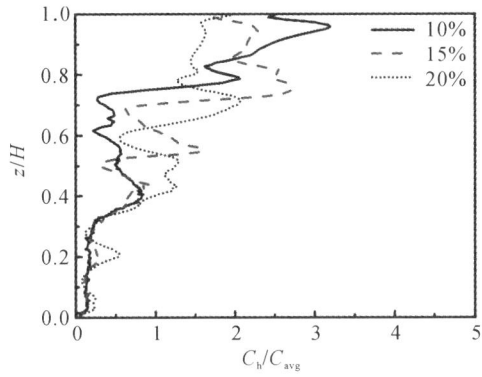

图 3.41　固体颗粒初始固含率对轴向固含率分布的影响
（桨间距=$5T/6$，桨叶浸没量=$T/3$，颗粒直径=4 mm，r/R=0.8）

5. 颗粒直径对轴向固含率分布的影响

颗粒直径是固体颗粒的重要物理性质之一，它影响着上浮颗粒的悬浮质量。图 3.42 为颗粒直径对轴向固含率分布的影响。从图 3.42 中可以看出，上浮颗粒的分散程度随粒径的增大而减小。这可能因为随着颗粒直径的增大，单个上浮固体颗粒的浮力增大，将上浮颗粒下拉进入液体需要更大的桨叶吸力，而颗粒直径小的上浮颗粒，颗粒所受的浮力和阻力较小，在相同的操作条件下，固液两相的混合效果较好。

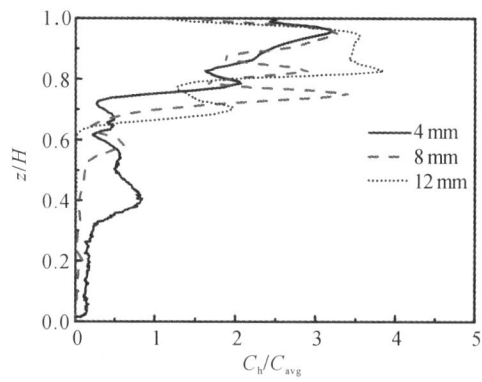

图 3.42　颗粒直径对轴向固含率分布的影响
（桨间距=5T/6，桨叶浸没量=T/3，初始固含率=10%，r/R=0.8）

6. 悬浮效果对比分析

图 3.43 为功率消耗与搅拌转速的关系。从图 3.43 中可以看出，与预期的一样，搅拌功耗随着搅拌转速的增加而增加。与四斜叶搅拌桨相比，分形搅拌桨能够在一定程度上降低功耗，而圆形外包分形搅拌桨能够在分形搅拌桨的基础上减少搅拌功耗。这表明分形搅拌桨和圆形外包分形搅拌桨能够节省搅拌功耗，提高搅拌桨的能量利用率。因此，有必要在相同功耗下对四斜叶搅拌桨、分形搅拌桨和圆形外包分形搅拌桨三种桨型的混合性能进行对比研究。

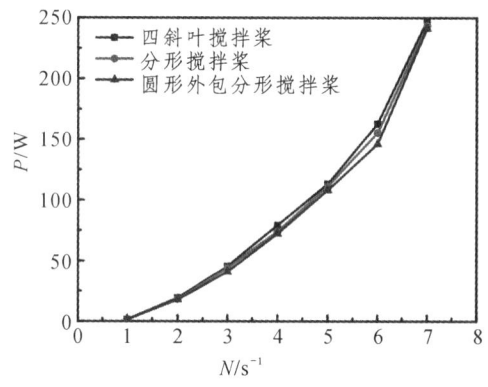

图 3.43　不同搅拌转速下的功耗比较

图 3.44 为不同桨叶类型在 P=110 W 时 YZ 平面上的固含率分布云图。从图 3.44 中可以看出，当 P=110 W 时，三种不同的桨型体系中搅拌槽上部的上浮颗粒的固相浓度都要大于搅拌槽下部固体颗粒的浓度。同时，从图 3.44 中还可看出，在相同功耗下，搅拌槽轴向高度在 0.25~0.5 m 内分形桨搅拌槽内固相浓度要高于四斜叶桨搅拌槽内固相浓度，圆形外包分形桨搅拌槽内固相浓度高于分形桨搅拌槽内的固相浓度。

图 3.45 为不同桨叶类型在 P=110 W 时 YZ 平面上的固体颗粒的速度云图。从图 3.45 中可以看出，与四斜叶桨搅拌体系相比，分形搅拌桨体系中固体颗粒的运动速度较大。圆形外包分形搅拌桨能够在分形搅拌桨的基础上进一步提高搅拌槽内固体颗粒的运动速度，有利于搅拌槽内上浮颗粒的轴向循环。

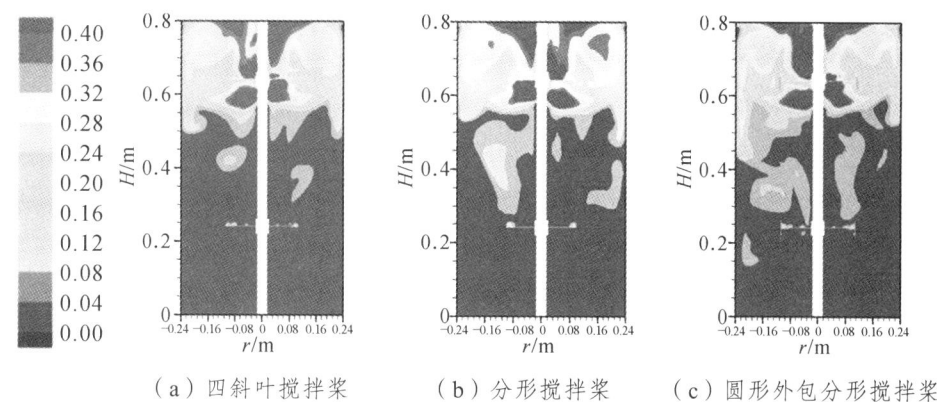

（a）四斜叶搅拌桨　　　（b）分形搅拌桨　　　（c）圆形外包分形搅拌桨

图 3.44　不同桨叶类型体系中 YZ 平面上固含率分布云图
（P=110 W，颗粒直径=4 mm，桨间距=5T/6，桨叶浸没量=T/3）

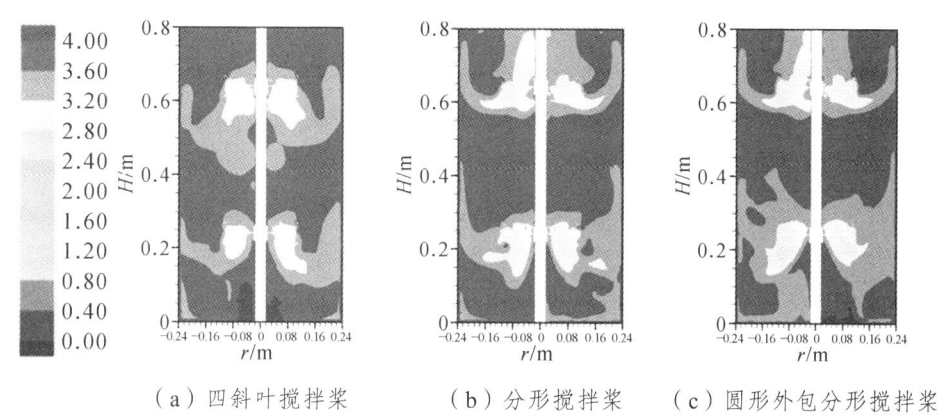

（a）四斜叶搅拌桨　　　（b）分形搅拌桨　　　（c）圆形外包分形搅拌桨

图 3.45　不同桨叶类型体系中 YZ 平面上固体颗粒的速度云图
（P=110 W，颗粒直径=4 mm，桨间距=5T/6，桨叶浸没量=T/3）

7. 临界下沉速度

上浮固体颗粒混合中搅拌桨的性能一般用临界下沉速度（N_{jd}）来表征。临界下沉速度是指上浮颗粒从液体自由表面被下拉到液面以下 2~5 s 的最小搅拌转速。采用数值模拟获取了在不同搅拌转速下液体自由表面下 1 mm 水平面上的平均固体体积分数，以此来确定 N_{jd}。图 3.46 为不同桨型体系中上浮颗粒的临界下沉速度。从图 3.46 中可以看出，数据点曲线上斜率最大的切线与斜率最小切线的交点就可确定 N_{jd}。采用该方法求得四斜叶搅拌桨、分形搅拌桨和圆形外包分形搅拌桨的临界下沉速度（N_{jd}）分别为 4.45 s^{-1}、4.12 s^{-1} 和 3.85 s^{-1}。这表明分形桨搅拌体系中的临界下沉速度低于四斜叶桨搅拌体系，而圆形外包分形搅拌桨能够在分形搅拌桨的基础上进一步降低临界下沉速度，提高上浮颗粒的混合效率。

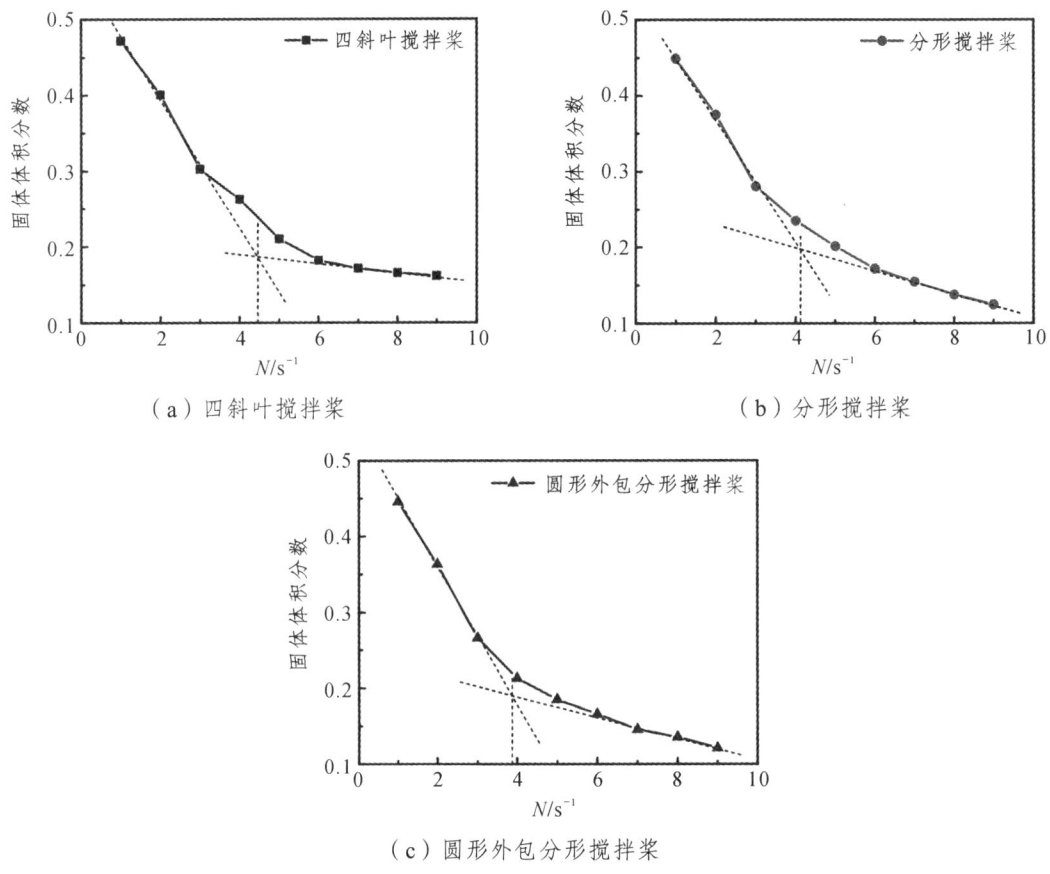

图 3.46 不同桨型体系中上浮颗粒的临界下沉速度

3.4 下沉上浮颗粒与牛顿流体混合特性研究

3.4.1 混沌特性分析

3.4.1.1 实验装置

实验所用搅拌装置如图 3.47 所示。搅拌槽为内径 $T=0.48$ m 的平底透明圆柱形有机玻璃槽，搅拌槽内设置 4 个宽度均为 0.048 m（$T/10$）、厚度为 0.0048 m（$T/100$）的挡板。搅拌槽内液位高度 $H=0.80$ m，下层搅拌桨距离搅拌槽底的距离为 $T/3$，两层搅拌桨之间的桨间距为 T。实验过程中所用搅拌桨为三种搅拌桨，分别为四斜叶搅拌桨（Four pitched-blade impeller）、分形搅拌桨 A（Fractal impeller A）、分形搅拌桨 B（Fractal impeller B），如图 3.48 所示。三种不同搅拌桨的桨叶叶片面积 $A=0.0034$ m^2，桨叶叶片倾角为 45°，桨叶叶片长度 l 和宽度 h 分别为 0.085 m 和 0.04 m，其中 $h=4h_1=16h_2$，如图 3.49 所示。固-固-液三相混合实验中的液相为自来水，其密度为 998 kg/m^3，黏度为 1 mPa·s；上浮固体颗粒为聚丙烯球，下沉固体颗粒为聚四氟乙烯球，上浮颗粒和下沉颗粒的体积分数均为 5%。实验过程中采用扭矩仪采集扭矩数据。

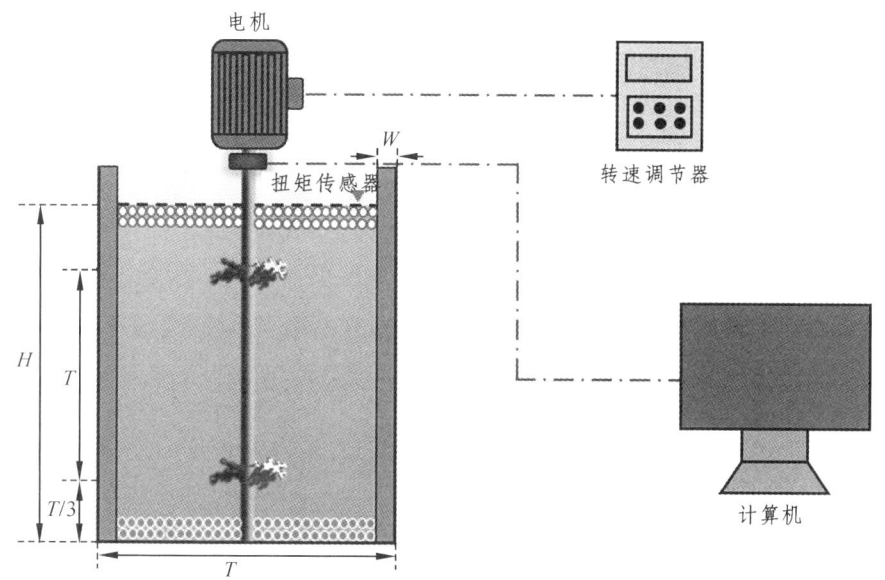

图 3.47 搅拌装置示意图

（a）四斜叶搅拌桨

（b）分形搅拌桨 A

（c）分形搅拌桨 B

图 3.48 搅拌桨结构示意图

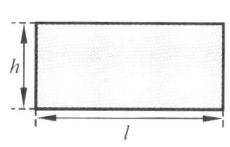

（a）四斜叶搅拌桨

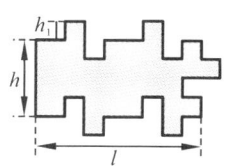

（b）分形搅拌桨 A

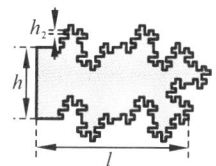

（c）分形搅拌桨 B

图 3.49 桨叶叶片结构图

3.4.1.2 实验方法

1. 最大 Lyapunov 指数（LLE）

同 2.2.1.2 节。

2. 搅拌功耗

同 2.2.1.2 节。

3.4.1.3 实验结果与讨论

1. 桨叶类型对 LLE 的影响

图 3.50 为固液混合体系中最大 Lyapunov 指数（LLE）与雷诺数（Re）之间的关系，其中 $Re=\rho ND^2/\mu_a$，在其他参数不变的情况下，雷诺数随着搅拌转速的增大而增大。从图 3.50 中可以看出，搅拌槽内上浮颗粒和下沉颗粒混合体系中的 LLE 随着雷诺数的增大先增大后减小。这是因为在雷诺数较小的条件下，搅拌转速较低，搅拌桨对混合体系输入的能量较少，混合体系的混沌混合程度较低。随着搅拌转速的增大，搅拌桨输入的能量较多，上浮颗粒和下沉颗粒混合体系的混沌程度较大。从图 3.50 中还可以看出，与四斜叶搅拌桨相比，分形搅拌桨能够有效提高上浮颗粒和下沉颗粒混合体系的 LLE 值，且分形搅拌桨随着分形迭代次数的增加，能够进一步提高混合体系的 LLE 值，增强混合体系的混沌混合程度。

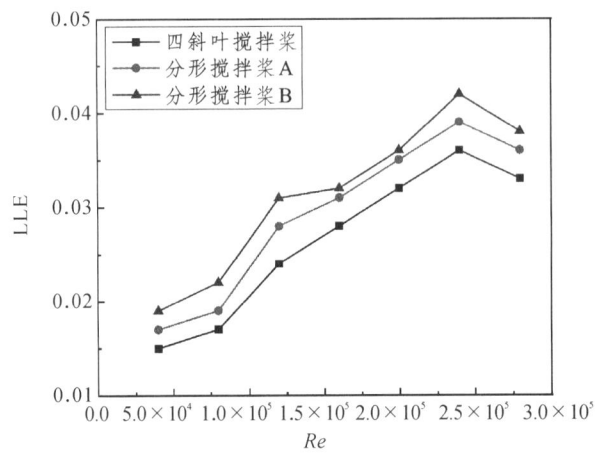

图 3.50　桨叶类型对 LLE 的影响

（初始固含率=5%，颗粒直径=4 mm，上浮颗粒密度=850 kg/m³，下沉颗粒密度=1100 kg/m³）

2. 颗粒初始浓度对 LLE 的影响

图 3.51 为颗粒初始固含率对 LLE 的影响。从图 3.51 中可以看出，上浮颗粒和下沉颗粒的初始固含率分别为 10%的混合体系的 LLE 值大于上浮颗粒和下沉颗粒的初始固含率分别为 5%的混合体系的 LLE 值。这可能是因为当上浮颗粒和下沉颗粒的初始固含率分别为 10%时，混合体系中的固体颗粒数量明显较多，使得混合体系在混合过程中更加混乱，混合体系的混沌程度更高。

3. 颗粒直径对 LLE 的影响

图 3.52 为颗粒直径对 LLE 的影响。从图 3.52 中可以看出，随着颗粒直径的减小，上浮颗粒和下沉颗粒混合体系的 LLE 逐渐增大。这是因为当颗粒直径较小时，不论是上浮颗粒还是下沉颗粒，其自身所受的重力及在悬浮过程中所受到的阻力都比较小，在相同的搅拌转速条件下，将获得更多的能量用于颗粒的悬浮过程，有利于上浮颗粒和下沉颗粒的混沌混合。

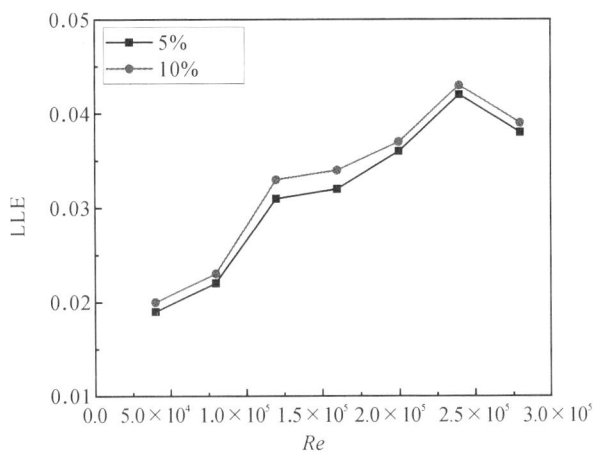

图 3.51　颗粒初始固含率对 LLE 的影响

（初始固含率=5%，颗粒直径=4 mm，上浮颗粒密度=850 kg/m³，下沉颗粒密度=1100 kg/m³）

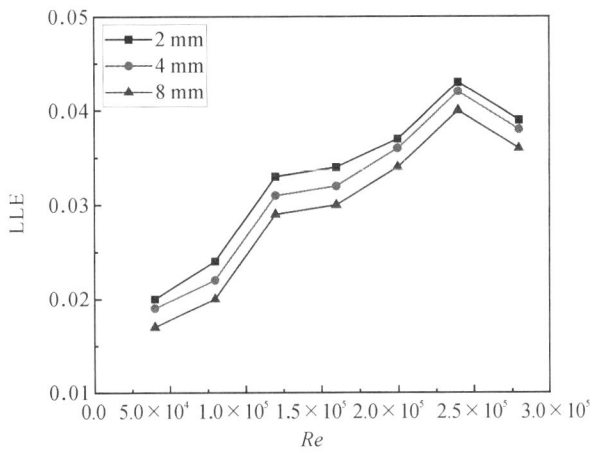

图 3.52　颗粒直径对 LLE 的影响

（初始固含率=5%，上浮颗粒密度=850 kg/m³，下沉颗粒密度=1100 kg/m³）

3.4.2　数值模拟分析

3.4.2.1　计算模型

1. 几何模型

数值模拟中的搅拌槽和搅拌桨的结构尺寸与前面固-固-液三相混沌特性分析实验中搅拌槽和搅拌桨的相同。

2. 网格划分

数值模拟中将搅拌桨附近区域划分为旋转子域和静止子域，其中 $r=0.12$ m 及 $0.13<z<0.67$ m（其中 z 为距底部的轴向距离）的区域为旋转子域，其余区域为静止子域。静止子域采用结构六面体网格进行划分，旋转子域采用非结构四面体网格划分，为了提高模拟计算精度，对旋转子域进行网格加密处理。旋转子域和静止子域网格划分分别如图 3.53 和图 3.54 所示。通过对比不同数量网格对四斜叶桨搅拌槽内液相轴向速度（$r/R=0.7$）的影响，得到与网格数

量无相关性解,四斜叶桨搅拌槽最终网格总数量为 1 669 036 个,如图 3.55 所示。同理,分形桨 A 搅拌槽最终网格总数量为 1 672 802 个,分形桨 B 搅拌槽最终网格总数量为 1 765 872 个。

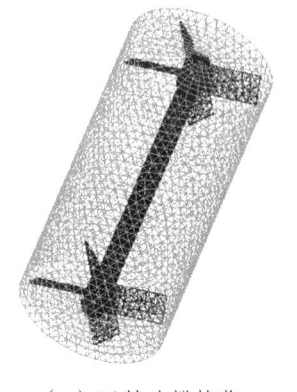 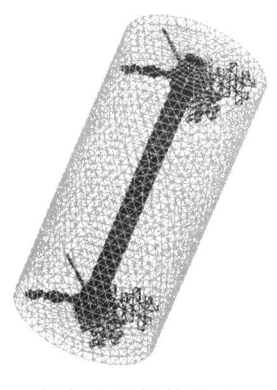 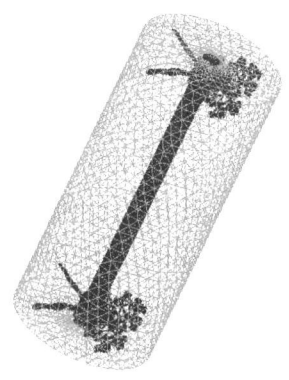

(a)四斜叶搅拌桨　　　　　(b)分形搅拌桨 A　　　　　(c)分形搅拌桨 B

图 3.53　动区域网格划分

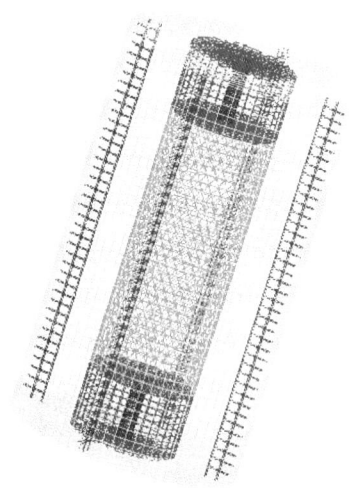

图 3.54　静区域网格划分

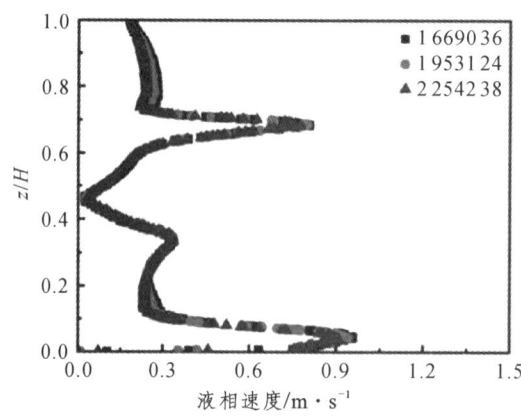

图 3.55　四斜叶桨搅拌槽网格无关性验证

3.4.2.2 基本控制方程

在 CFD 数值模拟中，多相流模拟中常用的两种模型分别为欧拉-欧拉（Euler-Euler）模型和欧拉-拉格朗日（Euler-Lagrange）模型。在 Euler-Euler 模型中，连续相和离散相在计算域中被视为相互渗透的连续介质。离散相的守恒方程可以在欧拉坐标系中与连续相类似地求解。相反，Euler-Lagrange 模型用欧拉方程描述连续相，但是离散相被看作是大量的单个粒子。该计算模型需要较高的计算成本和巨大的内存空间。Euler-Euler 模型则具有简单、低计算和更快的数值求解等优点。因此，本节采用 Euler-Euler 多相流模型进行搅拌槽内固液两相悬浮的 CFD 模拟。在质量和动量守恒原理的基础上，固液两相的连续性和动量方程如下所示。

连续性方程：

$$\frac{\partial}{\partial t}(\alpha_l \rho_l) + \nabla \cdot (\alpha_l \rho_l \vec{U}_l) = 0 \tag{3.25}$$

$$\frac{\partial}{\partial t}(\alpha_s \rho_s) + \nabla \cdot (\alpha_s \rho_s \vec{U}_s) = 0 \tag{3.26}$$

式中　下标 s，l——固相和液相；
　　　α——体积分数；
　　　ρ——密度，kg/m^3；
　　　$\vec{U}$——速度矢量。

动量方程：

$$\frac{\partial(\alpha_l \rho_l \vec{v}_l)}{\partial t} + \nabla(\alpha_l \rho_l \vec{v}_l \vec{v}_l) = -\alpha_l \nabla P + \nabla \overline{\overline{\tau}}_l + \alpha_l \rho_l \vec{g} + \sum_{p=1}^{n}[K_{ls}(\vec{v}_l - \vec{v}_s)] \tag{3.27}$$

$$\frac{\partial(\alpha_s \rho_s \vec{v}_s)}{\partial t} + \nabla(\alpha_s \rho_s \vec{v}_s \vec{v}_s) = -\alpha_s \nabla P - \nabla P_s + \nabla \overline{\overline{\tau}}_s + \alpha_s \rho_s \vec{g} + \sum_{p=1}^{n}[K_{sl}(\vec{v}_s - \vec{v}_l)] \tag{3.28}$$

式中　g——重力加速度，m/s^2；
　　　P——压力，Pa；
　　　$\vec{v}$——速度矢量；
　　　$\overline{\overline{\tau}}$——黏度和速度波动而产生的应力应变张量；
　　　K_{ls}——相间动量交换系数。

$$\overline{\overline{\tau}}_q = \alpha_q \mu_q (\nabla \vec{v}_q + \nabla \vec{v}_q^T) + \alpha_q (\lambda_q - \frac{2}{3}\mu_q)\nabla \vec{v}_q \tag{3.29}$$

式中　μ_q——剪切黏度；
　　　λ_q——体积黏度。

利用 Gidaspow 模型计算流固动量交换系数 K_{ls}。

当 $\alpha_s < 0.2$ 时，K_{ls} 计算如下：

$$K_{ls} = \frac{3}{4}C_D \frac{\alpha_s \alpha_l \rho_l |\vec{v}_s - \vec{v}_l|}{d_s} \alpha_l^{-2.65} \tag{3.30}$$

曳力系数 C_D 可由下式计算：

$$C_{\mathrm{D}} = \frac{24}{\alpha_1 Re_{\mathrm{s}}}[1+0.15(\alpha_1 Re_{\mathrm{s}})^{0.687}] \tag{3.31}$$

当 $\alpha_{\mathrm{s}}>0.2$ 时，K_{ls} 计算如下：

$$K_{\mathrm{ls}} = 150\frac{\alpha_{\mathrm{s}}(1-\alpha_1)\mu_1}{\alpha_1 d_{\mathrm{s}}^2} + 1.75 C_{\mathrm{D}} \frac{\alpha_{\mathrm{s}}\rho_1 \left|\vec{v}_{\mathrm{s}}-\vec{v}_1\right|}{d_{\mathrm{s}}} \tag{3.32}$$

式（3.31）中 Re_{s} 为基于主相与第二相滑移速度的雷诺数：

$$Re_{\mathrm{s}} = \frac{\rho_1 d_{\mathrm{s}} \left|\vec{v}_{\mathrm{s}}-\vec{v}_1\right|}{\mu_1} \tag{3.33}$$

由一个固相（s_1）对另一个固相（s_2）施加的固固两相之间的动量交换系数 $K_{s_1 s_2}$ 可由 syamlal-obrien-symmetric 模型给出，K_{s1s2} 的表达式为：

$$K_{s_1 s_2} = \frac{3(1+e_{s_1 s_2})\left(\frac{\pi}{2}+C_{\mathrm{fr},s_1 s_2}\frac{\pi^2}{8}\right)\alpha_{s_1}\rho_{s_1}\alpha_{s_2}\rho_{s_2}(d_{s_1}+d_{s_2})^2 g_{0,s_1 s_2}}{2\pi(\rho_{s_1} d_{s_1}^3 + \rho_{s_2} d_{s_2}^3)} \left|\vec{v}_{s_2}-\vec{v}_{s_1}\right| \tag{3.34}$$

3.4.2.3 湍流模型

本节采用标准 $k\text{-}\varepsilon$ 湍流模型来模拟固液两相悬浮过程的湍流流动，其中假定连续相和分散相具有相同的湍动能 k 和湍流能量耗散率 ε。k 和 ε 的方程如下：

$$\frac{\partial}{\partial}(\alpha_1 \rho_1 k) + \vec{\nabla}\left[\alpha_1 \rho_1 \vec{U}_1 k - \alpha_1(\mu_1+\frac{\mu_{\mathrm{tl}}}{\sigma_k})\vec{\nabla}k\right] \\
= \alpha_1\left[\mu_{\mathrm{tl}}\vec{\nabla}\vec{U}_1(\vec{\nabla}\vec{U}_1+(\vec{\nabla}\vec{U}_1)^{\mathrm{T}})-\rho_1\varepsilon\right] \tag{3.35}$$

$$\frac{\partial}{\partial}(\alpha_1 \rho_1 \varepsilon) + \vec{\nabla}\left[\alpha_1 \rho_1 \vec{U}_1 \varepsilon - \alpha_1(\mu_1+\frac{\mu_{\mathrm{tl}}}{\sigma_\varepsilon})\vec{\nabla}\varepsilon\right] \\
= \alpha_1\left[C_{\varepsilon 1}\frac{\varepsilon}{k}\mu_{\mathrm{tl}}\vec{\nabla}\vec{U}_1(\vec{\nabla}\vec{U}_1+(\vec{\nabla}\vec{U}_1)^{\mathrm{T}})-C_{\varepsilon 2}\rho_1\frac{\varepsilon^2}{k}\right] \tag{3.36}$$

对于标准 $k\text{-}\varepsilon$ 湍流模型来说，μ_t 可以用 k 和 ε 的函数来表示，即

$$\mu_{\mathrm{tl}} = \rho_1 C_\mu \frac{k^2}{\varepsilon} \tag{3.37}$$

在标准 $k\text{-}\varepsilon$ 湍流模型中，经验常数 $C_{1\varepsilon}$，$C_{2\varepsilon}$，$C_{3\varepsilon}$ 分别为 1.44，1.92，0.09；湍动能和湍动耗散率对应的普朗特数 σ_k，σ_ε 分别为 1.0，1.3。

3.4.2.4 模拟方法

本节采用商业软件 ANSYS 14.5 对固-固-液三相悬浮特性进行瞬态模拟。采用多重参考系（Multiple Reference Frame，MRF）模型模拟搅拌桨的转动，即搅拌桨所在区域以桨叶旋转速度为参考系，其他区域使用静止参考系。压力速度耦合采用 SIMPLEC 算法，差分格式采用二阶迎风格式，收敛残差设为 10^{-5}。时间步长设为 0.01 s，总模拟时间为 50 s。搅拌槽壁面设置

为壁面条件（wall），旋转子域与静止子域的交界面设为内部界面（interface），自由液面设置为对称边界条件（symmetry）。

3.4.2.5 结果与讨论

1. 搅拌桨类型对轴向固含率的影响

图 3.56 为三种不同桨型体系在 $X=0$ 平面上的上浮颗粒固含率云图，图 3.57 为三种不同桨型体系在 $X=0$ 平面上的下沉颗粒固含率云图。从图 3.56 中可以看出，在四斜叶搅拌桨体系中，大量的上浮颗粒聚集悬浮在液面上，而在搅拌槽的下部几乎没有上浮颗粒。在相同的操作条件下，分形搅拌桨体系中上浮颗粒的分散程度大于四斜叶搅拌桨体系，且随着分形迭代次数的增加，分形搅拌桨 B 可以在分形搅拌桨 A 的基础上进一步提高上浮颗粒的分散程度，这种现象也可以在图 3.58（a）中观察到。同时，从图 3.57 中可以看出，在相同的操作条件下，分形搅拌桨体系中下沉颗粒的悬浮程度大于四斜叶搅拌桨体系，分形搅拌桨 B 可以在分形搅拌桨 A 的基础上进一步提高下沉颗粒的悬浮程度，这种现象也可以在图 3.58（b）中观察到。这可能是因为分形搅拌桨桨叶周边的间隙可以产生一系列射流，将尾涡破碎成较小的涡，增强流体的湍动程度，提高搅拌桨能量利用率。

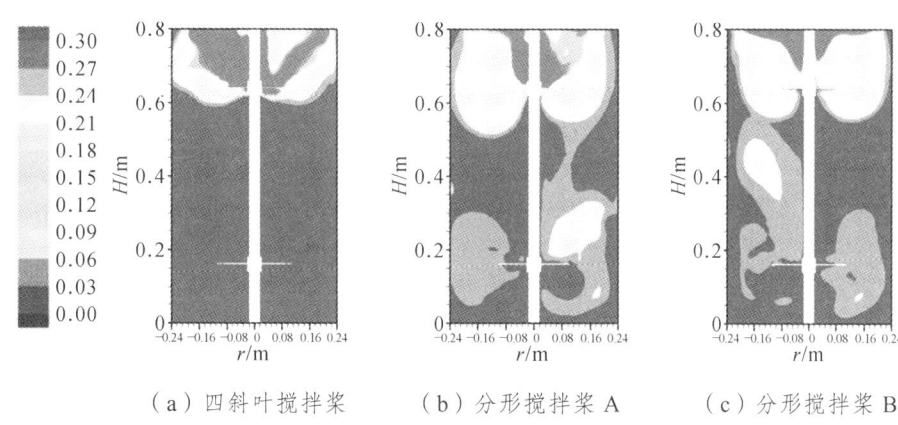

（a）四斜叶搅拌桨　　　（b）分形搅拌桨 A　　　（c）分形搅拌桨 B

图 3.56　搅拌槽 $X=0$ 平面上的上浮颗粒的固含率分布

（颗粒直径=4 mm，上浮颗粒密度=850 kg/m³，下沉颗粒密度=1100 kg/m³，搅拌桨速度=3 s⁻¹）

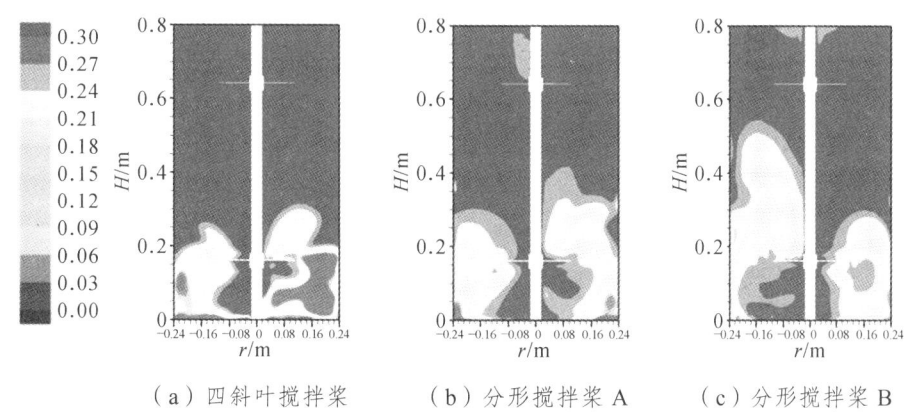

（a）四斜叶搅拌桨　　　（b）分形搅拌桨 A　　　（c）分形搅拌桨 B

图 3.57　搅拌槽 $X=0$ 平面上的下沉颗粒的固含率分布

（颗粒直径=4 mm，上浮颗粒密度=850 kg/m³，下沉颗粒密度=1100 kg/m³，搅拌桨转速=3 s⁻¹）

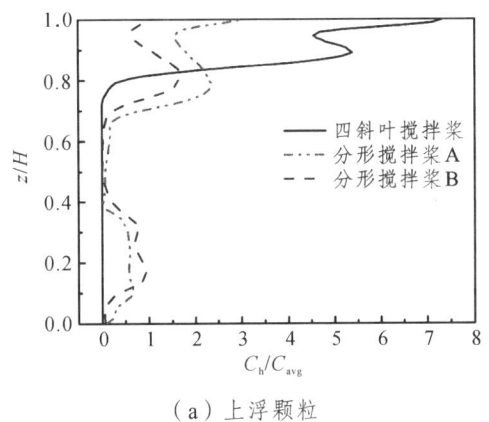
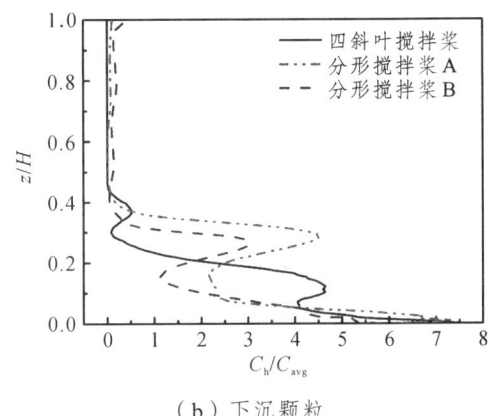

(a)上浮颗粒　　　　　　　　　　　　　　(b)下沉颗粒

图 3.58　搅拌桨类型对局部轴向固含率分布的影响

(颗粒直径=4 mm,上浮颗粒密度=850 kg/m^3,下沉颗粒密度=1100 kg/m^3,搅拌桨速度=3 s^{-1},r/R=0.8)

2. 搅拌速度对轴向固含率分布的影响

图 3.59 为分形搅拌桨 B 体系中的轴向固含率分布和搅拌速度的关系。从图 3.59(a)中可以看出,在低搅拌速度下,大量上浮颗粒悬浮在液面上,且搅拌桨下部的 C_h/C_{avg} 值接近零。随着搅拌转速的增大,液面上的上浮颗粒被下拉进入液相并分散到搅拌槽下部,搅拌槽下部的 C_h/C_{avg} 值逐渐变大。从图 3.59(b)中可以看出,下沉颗粒的分布状态与上浮颗粒正好相反,在较低的搅拌转速下,搅拌槽底部聚集了大量的下沉固体颗粒,搅拌槽上部的 C_h/C_{avg} 值接近零。随着搅拌转速的增大,大量固体颗粒悬浮至搅拌槽上部,搅拌槽上部的 C_h/C_{avg} 值逐渐增大。

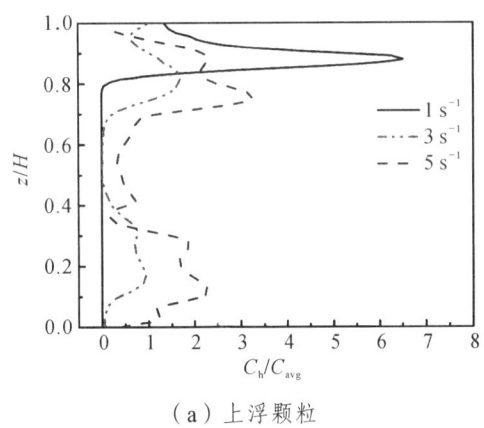
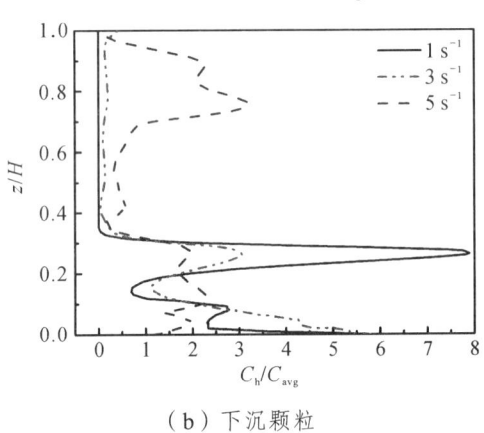

(a)上浮颗粒　　　　　　　　　　　　　　(b)下沉颗粒

图 3.59　分形搅拌桨 B 体系中搅拌转速对局部轴向固含率分布的影响

(颗粒直径=4 mm,上浮颗粒密度=850 kg/m^3,下沉颗粒密度=1100 kg/m^3,r/R=0.8)

3. 颗粒初始浓度对轴向固含率分布的影响

图 3.60 为分形搅拌桨 B 体系中局部轴向固含率和颗粒初始浓度的关系。从图 3.60(a)中可以看出,上浮颗粒的分散质量随着初始上浮颗粒浓度的增大而增加。这可能是因为随着初始上浮颗粒浓度的增加,颗粒之间的相互作用以及颗粒之间的挤压作用产生的下降流增强。从图 3.60(b)中可以看出,初始下沉颗粒浓度(体积分数,下同)为 5%与 10%的混合体系

相比，5%混合体系在搅拌槽上部显示出更高的 C_h/C_{avg} 值。这可能是因为较高的初始下沉颗粒浓度意味着更多的颗粒需要获得能量来克服上浮过程中所受到的阻力。

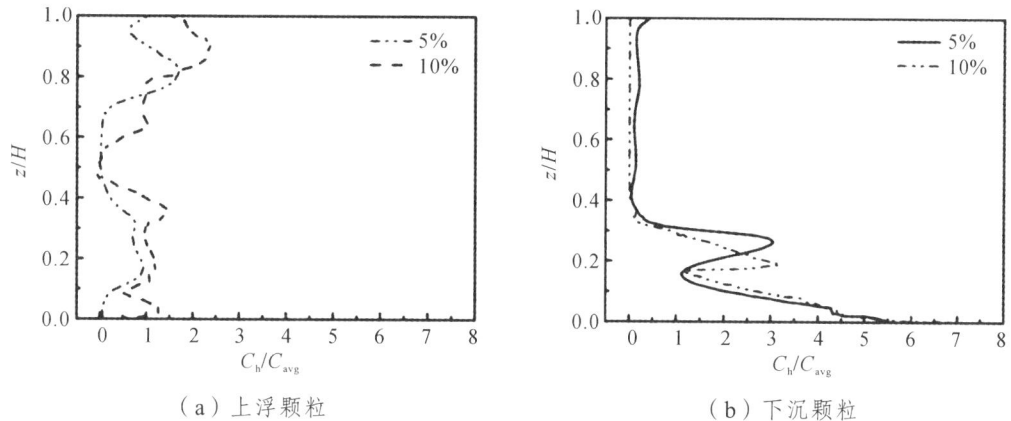

(a) 上浮颗粒　　　　　　　　　　(b) 下沉颗粒

图 3.60　颗粒初始浓度对局部轴向固体浓度分布的影响
(颗粒直径=4 mm，上浮颗粒密度=850 kg/m³，下沉颗粒密度=1100 kg/m³，搅拌桨速度=3 s⁻¹，r/R=0.8)

4. 颗粒直径对轴向固含率分布的影响

图 3.61 为分形搅拌桨 B 体系中颗粒直径对轴向固含率分布的影响。从图 3.61 中可以发现，固体颗粒的直径越大，固体颗粒的飘浮现象和沉积现象越明显。上浮颗粒的浮力和下沉颗粒的重力随颗粒粒径的增大而增大，且固体颗粒在混合过程中所受到的阻力也随着颗粒直径的增大而增大，不利于上浮颗粒和下沉颗粒的分散过程。从图 3.61 中还可以看出，上浮颗粒的直径越小，越容易分散到搅拌槽下部，而下沉颗粒的直径越小，越容易悬浮到搅拌槽上部。

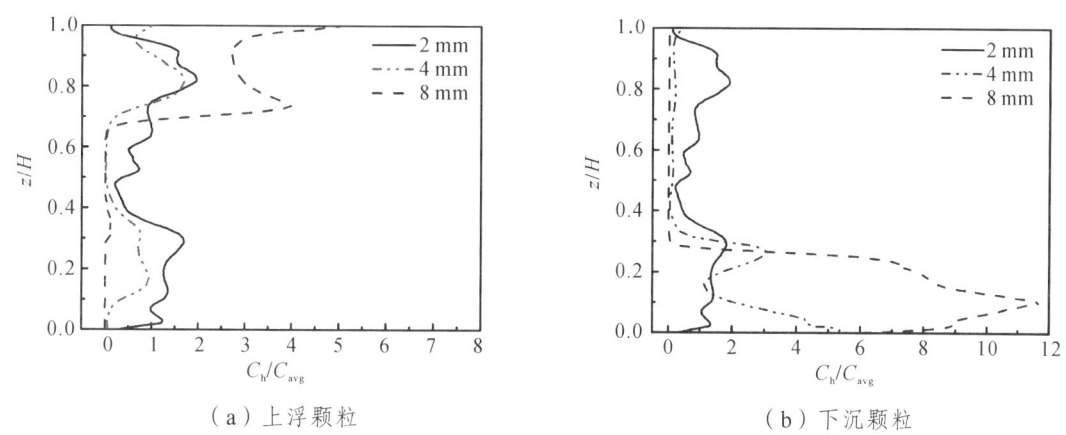

(a) 上浮颗粒　　　　　　　　　　(b) 下沉颗粒

图 3.61　颗粒直径对轴向固含率分布的影响
(上浮颗粒密度=850 kg/m³，下沉颗粒密度=1100 kg/m³，搅拌桨速度=3 s⁻¹，r/R=0.8)

5. 颗粒密度对轴向固含率分布的影响

图 3.62 为分形搅拌桨 B 体系中固体颗粒密度对轴向固含率分布的影响。从图 3.62 中可以看出，随着固液两相密度差的增大，固液两相的混合效果降低。上浮固体颗粒的密度越小，固相和液相的密度差越大，上浮颗粒下拉过程中越难。下沉颗粒的密度越大，下沉颗粒本身所受的重力增大，固液两相的混合效果越差。

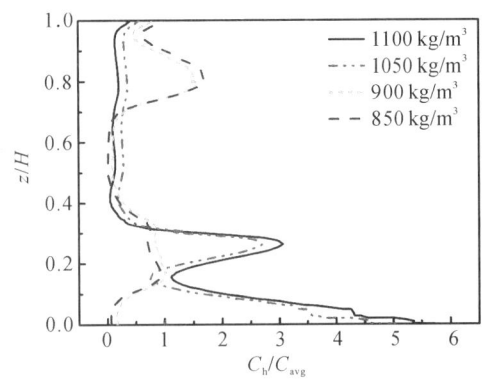

图 3.62　固体颗粒密度对轴向固含率分布的影响（颗粒直径=4 mm，搅拌桨速度=3 s^{-1}，r/R=0.8）

6. 悬浮效果对比分析

图 3.63 为三种不同桨型的功率消耗与搅拌速度的关系。从图 3.63 中可以看出，搅拌功耗随着搅拌转速的增大而增加。同时还可发现，在相同转速的条件下，与四斜叶搅拌桨相比，分形搅拌桨的功耗较低，且分形搅拌桨 B 可以在分形搅拌桨 A 的基础上进一步降低搅拌功耗。出现这一结果可以在图 3.64 中找到部分原因，图 3.64 为三种不同桨型体系中桨叶尾涡的三维结构。从图 3.64 中可以看出，分形搅拌桨可以将尾涡破碎成较小的尾涡，并通过分形搅拌桨叶片周边的分形结构减小尾涡的尺寸，有利于降低功耗。随着分形搅拌桨分形迭代次数的增加，尾涡尺寸能够被进一步减小。

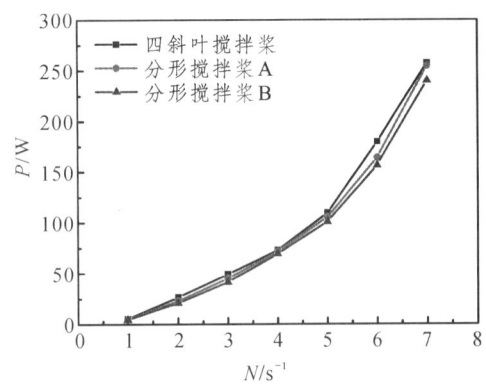

图 3.63　不同搅拌转速下的功耗比较
（上浮颗粒密度=850 kg/m^3，下沉颗粒密度=1100 kg/m^3，颗粒浓度=5%，颗粒直径=4 mm）

（a）四斜叶搅拌桨　　　　（b）分形搅拌桨 A　　　　（c）分形搅拌桨 B

图 3.64　不同功率下桨叶尾涡的三维结构（上浮颗粒密度=850 kg/m^3，下沉颗粒密度=1100 kg/m^3，颗粒浓度=5%，颗粒直径=4 mm，搅拌桨速度=3 s^{-1}）

因此，有必要在相同功耗条件下对比分析四斜叶搅拌桨、分形搅拌桨 A 和分形搅拌桨 B 的混合性能。图 3.65 为 P=49 W 时不同桨型体系中上浮颗粒和下沉颗粒的悬浮状态。从图 3.65 中可以看出，分形搅拌桨体系中上浮颗粒的悬浮面比四斜叶搅拌桨体系中更接近搅拌槽的下部，分形搅拌桨 B 体系中上浮颗粒的分散性能则优于分形搅拌桨 A 体系。对于下沉颗粒而言，分形搅拌桨体系中下沉颗粒的悬浮面比四斜叶搅拌桨体系中更靠近搅拌槽上部，分形搅拌桨 B 体系中下沉颗粒悬浮效果则优于分形搅拌桨 A 体系。图 3.66 为 P=49 W 时液相速度 v=0.3 m/s 的等值面。从图 3.66 中可以看出，分形搅拌桨 B 体系中流体速度等于 0.3 m/s 的流体区域大于分形搅拌桨 A 和四斜叶搅拌桨体系中的流体区域。研究表明，与四斜叶搅拌桨相比，分形搅拌桨能够有效提高上浮颗粒和下沉颗粒的混合效率，且随着分形迭代次数的增加，固液混合效率能够得到进一步提高。

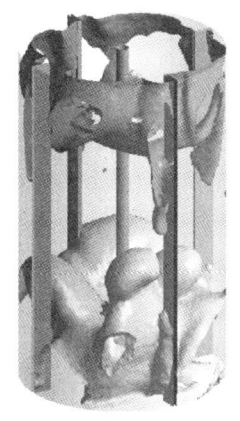 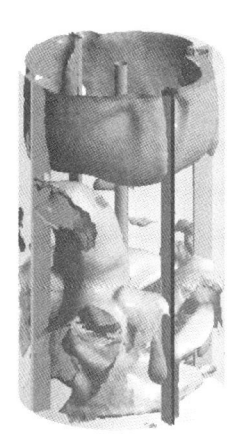 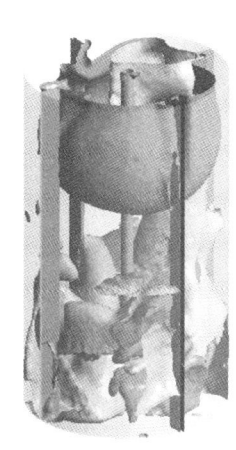 

（a）四斜叶搅拌桨　　　　（b）分形搅拌桨 A　　　　（c）分形搅拌桨 B

图 3.65　P=49 W 时搅拌槽内固体颗粒的悬浮状态（悬浮面为固含率等于 C_{avg} 的等值面，上浮颗粒密度=50 kg/m³，下沉颗粒密度=1100 kg/m³，颗粒直径=4 mm）

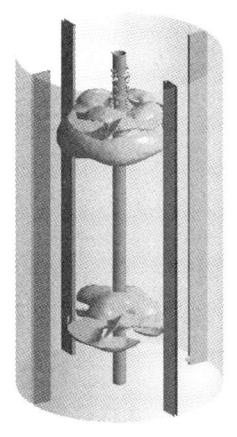 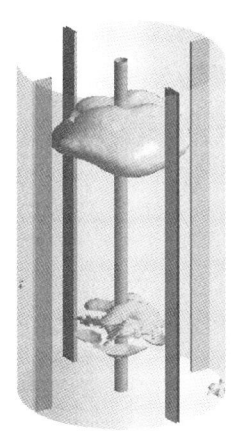 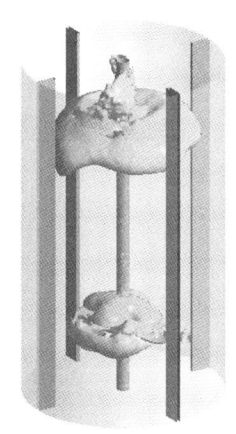

（a）四斜叶搅拌桨　　　　（b）分形搅拌桨 A　　　　（c）分形搅拌桨 B

图 3.66　P=49 W 时液相速度 v=0.3 m/s 的等值面
（上浮颗粒密度= 850 kg/cm³，下沉颗粒密度=1100 kg/m³，颗粒直径=4 mm）

7. 临界上浮速度和临界下沉速度的预测

临界搅拌速度（N_{jd}）是衡量搅拌桨性能的一个重要参数。目前，临界搅拌速度可以通过实验方法、理论关联方法和 CFD 模拟切线交点方法获得。本节采用 CFD 模拟切线交点方法获得临界搅拌速度。取位于搅拌槽底部上方 1 mm 处水平面上的下沉颗粒平均体积分数和位于液相自由表面下方 1 mm 处水平面上的上浮颗粒平均体积分数来考察固体颗粒浓度和搅拌桨速度之间的关系。下沉颗粒固相浓度曲线和上浮颗粒固相浓度曲线的最大斜率切线和最小斜率切线的交点所对应的搅拌速度即为临界上浮速度（N_{js}）和临界下沉速度（N_{jd}）。从图 3.67 中可以看出，三种桨型体系中临界上浮速度（N_{js}）分别为 4.32 s^{-1}，4.21 s^{-1}，4.05 s^{-1}，临界下沉速度（N_{jd}）分别为 4.45 s^{-1}、4.33 s^{-1} 和 4.22 s^{-1}。从图 3.67 中可以发现，分形搅拌桨体系的 N_{js} 和 N_{jd} 低于四斜叶搅拌桨体系，且分形搅拌桨 B 可以在分形搅拌桨 A 的基础上进一步降低 N_{js} 和 N_{jd}。研究表明，分形搅拌桨能够有效地提高上浮颗粒和下沉颗粒的混合效率，且随着分形搅拌桨的分形迭代次数的增加，固体颗粒的混合效率能够得到进一步提高。

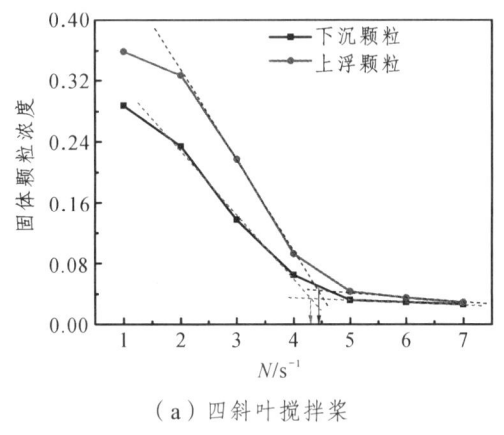

（a）四斜叶搅拌桨

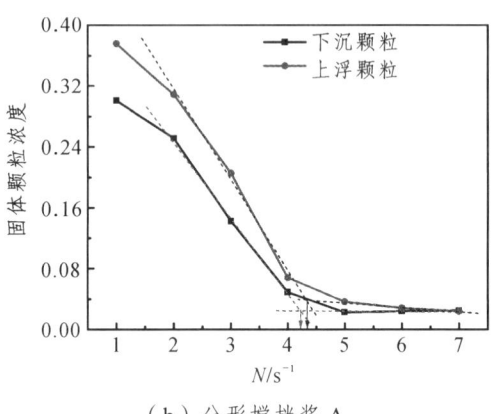

（b）分形搅拌桨 A

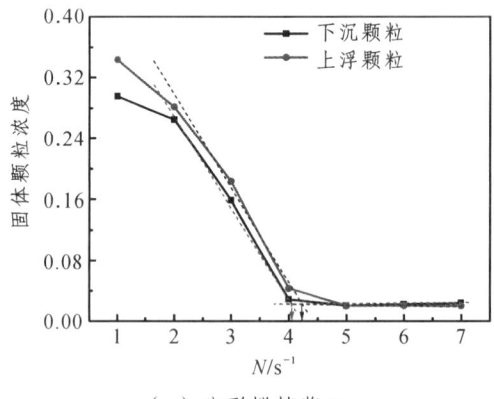

（c）分形搅拌桨 B

图 3.67 三种不同桨型体系中的临界上浮速度和临界下沉速度
（上浮颗粒密度=850 kg/m^3，下沉颗粒密度=1100 kg/cm^3，颗粒直径=4 mm）

3.5 下沉颗粒与非牛顿流体混合特性研究

3.5.1 混沌特性分析

3.5.1.1 实验装置

实验所用搅拌装置如图 3.68 所示。搅拌槽为内径 T=0.48 m 的平底透明圆柱形有机玻璃槽，搅拌槽内设置 4 个宽度均为 0.048 m（T/10）、厚度为 0.0048 m（T/100）的挡板。搅拌槽内液位高度 H=0.48 m，底桨的位置高度 C=T/3=0.16 m。实验过程中所用搅拌桨为三种搅拌桨，分别为错位斜叶搅拌桨（Dislocated pitched-blade impeller）、错位分形 1 搅拌桨（Dislocated fractal 1 impeller）、错位分形 2 搅拌桨（Dislocated fractal 2 impeller），如图 3.69 所示。三种搅拌桨的直径为 0.19 m，桨叶形状为正方形（图 3.70），L_0 为 0.042 m，L_1=1/3L_0，L_2=1/7L_0，桨叶叶片厚度为 0.002 m，桨叶叶片倾角为 45°。错位搅拌桨的叶片在标准搅拌桨的基础上，叶片与圆盘的连接点以 1/4 叶片宽度的间隔上下错位。实验中以质量分数 1.4%的黄原胶溶液为流体介质，其流变参数如表 3.1 所示；固相为玻璃砂，其密度为 2470 kg/m³，固含率为 20%。实验过程中采用扭矩仪采集扭矩数据。

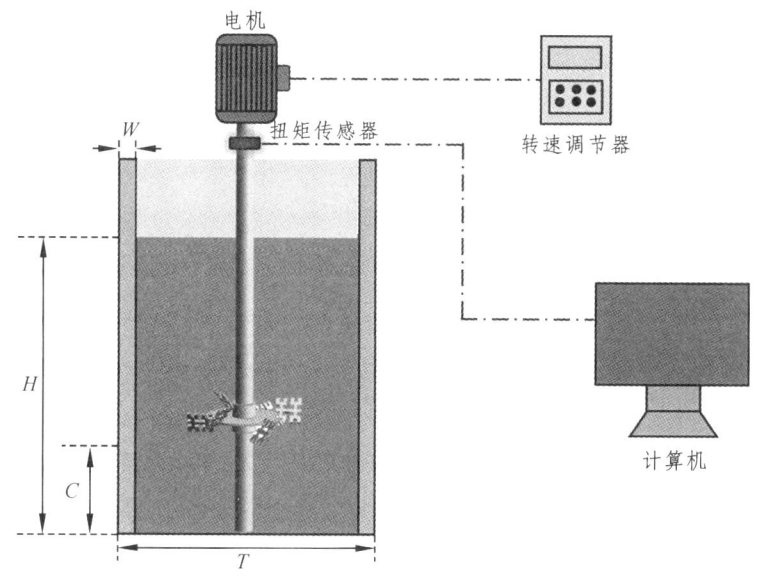

图 3.68 实验装置示意图

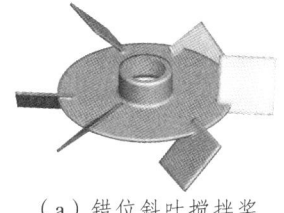

（a）错位斜叶搅拌桨

（b）错位分形 1 搅拌桨

（c）错位分形 2 搅拌桨

图 3.69 搅拌桨结构示意图

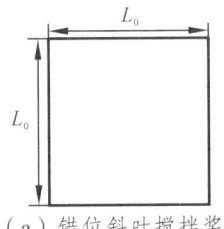 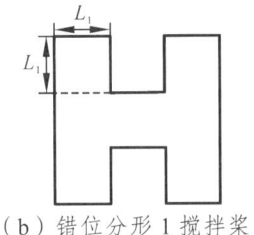 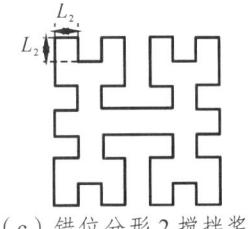

（a）错位斜叶搅拌桨　　　　（b）错位分形 1 搅拌桨　　　　（c）错位分形 2 搅拌桨

图 3.70　桨叶叶片结构示意图

表 3.1　黄原胶溶液的流变参数

黄原胶质量分数 w/%	初始屈服切应力 τ_y/Pa	稠度系数 K/Pa·s^n	密度 ρ/kg·m^{-3}	流变指数 n
1.4	7.16	11.68	990	0.28

3.5.1.2　流变模型

同 2.3.1.2 节。

3.5.1.3　实验方法

1. 最大 Lyapunov 指数（LLE）

同 2.2.1.2 节。

2. 搅拌功耗

同 2.2.1.2 节。

3.5.1.4　实验结果与讨论

1. 最大 Lyapunov 指数（LLE）

图 3.71 为固液混合体系中的最大 Lyapunov 指数（LLE）与雷诺数（Re）之间的关系，在其他参数不变的情况下，雷诺数随着搅拌转速的增大而增大。从图 3.71 中可以看出，错位分形搅拌桨能够在错位斜叶搅拌桨的基础上提高流体混合体系的 LLE，且 LLE 随着错位分形搅拌桨的分形迭代次数的增多而增大。这可能是因为错位分形搅拌桨在旋转过程中桨叶周围的凹凸边缘将产生许多射流，能够有效增加混合体系的流动性，增大固液两相的悬浮程度，提高流体混合体系的混沌程度，强化固液两相的混合过程。

2. 搅拌功耗及功率准数

在搅拌桨的设计和优化过程中，搅拌功耗是评价搅拌桨性能的一个非常重要的参数，它影响着设备投资和运行成本。图 3.72 所示的是不同搅拌桨在不同表观雷诺数下的搅拌功耗。从图 3.72 中可以看出，与错位斜叶搅拌桨相比，错位分形搅拌桨能够有效降低搅拌功耗，且随着错位分形搅拌桨的分形迭代次数的增加，搅拌功耗能够被进一步降低。在 Re_y=236 时，错位分形 2 搅拌桨体系的功耗分别比错位斜叶搅拌桨体系和错位分形 1 搅拌桨体系的功耗降低了 40.56% 和 13.50%。

与此同时，功率准数（N_p）也是搅拌桨性能优化的重要参数之一。功率准数（N_p）的计算式如式（3.38）所示。

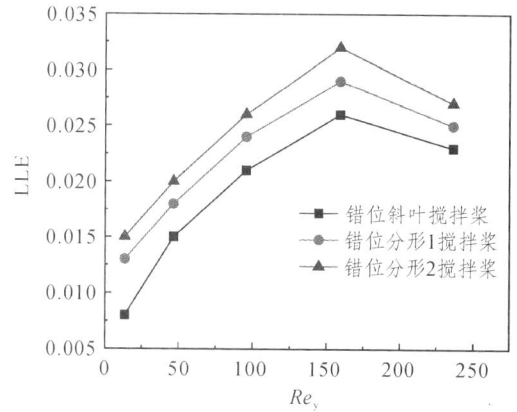

图 3.71　桨叶类型对 LLE 的影响

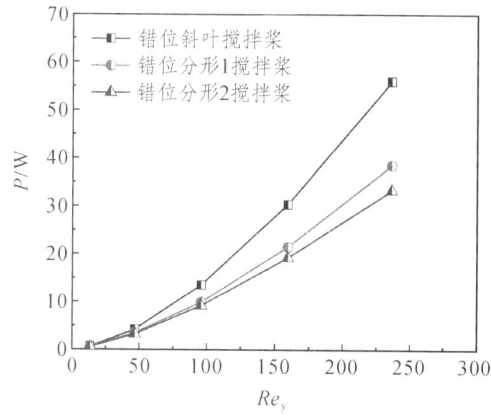

图 3.72　不同表观雷诺数（Re_y）下的功耗（P）比较

$$N_p = \frac{P}{\rho N^3 D^5} \tag{3.38}$$

图 3.73 为不同搅拌桨在不同雷诺数下的功率准数。从图 3.73 中可以看出，在流体层流过程中，功率准数随着表观雷诺数 Re_y 的不断增大而减小。错位分形搅拌桨体系的功率准数低于错位斜叶搅拌桨体系的功率准数，且随着错位分形搅拌桨的分形迭代次数的增加，错位分形搅拌桨体系的功率准数能够进一步减小。这可能是因为随着错位分形搅拌桨的分形迭代次数的增加，错位分形搅拌桨的桨叶面积逐渐减小，桨叶所受到的阻力相应减小，搅拌功耗和功率准数也相应地减小。由此可见，错位分形搅拌桨能够利用自身结构的分形特征，降低功率消耗，改善搅拌桨的混合性能。

3. 可视化实验

黄原胶溶液混合过程中，由于黄原胶溶液具有初始屈服应力和剪切稀化的特性，在搅拌桨附近会形成一个强烈的混合区域，称为洞穴区；而在远离搅拌桨处的流体所受切应力略大于或小于初始屈服应力，流体处于缓慢流动甚至停滞的状态，称为停滞区或滞流区。为了观察固体颗粒和黄原胶溶液混合过程中洞穴结构的演化规律，通过可视化实验获取黄原胶溶液混合过程中的洞穴结构。可视化实验将酚酞作为指示剂，加入 2 mol/L 的 NaOH 溶液于搅拌桨附近作为显色剂,黄原胶溶液混合过程中洞穴区将优先被染成红色;通过酸碱中和实验将洞穴区以颜色展现出来,对洞穴结构演化进行观察。

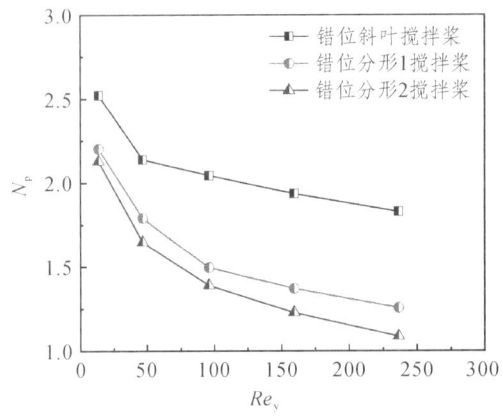

图 3.73　不同表观雷诺数(Re_y)下的功率准数(N_p)比较

可视化实验对比了功耗 P=8.47 W 的条件下错位斜叶搅拌桨、错位分形 1 搅拌桨、错位分形 2 搅拌桨三种搅拌体系的洞穴结构,如图 3.74 所示。从图 3.74 中可以看出,三种不同桨型体系中的洞穴区域都被染成红色。与错位斜叶搅拌桨体系相比,错位分形 1 搅拌桨体系形成的洞穴尺寸更大,错位分形 1 搅拌桨混合形成更好;与错位分形 1 搅拌桨体系相比,错位分形 2 搅拌桨体系形成的洞穴尺寸进一步增大,这表明随着错位分形搅拌桨分形迭代次数的增加,流体混合效果能够被进一步提高。

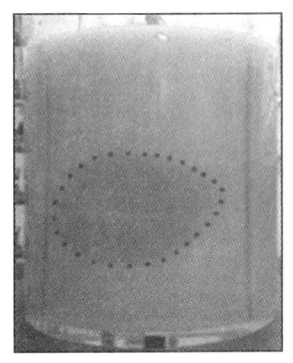 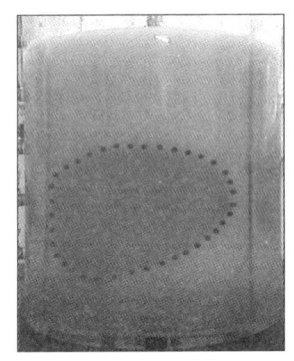 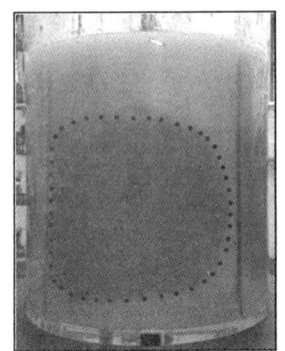

(a)错位斜叶搅拌桨体系　　　(b)错位分形 1 搅拌桨体系　　　(c)错位分形 2 搅拌桨体系

图 3.74　三种不同桨型体系中的洞穴结构(P=13 W)

与此同时,考察了错位分形 2 搅拌桨体系中不同表观雷诺数下的洞穴结构,如图 3.75 所示。图 3.75 分别是错位分形 2 搅拌桨体系在表现雷诺数 Re_y=96、159、236 的条件下流场中所形成的洞穴区结构。从图 3.75 中可以看出,随着表观雷诺数的增大,即随着搅拌转速的增大,洞穴区域的尺寸也随之增大,流体流动性增强。通过增大转速的方式可以扩大洞穴,增强流体流动性,但这是以功耗增加为代价来提高混合效果。

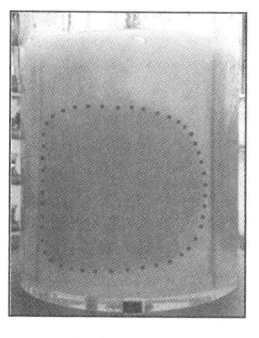 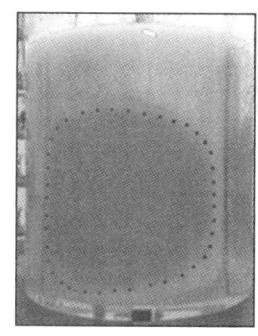 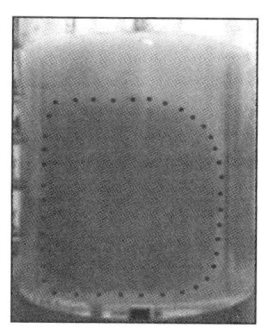

（a）Re_y=96   （b）Re_y=159   （c）Re_y=236

图 3.75　错位分形 2 搅拌桨体系中不同表观雷诺数下中的洞穴结构

3.5.2　数值模拟分析

3.5.2.1　计算模型

1. 几何模型

数值模拟中的搅拌槽和搅拌桨的结构尺寸与前面混沌特性分析实验中搅拌槽和搅拌桨的相同。

2. 网格划分

数值模拟中将搅拌桨附近区域划分为旋转子域和静止子域，其中 r=0.12 m 及 0.13<z<0.19 m（其中 z 为距底部的轴向距离）的区域为旋转子域，其余区域为静止子域。静止子域采用结构六面体网格进行划分，旋转子域采用非结构四面体网格划分，为了提高模拟计算精度，对旋转子域进行网格加密处理。旋转子域和静止子域网格划分如图 3.76 所示。通过对比不同数量网格对错位斜叶桨搅拌槽内固体颗粒径向速度（x=0，z=0.08）的影响，得到与网格数量无相关性解，错位斜叶桨搅拌槽最终网格总数量为 1 303 407 个，如图 3.77 所示。同理，错位分形 1 桨搅拌槽最终网格总数量为 1 305 737 个，错位分形 2 桨搅拌槽最终网格总数量为 1 310 244 个。

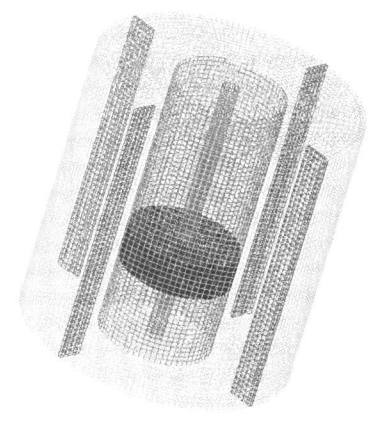

图 3.76　搅拌槽区域进行网格划分图

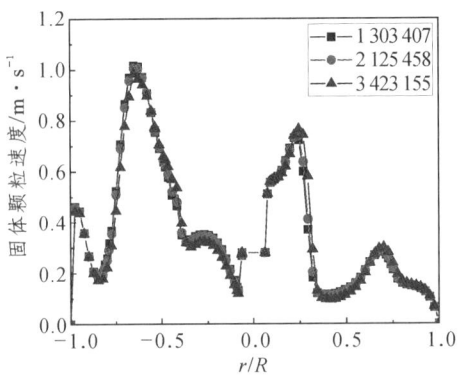

图 3.77　错位斜叶搅拌桨体系中固体颗粒的径向速度（$x=0$，$z=0.08$）

图 3.78 为错位斜叶桨搅拌体系中搅拌功耗的模拟值与实验值。从图 3.78 中可以看出，模拟中实验中的搅拌功耗变化趋势相似，模拟值与实验值的误差较小，表明模拟结果与实验结果吻合较好。

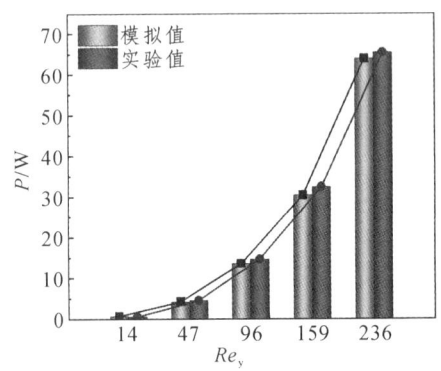

图 3.78　错位斜叶搅拌桨体系中搅拌功耗的实验值与模拟值

3.5.2.2　基本控制方程

在 CFD 数值模拟中，多相流模拟中常用的两种模型分别为欧拉-欧拉（Euler-Euler）模型和欧拉-拉格朗日（Euler-Lagrange）模型。在 Euler-Euler 模型中，连续相和离散相在计算域中被视为相互渗透的连续介质。离散相的守恒方程可以在欧拉坐标系中与连续相类似地求解。相反，Euler-Lagrange 模型用欧拉方程描述连续相，但是离散相被看作是大量的单个粒子。该计算模型需要较高的计算成本和巨大的内存空间。Euler-Euler 模型则具有简单、低计算和更快的数值求解等优点。因此，本节采用 Euler-Euler 多相流模型进行搅拌槽内固液两相悬浮的 CFD 模拟。在质量和动量守恒原理的基础上，固液两相的连续性和动量方程如下所示。

连续性方程：

$$\frac{\partial}{\partial t}(\alpha_l \rho_l) + \nabla \cdot (\alpha_l \rho_l \vec{U}_l) = 0 \tag{3.39}$$

$$\frac{\partial}{\partial t}(\alpha_s \rho_s) + \nabla \cdot (\alpha_s \rho_s \vec{U}_s) = 0 \tag{3.40}$$

式中　下标 s，l——固相和液相；

α——体积分数；

ρ——密度，kg/m^3；

$\vec{U}$——速度矢量。

动量方程：

$$\frac{\partial}{\partial(t)}(\alpha_l \rho_l \vec{U}_l) + \vec{\nabla} \cdot \left\{ \alpha_l \left[\rho_l \vec{U}_l \vec{U}_l - (\mu_l + \mu_{tl})(\vec{\nabla}\vec{U}_l + (\vec{\nabla}\vec{U}_l)^T) \right] \right\} \\ = \alpha_l(\rho_l \vec{g} - \vec{\nabla}P) + \vec{F}_{l,s} \tag{3.41}$$

$$\frac{\partial}{\partial(t)}(\alpha_s \rho_s \vec{U}_s) + \vec{\nabla} \cdot \left\{ \alpha_s \left[\rho_s \vec{U}_s \vec{U}_s - \mu_s (\vec{\nabla}\vec{U}_s + (\vec{\nabla}\vec{U}_s)^T) \right] \right\} \\ = \alpha_s(\rho_s \vec{g} - \vec{\nabla}P) + \vec{F}_{l,s} \tag{3.42}$$

式中　g——重力加速度，m/s^2；

μ——黏度，Pa·s；

μ_t——湍流黏度，Pa·s；

P——压力，Pa；

F——两相间的相互作用力，N。

3.5.2.3　数值模拟方法

本节采用商业软件 ANSYS 14.5 对非牛顿流体混合过程的流场特性进行稳态层流模拟。采用多重参考系（Multiple Reference Frame，MRF）模型模拟搅拌桨的转动，即搅拌桨所在区域以桨叶旋转速度为参考系，其他区域使用静止参考系。采用 Herschel-Bulkley 黏度模型对黄原胶溶液的流变特性进行模拟。收敛残差设为 10^{-4}。搅拌槽壁面设置为壁面条件（wall），旋转子域与静止子域的交界面设为内部界面（interface），自由液面设置为对称边界条件（symmetry）。

3.5.2.4　结果与讨论

1. 流体黏度分布

图 3.79 为功率 $P=13$ W 条件下错位斜叶搅拌桨、错位分形 1 搅拌桨、错位分形 2 搅拌桨三种不同搅拌体系中的纵向截面黏度分布图。由图 3.79 可以看出，靠近搅拌桨附近区域的黄原胶溶液受到的剪切力较大，流体黏度降低，而远离搅拌桨区域的黄原胶溶液受到的剪切力较小，流体黏度较高。与错位斜叶搅拌桨体系相比，错位分形搅拌桨体系中所形成的洞穴侧面与搅拌槽壁接触部分更高，洞穴底部与槽底接触部分也更宽，在搅拌槽底部的滞流区也缩小了很多，流体流动范围更广。与错位分形 1 搅拌桨体系相比，错位分形 2 搅拌桨体系中的洞穴侧面和底部与搅拌槽接触部分的尺寸更大，几乎囊括整个搅拌槽底部，底部区域更加饱满，洞穴区域覆盖范围更广。这表明分形搅拌桨能扩大洞穴区域，还能消除桨叶下方的搅拌死区，随着错位分形搅拌桨的分形迭代次数的增加，洞穴区域尺寸变大，流体混合效果也越好。

图 3.80 为功率 $P=13$ W 条件下错位分形 2 搅拌桨体系中有无颗粒情况下的搅拌槽纵向截面黏度分布图。从图 3.80 中可以看出，有固体颗粒存在情况下的洞穴区域尺寸明显大于没有固体颗粒情况下的洞穴区域尺寸。这是因为有固体颗粒存在的情况下，固体颗粒能够破坏洞穴区域的边界，有利于进一步扩大洞穴区域尺寸。

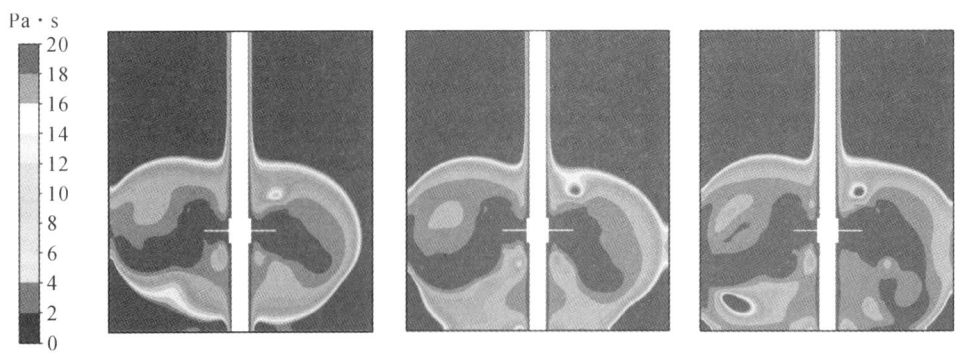

（a）错位斜叶搅拌桨　　（b）错位分形 1 搅拌桨　　（c）错位分形 2 搅拌桨

图 3.79　在功率 $P=13$ W 条件下不同搅拌桨体系 $Y=0$ 面流体黏度分布图

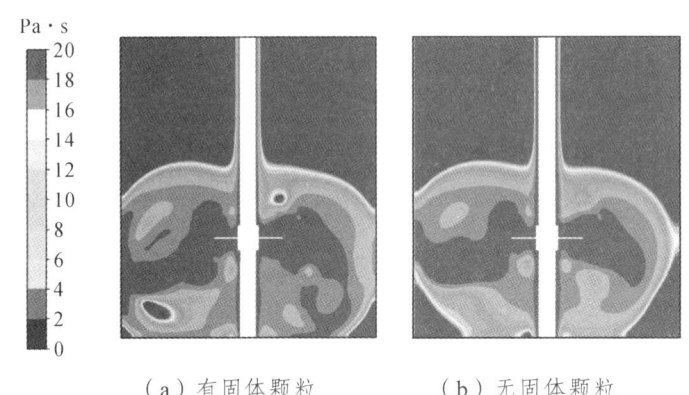

（a）有固体颗粒　　　　（b）无固体颗粒

图 3.80　错位分形 2 搅拌桨体系有无固体颗粒情况下 $Y=0$ 面流体黏度分布图（功率 $P=13$ W）

图 3.81 为功耗 $P=13$ W 条件下错位分形 2 搅拌桨体系在搅拌槽高度为 $z=0.08$ m、0.16 m、0.24 m、0.32 m、0.40 m 处的横截面黏度分布图。$z=0.16$ m 处是搅拌桨所在位置，此高度截面上黄原胶溶液受到的剪切应力最大，流体黏度最小，受到挡板影响，挡板处存在着搅拌死区。$z=0.08$ m 与 $z=0.24$ m 是离搅拌桨所在高度相同距离的高度。在 $z=0.08$ m 截面，流体黏度较低；在 $z=0.16$ m 截面，流体黏度较高。这是因为搅拌桨叶 45°向下倾斜，溶液会被向下排出，所以 $z=0.08$ m 截面的扰动程度比 $z=0.24$ m 截面的扰动程度低。在 $z=0.32$ m 和 $z=0.40$ m 截面，因为距离搅拌桨距离较远，流体受到的剪切应力小于初始屈服应力，所以整个截面几乎是红色的高黏度滞流区，流体流动十分缓慢，几乎停滞。总的来说，随着高度的升高，流体黏度先降低，在搅拌桨处达到最低，后黏度逐渐升高。

图 3.82 为错位分形 2 搅拌桨体系在 $Re_y=14$、47、96、159、236 条件下的流体黏度分布图。从图 3.82 中可以看出，随着表观雷诺数的增大，搅拌槽中低黏度区域面积增加，且颜色在加深，黏度变得更低，洞穴底部区域和洞穴侧面区域都扩大，存在于搅拌槽内滞流区也被缩小。但位于搅拌桨上方的死区仍然存在，并没有完全消失。总的来说，增大搅拌转速能够扩大洞穴区，减小滞流区，提高流体混合效率。

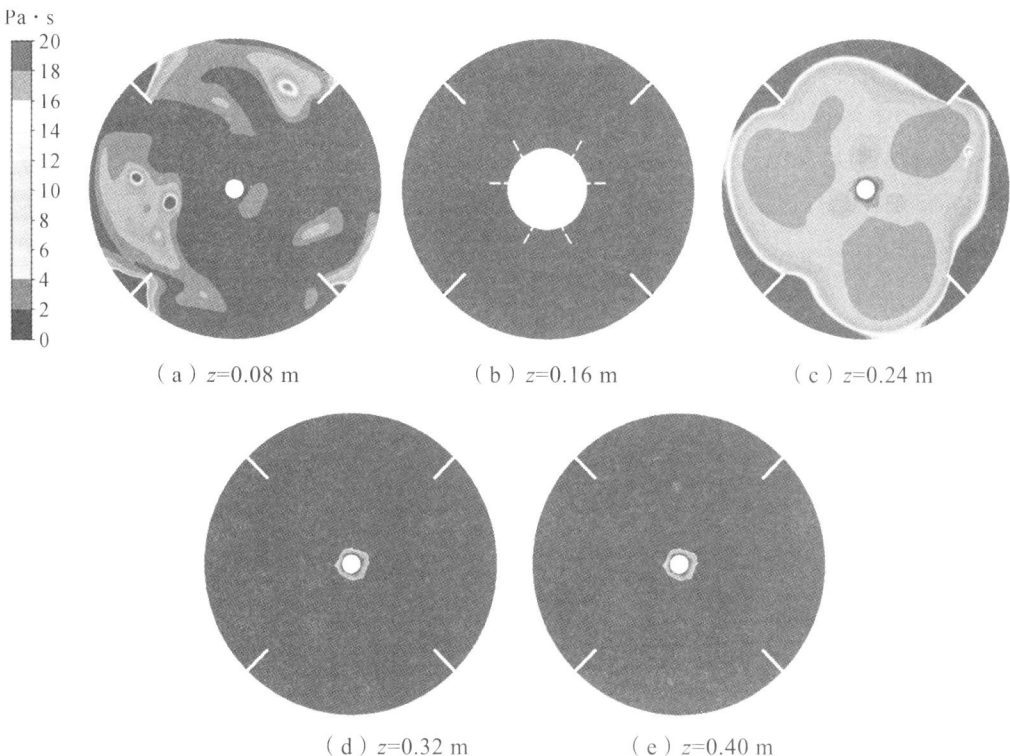

图 3.81 功耗 $P=13$ W 条件下错位分形 2 搅拌桨体系在不同搅拌槽高度的流体黏度分布图

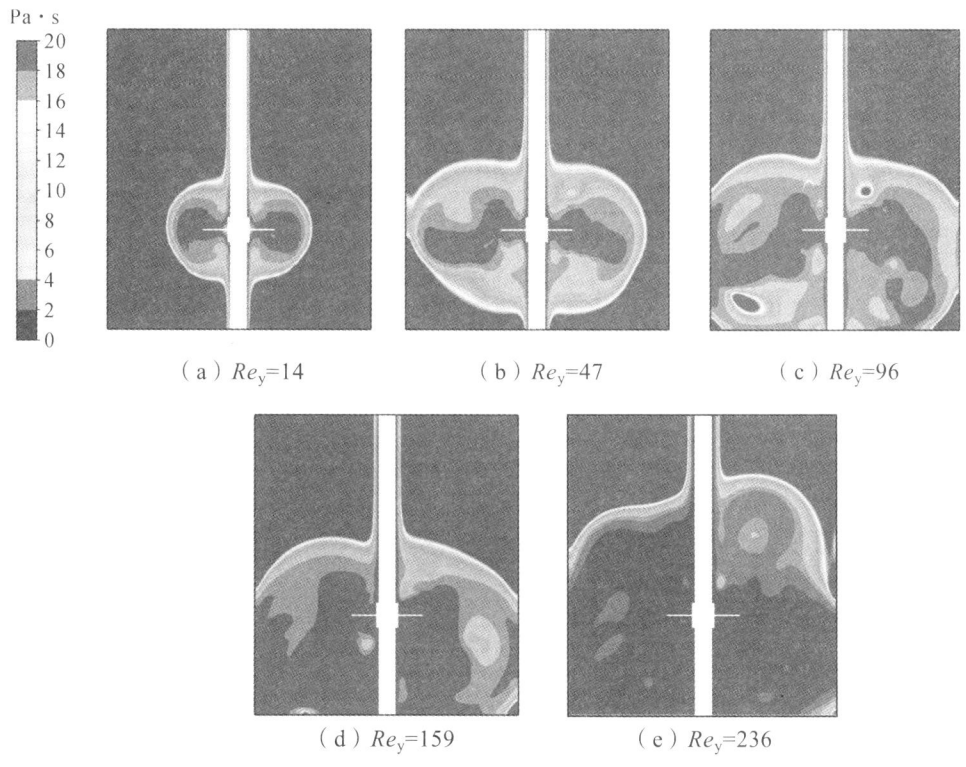

图 3.82 不同表观雷诺数下错位分形 2 搅拌桨体系在 $Y=0$ 面上流体黏度分布图

2. 流体速度分布

图 3.83 为功率 P=13 W 条件下错位斜叶搅拌桨、错位分形 1 搅拌桨、错位分形 2 搅拌桨三种不同搅拌体系中的纵向截面速度分布图。从图 3.83 中可以看出，由于桨叶呈 45°下倾的缘故，流体被桨叶以 45°倾角向下排出，对流体有轴向与径向共同作用。在靠近搅拌桨附近的区域流体流动性较好，但在远离搅拌桨区域处受到的剪切应力小于初始屈服应力，流体处于缓慢流动或静止状态。与错位斜叶搅拌桨体系相比，错位分形搅拌桨体系的流速较高区域更大。与错位分形 1 搅拌桨体系相比，错位分形 2 搅拌桨体系的流体速度较高区域进一步扩大。这表明错位分形搅拌桨能够扩大流速较高区域，且随着分形迭代次数的增加，流速较高区域的面积也增大，流体流动性增强。

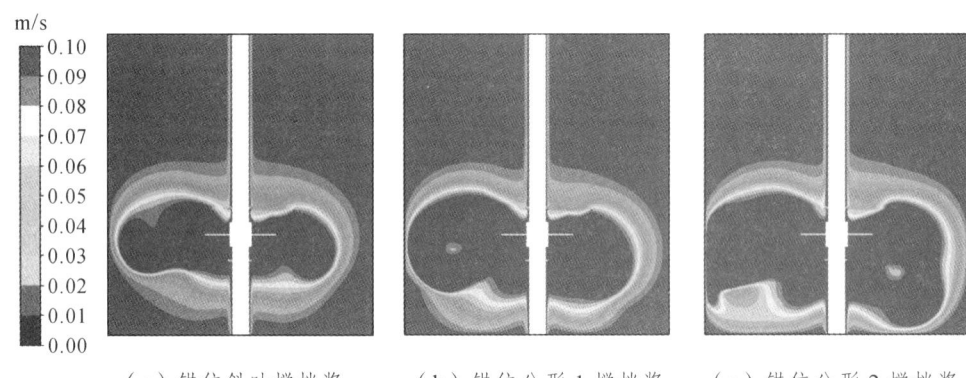

（a）错位斜叶搅拌桨　　　（b）错位分形 1 搅拌桨　　　（c）错位分形 2 搅拌桨

图 3.83　在功率 P=13 W 条件下不同搅拌桨体系 Y=0 面流体速度分布图

图 3.84 为错位分形 2 搅拌桨体系在 Re_y=14、47、96、159、236 下的流体速度分布图。从图 3.84 中可以看出，随着表观雷诺数的增大，流速较高区域开始向下方和四周扩展。在 Re_y=96 时，流速较高区域开始触及槽底与槽壁，开始与搅拌槽壁重合；在 Re_y=159 时，流速较高区域几乎布满整个搅拌槽下部分，且流体整体流速提高，流体流动性大幅度提升。总的来说，搅拌转速越高，流体流动性越强，流速较高区域面积越大，混合效率提高。

图 3.85 为在功率 P=13 W 条件下不同桨型体系中固体颗粒的轴向速度。从图 3.85 中可以看出，错位分形搅拌桨体系中的固体颗粒轴向速度大于错位斜叶搅拌桨体系中的固体颗粒轴向速度，且混合体系中固体颗粒的轴向速度随着错位分形搅拌桨的分形迭代次数的增加可进一步得到增大，这有利于固体颗粒的轴向循环，提高了固体颗粒的混合程度。

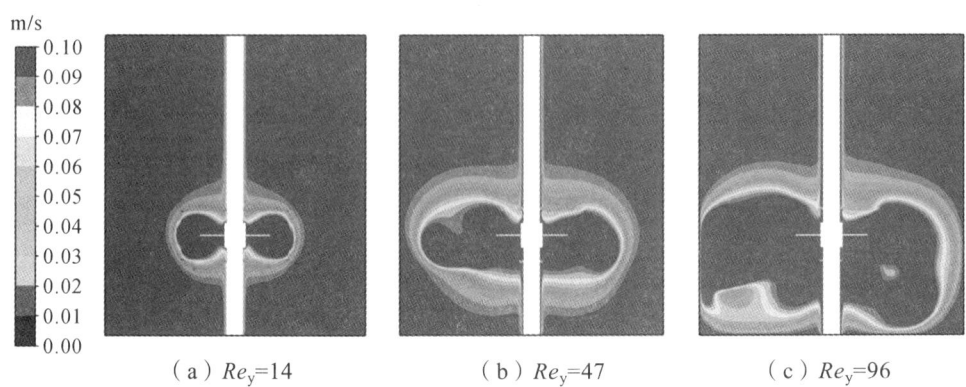

（a）Re_y=14　　　　　　（b）Re_y=47　　　　　　（c）Re_y=96

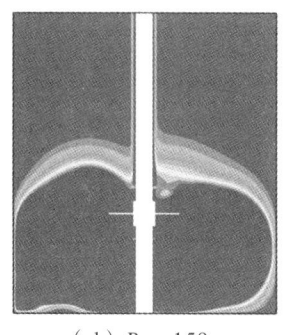
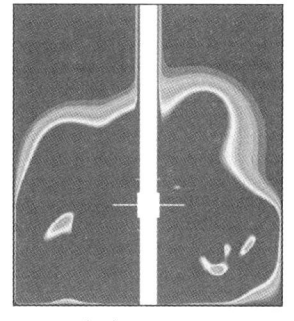

（d）$Re_y=159$　　　　　　（e）$Re_y=236$

图 3.84　在功率 $P=13$ W 条件下不同表观雷诺数下错位分形 2 搅拌桨体系在 $Y=0$ 面上流体速度分布图

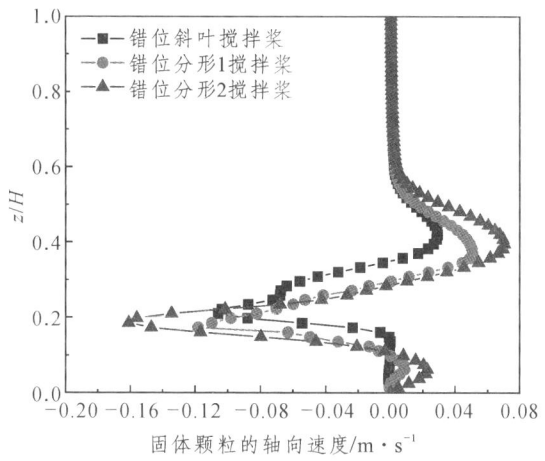

图 3.85　在功率 $P=13$ W 条件下不同桨型体系中固体颗粒的轴向速度（$r/R=0.7$）

3. 固含率分布

图 3.86 为功耗 $P=13$ W 条件下不同桨型体系中不同搅拌槽高度（即 $Z=0H$，$0.3H$，$0.6H$，$0.9H$）下水平面上固含率的云图。从图 3.86 中可以看出，与错位斜叶搅拌桨相比，错位分形 1 搅拌桨能够减少搅拌槽底部的高固含率区域，提高搅拌槽内固液两相的悬浮程度。且随着错位分形搅拌桨的分形迭代次数的增大，搅拌槽固液两相的悬浮效果有所提高。3.87 为在功耗 $P=13$ W 的条件下，错位斜叶搅拌桨、错位分形 1 搅拌桨和错位分形 2 搅拌桨三种桨型体系中固体颗粒的悬浮状态（图中固体颗粒的悬浮面为固含率等于 C_{avg} 的等值面）。从图 3.87 中可以看出，错位分形搅拌桨体系中固体颗粒的悬浮程度高于错位斜叶搅拌体系，且随着错位分形桨叶分形迭代次数的增加，错位分形搅拌桨体系中固液悬浮效果进一步增强。这表明错位分形搅拌桨可以改善固体颗粒悬浮质量，且随着错位分形桨叶分形维数的增加，固体颗粒悬浮质量能够进一步提高。

4. 桨叶尾涡结构

搅拌功耗与搅拌桨的尾涡结构密切相关。根据文献报道，搅拌桨的大部分能量消耗在桨叶尾涡处，只有一小部分搅拌桨能量用于流体混合过程。为了分析搅拌桨尾涡结构的形成机理，需对搅拌桨桨叶周围区域的流型进行分析。图 3.88 所示为三种不同搅拌桨桨叶背后的流线结构。从图 3.88（a）中可以看出，错位斜叶搅拌桨在旋转过程中，桨叶上、下边缘流动的流体在流过桨叶时会在桨叶背后形成比较明显的回流区。从图 3.88（b）(c) 中可以看出，在错位分形搅拌桨桨叶附近的回流区消失，这是因为分形搅拌桨在旋转过程中自身的凹凸结构能够产生许多高速射流，能够有效地破坏桨叶背后的回流区。

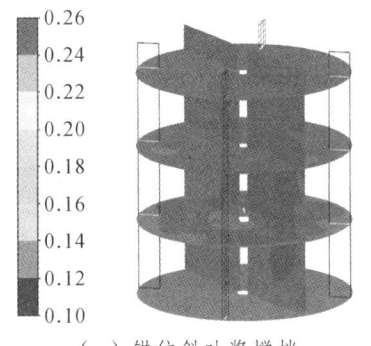 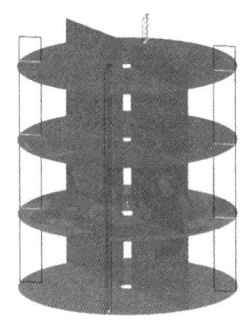 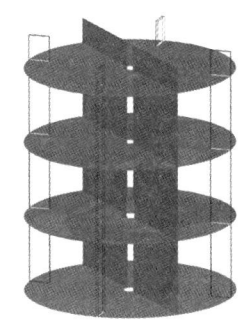

（a）错位斜叶桨搅拌　　　　（b）错位分形 1 桨搅拌　　　　（c）错位分形 2 桨搅拌

图 3.86　在功率 $P=13$ W 条件下不同搅拌槽不同高度
（$Z=0H$，$0.3H$，$0.6H$，$0.9H$）的水平面固含率云图

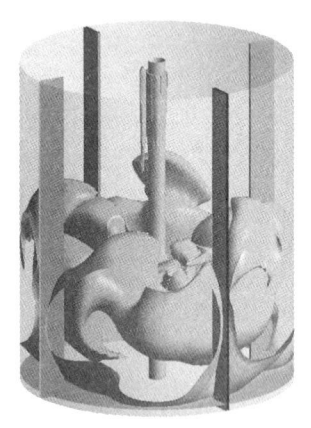 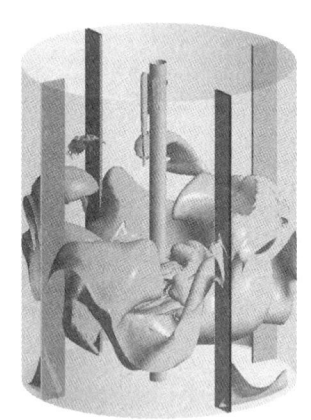 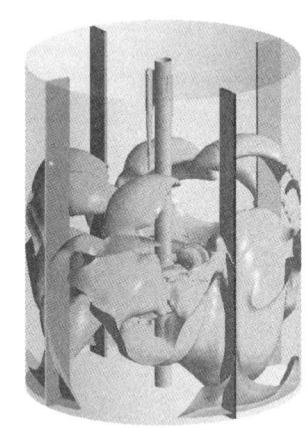

（a）错位斜叶搅拌桨　　　　（b）错位分形 1 搅拌桨　　　　（c）错位分形 2 搅拌桨

图 3.87　在功率 $P=13$ W 条件下不同桨型体系中固体颗粒的悬浮状态
（悬浮面为固含率等于 C_{avg} 的等值面）

（a）错位斜叶搅拌桨　　　　（b）错位分形 1 搅拌桨　　　　（c）错位分形 2 搅拌桨

图 3.88　桨叶背后的流线图

图 3.89 所示为三种搅拌桨桨叶三维尾涡结构分布图。从图 3.89 中可以看出，错位斜叶搅拌桨桨叶背后形成了尺寸较大的尾涡结构，错位分形搅拌桨能够通过自身的凹凸结构将尾涡

结构分解成较小的尾涡，且随着错位分形搅拌桨分形迭代次数的增加，这种效果更加明显。这说明错位分形搅拌桨在流体混合过程中能够将更多的能量用于流体的混合过程，提高桨叶能量的利用率，强化流体的混合过程。

 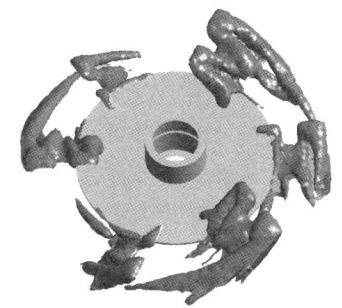 

（a）错位斜叶搅拌桨　　　　　（b）错位分形1搅拌桨　　　　　（c）错位分形2搅拌桨

图 3.89　桨叶尾涡三维结构图

5. 固液悬浮度

搅拌槽内固液两相混合体系的混合效果可通过固液悬浮度 ζ 的大小来进行评价。其计算表达式如下所示：

$$\zeta = 1 - \sqrt{\frac{\sum_{1}^{n}(C_h - C_{avg})^2}{n}} \quad (3.43)$$

式中　C_h——轴向局部固含率；
　　　C_{avg}——平均固含率；
　　　n——轴向取样点数。

图 3.90 为三种搅拌体系中固液悬浮度与功耗之间的变化规律。从图 3.90 中可以看出，随着功耗的增加，三种搅拌体系中固液悬浮度都有所增大。在相同功耗下，错位分形搅拌桨体系中的固液悬浮度高于斜叶搅拌桨桨体系的，且随着错位分形搅拌桨的分形迭代次数的增加，固液悬浮度能够进一步得到提高。

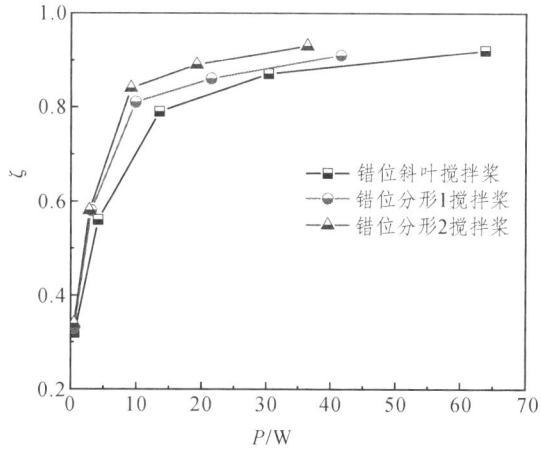

图 3.90　三种搅拌体系中固液悬浮程度的对比

3.6 本章小结

本章利用实验和数值模拟对比分析了斜叶搅拌桨、分形 1 搅拌桨及分形 2 搅拌桨三种搅拌体系中上浮、下沉颗粒混合过程的混沌特性和流场特性,得到以下结论:

(1)与斜叶搅拌桨相比,分形搅拌桨能够提高固液混合体系的 LLE 值,增强固液混合体系的混沌程度,强化固液两相的混合过程。随着分形搅拌桨的分形迭代次数的增加,固液混合体系的混沌程度进一步增大。

(2)与斜叶搅拌桨相比,分形搅拌桨能够有效降低搅拌功耗,提高搅拌桨能量利用率,降低固体颗粒的临界搅拌转速,提高固液两相的悬浮质量,且随着分形搅拌桨的分形迭代次数的增加,搅拌槽内固体颗粒的分散程度进一步增大。

(3)随着搅拌转速的增加、固液相间密度差的减小、固体颗粒直径的减小,搅拌槽内固液两相的混合程度增大。

4 分形错位桨偏心搅拌强化固液两相混沌混合

4.1 引 言

固液搅拌反应器是过程工业生产工艺中多相流反应与传递的核心设备，被广泛用于化工、冶金、医药、食品等过程工业。传统中心搅拌在搅拌过程中搅拌槽内的流体容易形成对称性流场和"柱状回流"，使搅拌桨的大部分能量用于维持混合体系的旋转运动和流动，以及消耗在搅拌桨边缘和搅拌桨后的尾涡处，真正用于介质内部混合的能量较少，导致搅拌槽内固体颗粒的聚集现象较为严重，固液两相的混合程度较低。因此，优化搅拌桨的结构设计及搅拌方式，增强流体轴向对流运动，打破搅拌槽内对称性流场结构，已成为强化固液两相混合过程的有效手段。

基于具有分形结构的物体可以在流场较大空间范围内产生湍流区，减小低雷诺数区，提高流场湍动强度的均匀性，破坏流场的尾迹结构；同时，将搅拌桨的桨叶进行错位排布，能够增大搅拌桨的剪切范围，增强流体的湍动程度。基于偏心搅拌能够有效地打破搅拌槽内的对称性流场结构和"柱状回流"，强化搅拌槽内流体的轴向循环运动。本章提出分形错位桨偏心搅拌强化固液两相混合的新方法，以期达到增大搅拌桨能量传递效率，提高固液两相混合效率的目的。本章将利用实验和数值模拟研究分形错位桨偏心搅拌强化固液两相混合过程中的混沌特性、流场特性以及强化机制，为搅拌反应器内固液两相的混合过程强化提供理论依据。

4.2 混沌特性分析

4.2.1 实验装置

实验所用搅拌装置如图4.1所示。搅拌槽为内径 $T=0.48$ m 的平底透明圆柱形有机玻璃槽，搅拌槽内设置4个宽度均为 0.048 m（$T/10$）、厚度为 0.0048 m（$T/100$）的挡板。搅拌槽内液位高度 $H=0.80$ m，上层搅拌桨位置距离液面的距离 $C=T/3=0.16$ m。实验过程中所用的搅拌桨有两种，分别为错位斜叶搅拌桨（Dislocated pitched-blade impeller）和错位分形搅拌桨（Dislocated fractal impeller），如图4.2所示。实验过程中所用的搅拌方式有两种，分别为中心搅拌和偏心搅拌。实验中的两种不同搅拌桨的桨叶叶片面积 $A=0.0034$ m^2，桨叶叶片倾角为45°，桨叶叶片长度 l 和宽度 h 分别为 0.085 m 和 0.04 m。固液两相混合实验中的液相为自来水，其密度为 998 kg/m^3，黏度为 1 mPa·s；固相为聚丙烯球，其密度为 850 kg/m^3，上浮颗粒的体积分数为20%。实验过程中采用扭矩仪采集扭矩数据。

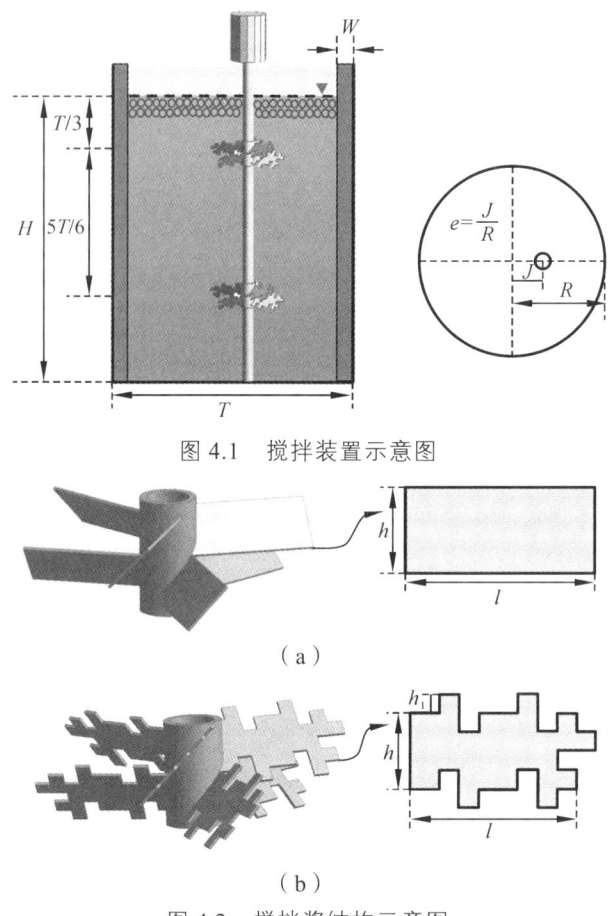

图 4.1 搅拌装置示意图

（a）

（b）

图 4.2 搅拌桨结构示意图

4.2.2 实验方法

1. 最大 Lyapunov 指数（LLE）

同 2.2.1.2 节。

2. 搅拌功耗

同 2.2.1.2 节。

4.2.3 实验结果与讨论

4.2.3.1 桨叶类型及搅拌转速对 LLE 的影响

图 4.3 为固液混合体系中的最大 Lyapunov 指数（LLE）与雷诺数（Re）之间的关系，其中 $Re=\rho ND^2/\mu_a$，在其他参数不变的情况下，雷诺数随着搅拌转速的增大而增大。从图 4.3 中可以看出，搅拌槽内固液混合体系的 LLE 随着雷诺数的增大先增大后减小。这是因为在雷诺数较小的条件下，搅拌转速也较低，搅拌桨对固液混合体系输入的能量较少，混合体系的混沌混合程度较低。随着搅拌转速的增大，搅拌桨输入的能量较多，固液混合体系的混沌程度较大。从图 4.3 中还可以看出，与错位斜叶搅拌桨相比，错位分形搅拌桨能够有效提高固液混合体系的混沌程度；偏心搅拌耦合错位分形搅拌桨能够在错位分形搅拌桨的基础上进一步提

高固液混合体系的混沌程度。这可能是因为错位分形搅拌桨能够有效破坏桨叶尾涡结构，提高桨叶能量传递效率，将更多的能量传递给固体颗粒；偏心搅拌耦合错位分形搅拌桨能够有效地打破搅拌槽内的对称性流场和局部的"柱状回流"，增强搅拌槽内流体的轴向循环运动，强化上浮固体颗粒的混合过程。

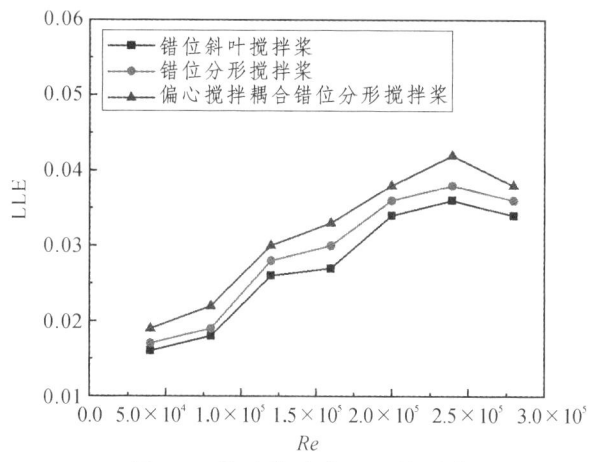

图 4.3　桨叶类型对 LLE 的影响

4.2.3.2　偏心率对 LLE 的影响

图 4.4 为偏心率对固液混合体系 LLE 的影响。从图 4.4 中可以看出，随着偏心率的增大，固液混合体系的 LLE 值增大，固液混合体系的混沌程度增大。这是因为随着偏心率的增大，有利于破坏搅拌槽内流体形成的对称性流场和"柱状回流"，强化搅拌槽内流体的轴向循环运动，且偏心率为 0.3 和偏心率为 0.4 时，固液混合体系的 LLE 值非常接近。

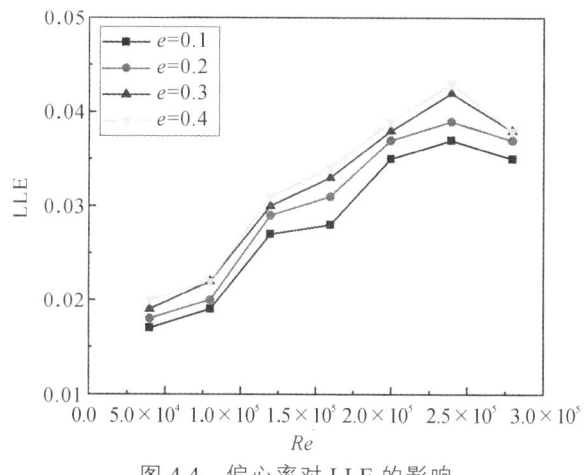

图 4.4　偏心率对 LLE 的影响

4.3　数值模拟分析

4.3.1　计算模型及方法

4.3.1.1　几何模型

数值模拟中的搅拌槽和搅拌桨的结构尺寸与前面固液两相混沌特性分析实验中搅拌槽和

搅拌桨的相同。

4.3.1.2 网格划分

数值模拟中将搅拌桨附近区域划分为旋转子域,其余区域划分为静止子域。其中,静止子域采用结构六面体网格进行划分,旋转子域采用非结构四面体网格划分,为了提高模拟计算精度,对旋转子域进行网格加密处理。旋转子域和静止子域网格划分如图4.5所示。通过网格数量无相关性验证,错位斜叶桨搅拌槽最终网格总数量为1 611 534个,错位分形桨搅拌槽最终网格总数量为1 621 484个,错位分形桨偏心搅拌槽最终网格总数量为1 642 554个。图4.6为错位分形桨搅拌中扭矩的模拟值与实验值。从图4.6中可以看出,模拟实验中的扭矩值变化趋势相似,模拟值与实验值的误差较小,表明模拟结果与实验结果吻合较好。

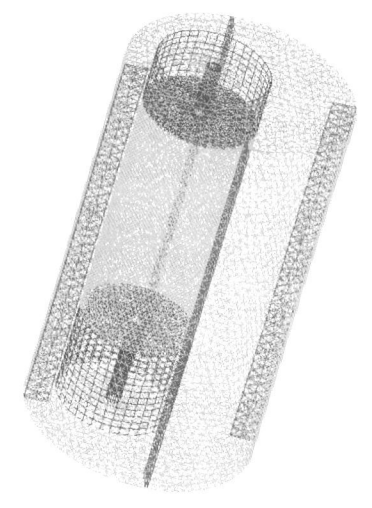
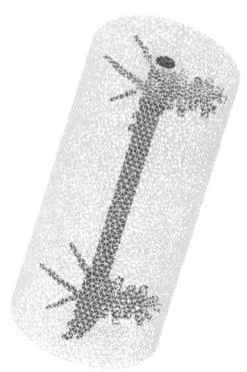

(a)静区域网格划分　　　　　　(b)动区域网格划分

图4.5　搅拌槽网格划分

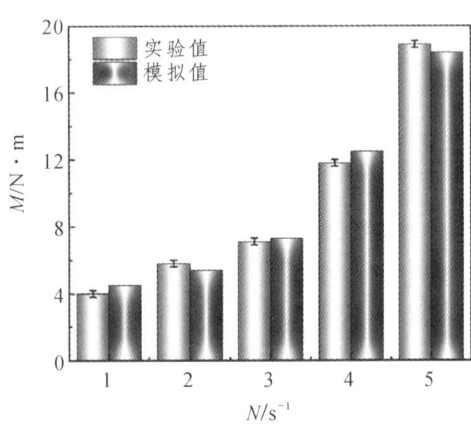

图4.6　错位分形桨搅拌体系中扭矩的模拟值与实验值

4.3.1.3 基本控制方程

在CFD数值模拟中,多相流模拟中常用的两种模型分别为欧拉-欧拉(Euler-Euler)模型和欧拉-拉格朗日(Euler-Lagrange)模型。在Euler-Euler模型中,连续相和离散相在计算域中被视为相互渗透的连续介质。离散相的守恒方程可以在欧拉坐标系中与连续相类似地求解。相反，Euler-Lagrange 模型用欧拉方程描述连续相，但是离散相被看作是大量的单个粒子。该计算模型需要较高的计算成本和巨大的内存空间。Euler-Euler 模型则具有简单、低计算和更快的数值求解等优点。因此，本章采用 Euler-Euler 多相流模型进行搅拌槽内固液两相悬浮的 CFD 模拟。在质量和动量守恒原理的基础上，固液两相的连续性和动量方程如下所示。

连续性方程：

$$\frac{\partial}{\partial t}(\alpha_l \rho_l) + \nabla \cdot (\alpha_l \rho_l \vec{U}_l) = 0 \tag{4.1}$$

$$\frac{\partial}{\partial t}(\alpha_s \rho_s) + \nabla \cdot (\alpha_s \rho_s \vec{U}_s) = 0 \tag{4.2}$$

式中　下标 s，l——固相和液相；
　　　α——体积分数；
　　　ρ——密度，kg/m³；
　　　$\vec{U}$——速度矢量。

动量方程：

$$\frac{\partial(\alpha_l \rho_l \vec{v}_l)}{\partial t} + \nabla \cdot (\alpha_l \rho_l \vec{v}_l \vec{v}_l) = -\alpha_l \nabla P + \nabla \cdot \overline{\overline{\tau}}_l + \alpha_l \rho_l \vec{g} + \sum_{p=1}^{n}[K_{ls}(\vec{v}_l - \vec{v}_s)] \tag{4.3}$$

$$\frac{\partial(\alpha_s \rho_s \vec{v}_s)}{\partial t} + \nabla \cdot (\alpha_s \rho_s \vec{v}_s \vec{v}_s) = -\alpha_s \nabla P - \nabla P_s + \nabla \cdot \overline{\overline{\tau}}_s + \alpha_s \rho_s \vec{g} + \sum_{p=1}^{n}[K_{sl}(\vec{v}_s - \vec{v}_l)] \tag{4.4}$$

式中　g——重力加速度，m/s²；
　　　P——压力，Pa；
　　　$\vec{v}$——速度矢量；
　　　$\overline{\overline{\tau}}$——黏度和速度波动而产生的应力应变张量；
　　　K_{ls}——相间动量交换系数。

$$\overline{\overline{\tau}}_q = \alpha_q \mu_q (\nabla \vec{v}_q + \nabla \vec{v}_q^T) + \alpha_q (\lambda_q - \frac{2}{3}\mu_q) \nabla \vec{v}_q \tag{4.5}$$

式中　μ_q——剪切黏度；
　　　λ_q——体积黏度。

利用 Gidaspow 模型计算流固动量交换系数 K_{ls}。
当 $\alpha_s < 0.2$ 时，K_{ls} 计算如下：

$$K_{ls} = \frac{3}{4} C_D \frac{\alpha_s \alpha_l \rho_l |\vec{v}_s - \vec{v}_l|}{d_s} \alpha_l^{-2.65} \tag{4.6}$$

曳力系数 C_D 可由下式计算：

$$C_D = \frac{24}{\alpha_l Re_s}[1 + 0.15(\alpha_l Re_s^{0.687}] \tag{4.7}$$

当 $\alpha_s>0.2$ 时，K_{ls} 计算如下：

$$K_{ls} = 150\frac{\alpha_s(1-\alpha_l)\mu_l}{\alpha_l d_s^2} + 1.75 C_D \frac{\alpha_s \rho_l \left|\vec{v}_s - \vec{v}_l\right|}{d_s} \quad (4.8)$$

式（4.7）中 Re_s 为基于主相与第二相滑移速度的雷诺数：

$$Re_s = \frac{\rho_l d_s \left|\vec{v}_s - \vec{v}_l\right|}{\mu_l} \quad (4.9)$$

4.3.1.4 湍流模型

本节模拟中采用 RNG k-ε 湍流模型来模拟上浮颗粒混合过程中的湍流流动，液相的 k 和 ε 的方程如下：

$$\frac{\partial}{\partial t}(\rho k) + \frac{\partial}{\partial x_i}(\rho k u_i) = \frac{\partial}{\partial x_j}\left(\alpha_k \mu_t \frac{\partial k}{\partial x_j}\right) - \rho \overline{u_i' u_j'} \frac{\partial u_j}{\partial x_i} - \rho\varepsilon - 2\rho\varepsilon \frac{k}{a^2} \quad (4.10)$$

$$\frac{\partial}{\partial t}(\rho\varepsilon) + \frac{\partial}{\partial x_i}(\rho\varepsilon u_i) = \frac{\partial}{\partial x_j}\left(\alpha_\varepsilon \mu_t \frac{\partial k}{\partial x_j}\right) - C_{1\varepsilon}\frac{\varepsilon}{k}\rho\overline{u_i' u_j'}\frac{\partial u_j}{\partial x_i} - C_{2\varepsilon}\rho\frac{\varepsilon^2}{k} - R_\varepsilon \quad (4.11)$$

湍流黏度 μ_t 为：

$$\mu_t = \rho C_\mu \frac{k^2}{\varepsilon} f\left(\alpha_p, \Omega, \frac{k}{\varepsilon}\right) \quad (4.12)$$

$$R_\varepsilon = \frac{C_\mu \rho \eta^3 (1-\eta/\eta_0)}{1+\beta\eta^3} \frac{\varepsilon^2}{k} \quad (4.13)$$

式中，C_μ=0.0845，α_p=0.05，η_0=4.38，β=0.012，$\eta=Sk/\varepsilon$，$C_{1\varepsilon}$=1.42，$C_{2\varepsilon}$=1.68。

4.3.1.5 模拟方法

本节采用商业软件 ANSYS 14.5 对固液两相悬浮特性进行瞬态模拟。采用多重参考系（Multiple Reference Frame，MRF）模型模拟搅拌桨的转动，即搅拌桨所在区域以桨叶旋转速度为参考系，其他区域使用静止参考系。压力速度耦合采用 SIMPLEC 算法，差分格式采用二阶迎风格式，收敛残差设为 10^{-5}。时间步长设为 0.01 s，总模拟时间为 50 s。搅拌槽壁面设置为壁面条件（wall），旋转子域与静止子域的交界面设为内部界面（interface），自由液面设置为对称边界条件（symmetry）。

4.3.2 数值模拟结果与讨论

4.3.2.1 桨叶类型对轴向固含率分布的影响

图 4.7 为搅拌转速 N=5 s^{-1} 的条件下不同桨型体系中不同搅拌槽高度（z=0H，0.3H，0.5H，0.7H，0.9H）水平面的固含率云图。图 4.8 为搅拌转速 N=5 s^{-1} 的条件下桨叶类型对搅拌槽轴向局部固含率分布的影响。从图 4.7 和图 4.8 中可以看出，与错位斜叶搅拌桨相比，错位分形

搅拌桨能够将更多数量的上浮颗粒下拉到搅拌槽下部位置,但搅拌槽底部位置处的上浮颗粒数量仍然很少,偏心搅拌耦合错位分形搅拌桨能够在错位分形搅拌桨的基础上将较多的上浮颗粒下拉到搅拌槽底部位置,提高搅拌槽内上浮颗粒的分散程度。这些现象可能与搅拌槽内流场结构密切相关。图 4.9 为不同桨型体系中搅拌槽 $Y=0$ 平面上的固体颗粒速度矢量图。从图 4.9 中可以看出,错位斜叶搅拌桨和错位分形搅拌桨体系中上、下两层搅拌桨位置处形成了典型的循环涡流,固体颗粒的轴向循环运动较弱,而在偏心搅拌耦合错位分形搅拌桨体系中上、下两层搅拌桨位置处的局部循环减弱,搅拌槽内流体整体的轴向循环运动增强,有利于固体颗粒的轴向运动,强化上浮颗粒的混合过程。

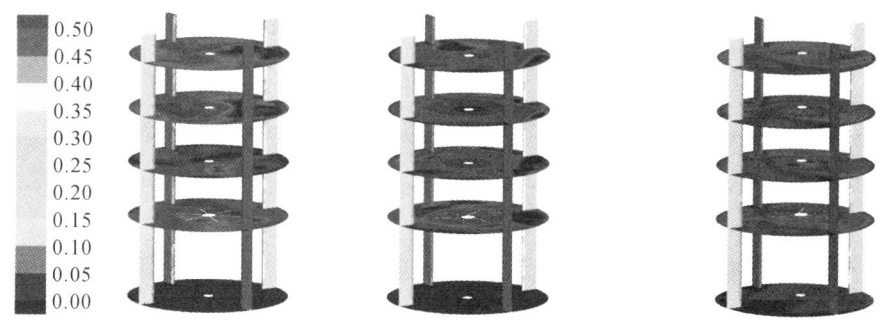

(a) 错位斜叶搅拌桨　　(b) 错位分形搅拌桨　　(c) 偏心搅拌耦合错位分形搅拌桨($e=0.3$)

图 4.7　不同桨型体系中不同搅拌槽高度($z=0H,0.3H,0.5H,0.7H,0.9H$)水平面的固含率云图($N=5\ s^{-1}$)

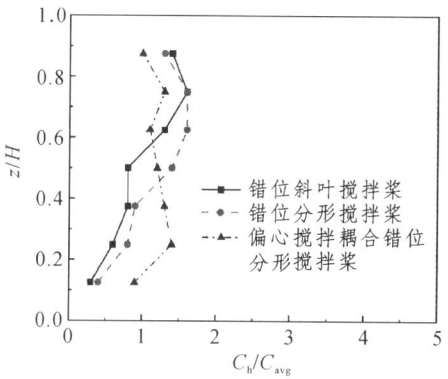

图 4.8　桨叶类型对轴向局部固含率分布的影响($N=5\ s^{-1}$)

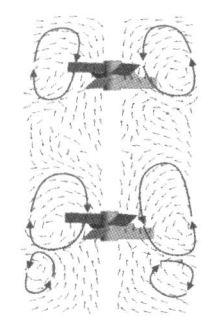 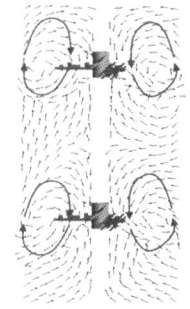 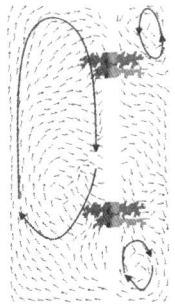

(a) 错位斜叶搅拌桨　　(b) 错位分形搅拌桨　　(c) 偏心搅拌耦合错位分形搅拌桨($e=0.3$)

图 4.9　不同桨型体系中搅拌槽 $Y=0$ 平面上的固体颗粒速度矢量图

4.3.2.2 偏心率对轴向固含率分布的影响

图4.10为搅拌转速 $N=5\ \text{s}^{-1}$ 条件下偏心搅拌耦合错位分形搅拌桨体系中不同偏心率下不同搅拌槽高度 ($z=0H$, $0.3H$, $0.5H$, $0.7H$, $0.9H$) 水平面的固含率云图。图4.11为搅拌转速 $N=5\ \text{s}^{-1}$ 条件下偏心搅拌耦合错位分形搅拌桨体系中偏心率对搅拌槽轴向局部固含率分布的影响。从图4.10和图4.11中可以看出,当偏心率较小时(如 $e=0.1$),搅拌槽槽底位置处的上浮颗粒数量几乎为零,随着偏心率的增大,搅拌槽槽底位置处的上浮颗粒数量逐渐增多,搅拌槽内上浮颗粒的分散程度得到提高,当偏心率 $e=0.3$ 或 $e=0.4$ 时,搅拌槽内上浮颗粒的悬浮程度相当。

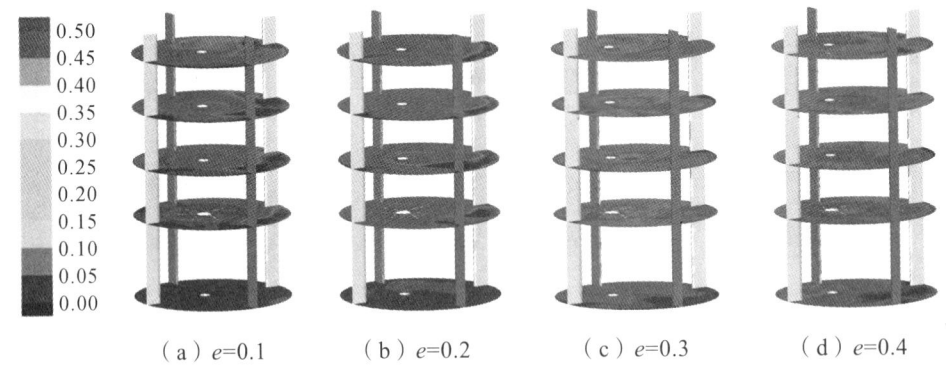

图4.10 不同偏心率下不同搅拌槽高度($z=0H$, $0.3H$, $0.5H$, $0.7H$, $0.9H$)水平面的固含率云图(偏心搅拌耦合错位分形搅拌桨,$N=5\ \text{s}^{-1}$)

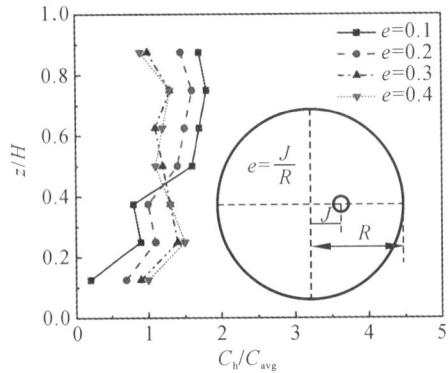

图4.11 偏心率对轴向局部固含率分布的影响(偏心搅拌耦合错位分形搅拌桨,$N=5\ \text{s}^{-1}$)

4.3.2.3 偏心率对轴向固含率分布的影响

图4.12为偏心搅拌耦合错位分形搅拌桨体系中不同搅拌转速下不同搅拌槽高度($z=0H$, $0.3H$, $0.5H$, $0.7H$, $0.9H$)水平面的固含率云图。图4.13为偏心搅拌耦合错位分形搅拌桨体系中搅拌转速对搅拌槽轴向局部固含率分布的影响。从图4.12和图4.13中可以看出,在较低搅拌转速条件下,搅拌槽上部的固含率较高,搅拌槽底部固含率几乎为零,随着搅拌转速的增大,更多的上浮固体颗粒被下拉到搅拌槽底部,固液两相的混合程度逐渐增大。这是因为随着搅拌转速的增大,搅拌桨会给搅拌槽内固液两相输入更多能量,上浮颗粒将获取更多的能量去克服其在下沉运动中所受到的阻力,更多的上浮颗粒将运动到搅拌槽下部位置,搅拌槽内上浮颗粒的悬浮质量得以提高。

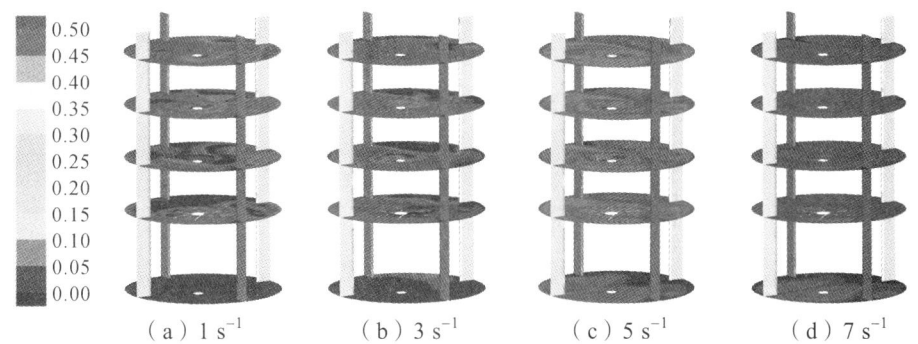

图 4.12 不同搅拌转速下不同搅拌槽高度（$z=0H$，$0.3H$，$0.5H$，$0.7H$，$0.9H$）水平面的固含率云图（偏心搅拌耦合错位分形搅拌桨，$e=0.3$）

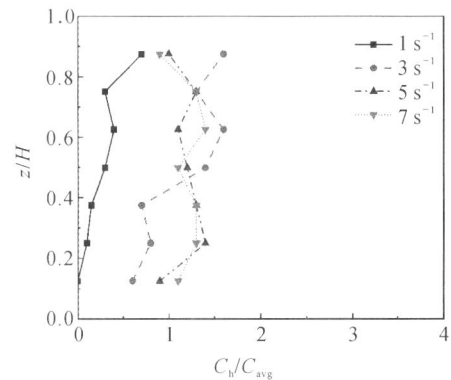

图 4.13 搅拌转速对轴向局部固含率分布的影响（偏心搅拌耦合错位分形搅拌桨，$e=0.3$）

4.3.2.4 临界下沉速度

上浮固体颗粒混合中搅拌桨的性能一般用临界下沉速度（N_{jd}）来表征。临界下沉速度是指上浮颗粒从液体自由表面被下拉到液面以下 2~5 s 的最小搅拌转速。采用数值模拟获取了在不同搅拌转速下液体自由表面下 1 mm 水平面上的平均固体颗粒体积分数，以此来确定 N_{jd}。图 4.14 为不同桨型体系中上浮颗粒的临界下沉速度。如图 4.14 所示，数据点曲线上斜率最大的切线与斜率最小切线的交点就可确定 N_{jd}。采用该方法求得错位斜叶搅拌桨、错位分形搅拌桨和偏心搅拌耦合错位分形搅拌桨体系中的临界下沉速度（N_{jd}）分别为 4.26 s^{-1}、4.03 s^{-1} 和 3.91 s^{-1}。这表明错位分形桨搅拌体系中的临界下沉速度低于错位斜叶搅拌体系，而偏心搅拌耦合错位分形搅拌桨能够在分形搅拌桨的基础上进一步降低临界下沉速度，提高上浮颗粒的混合效率。

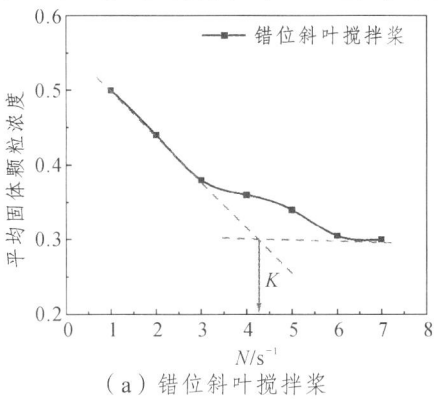

（a）错位斜叶搅拌桨

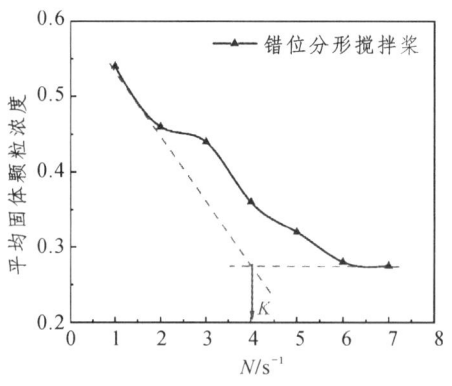

(b)错位分形搅拌桨

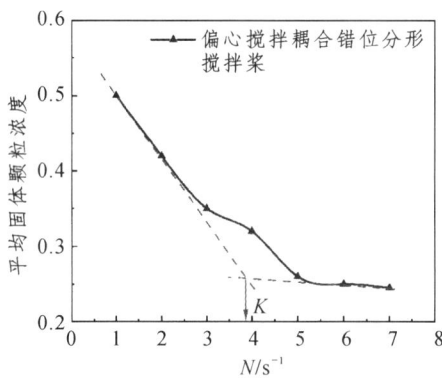

(c)偏心搅拌耦合错位分形搅拌桨($e=0.3$)

图 4.14 不同桨型体系中上浮颗粒的临界下沉速度

4.3.2.5 固体颗粒悬浮质量的测定

固体颗粒浓度的相对标准偏差(MI)是局部固含率与平均固含率的偏差,它是衡量固液两相混合效果的常用指标。随着固相颗粒悬浮质量的提高,MI 值减小。MI 由式(4.14)计算得到。

$$\mathrm{MI} = \frac{1}{C_{\mathrm{avg}}} \left[\frac{1}{n-1} \sum_{i=1}^{n} (C_{\mathrm{h}} - C_{\mathrm{avg}})^2 \right]^{0.5} \tag{4.14}$$

式中 n——采样点数;

C_{h}——局部轴向固含率;

C_{avg}——平均固含率。

图 4.15 对比了三种桨型体系在不同功耗下的 MI。如预期的那样,MI 随着功耗的增加而降低。在相同搅拌功耗条件下,与错位斜叶搅拌桨相比,错位分形搅拌桨能够有效降低 MI 值,提高搅拌槽内上浮固体颗粒的悬浮质量。偏心搅拌耦合错位分形搅拌桨能够在错位分形搅拌桨的基础上进一步降低混合体系的 MI 值,提高搅拌槽内上浮固体颗粒的悬浮质量。

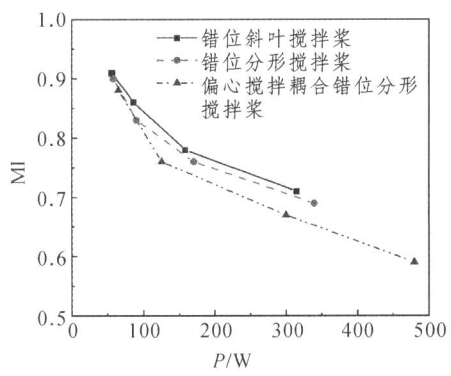

图 4.15　不同桨型体系中上浮固体颗粒的悬浮质量对比

4.3.2.6　悬浮效果对比分析

图 4.16 为不同转速下三种不同搅拌桨体系的功耗变化。正如预期的一样，搅拌功耗随着搅拌转速的增大而增加。从图 4.16 中可以看出，在搅拌转速相同的情况下，与错位斜叶搅拌桨相比，错位分形搅拌桨能够有效降低搅拌功耗，但偏心搅拌耦合错位分形搅拌桨体系的搅拌功耗却是三种桨型体系中的搅拌功耗最高的。因此，有必要对三种桨型体系中的悬浮效果在相同搅拌功耗下进行对比分析。图 4.17 为搅拌功耗 P=480 W 时不同桨叶类型体系中 YZ 平面上固含率云图。图 4.18 为搅拌功耗 P=480 W 时搅拌槽内固体颗粒的悬浮状态（悬浮面为固含率等于 C_{avg} 的等值面）。从图 4.17 中可以看出，错位斜叶桨搅拌槽上部位置处集聚了大量的上浮固体颗粒，搅拌槽下部的上浮固体颗粒数量较少。错位分形搅拌桨能够在错位斜叶搅拌桨的基础上将更多数量的上浮固体颗粒下拉到搅拌槽下部位置，提高搅拌槽内上浮固体颗粒的分散程度。偏心搅拌耦合错位分形搅拌桨则在错位分形搅拌桨的基础上能够进一步提高搅拌槽上浮固体颗粒的分散质量，强化搅拌槽内上浮固体颗粒的轴向循环，提高搅拌槽内上浮固体颗粒的混合效率。从图 4.18 中也可以看出，在相同搅拌功耗下，偏心搅拌耦合错位分形搅拌桨能够在错位分形搅拌桨和错位斜叶搅拌桨的基础上提高上浮固体颗粒的悬浮质量。

图 4.19 为搅拌功耗 P=480 W 时搅拌槽 YZ 平面固体颗粒的速度云图。从图 4.19 中可以看出，在相同功耗条件下，错位斜叶搅拌桨体系中固体颗粒的轴向运动较弱，错位分形搅拌桨能够强化搅拌槽内上、下两层搅拌桨之间的相互作用，增大固体颗粒在搅拌槽内轴向运动的速度，偏心搅拌耦合错位分形搅拌桨能够在错位分形搅拌桨的基础上强化搅拌槽内固体颗粒的轴向运动，增大固体颗粒在搅拌槽内轴向运动的速度及范围，提高固体颗粒的混合效率。

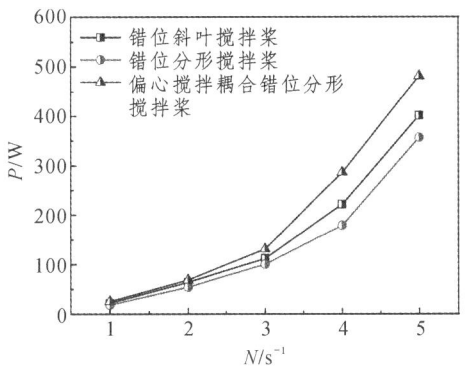

图 4.16　不同搅拌转速下的功耗比较

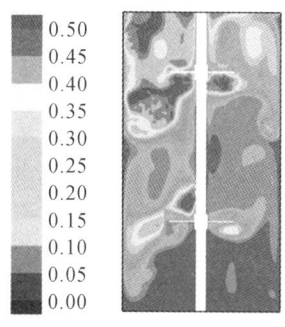 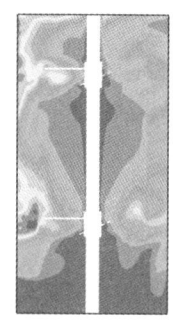 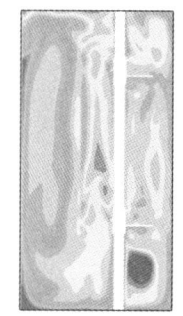

（a）错位斜叶搅拌桨　　　（b）错位分形搅拌桨　　　（c）偏心搅拌耦合错位分形搅拌桨（e=0.3）

图 4.17　不同桨叶类型体系中 YZ 平面上固含率云图（P=480 W）

（a）错位斜叶搅拌桨　　　（b）错位分形搅拌桨　　　（c）偏心搅拌耦合错位分形搅拌桨（e=0.3）

图 4.18　P=480 W 时搅拌槽内固体颗粒的悬浮状态
（悬浮面为固含率等于 C_{avg} 的等值面）

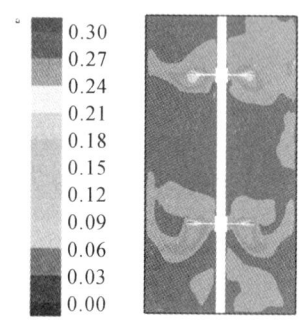 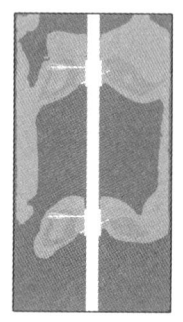 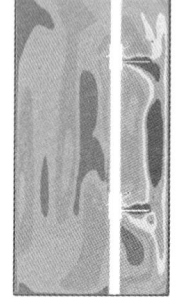

（a）错位斜叶搅拌桨　　　（b）错位分形搅拌桨　　　（c）偏心搅拌耦合错位分形搅拌桨（e=0.3）

图 4.19　搅拌槽 YZ 平面固体颗粒的速度云图（P=480 W）

图 4.20 为搅拌功耗 P=480 W 时三种桨型体系中的轴向湍动能耗散率。从图 4.20 中可以看出，在相同搅拌功耗的条件下，与错位斜叶搅拌桨相比，错位分形搅拌桨能够有效提高混合体系中的湍动能耗散率，且偏心搅拌耦合错位分形搅拌桨能够在错位分形搅拌桨的基础上进一步提高混合体系的湍动能耗散率，提高搅拌桨的能量利用率，强化上浮固体颗粒的混合过程。

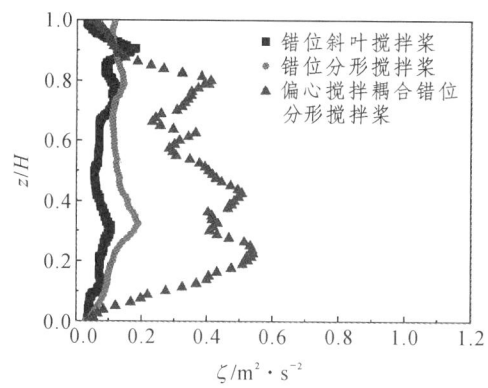

图 4.20 三种桨型体系中轴向湍动能耗散率的比较（$P=480\ \text{W}$）

4.4 本章小结

本章利用实验和数值模拟对比分析了错位斜叶搅拌桨、错位分形搅拌桨及偏心搅拌耦合分形搅拌桨三种搅拌体系中上浮颗粒混合过程的混沌特性和流场特性，得到以下结论：

（1）与错位斜叶搅拌桨相比，错位分形搅拌桨能够提高固液混合体系的 LLE 值，增强固液混合体系的混沌程度。偏心搅拌耦合错位分形搅拌桨能够在错位分形搅拌桨的基础上进一步提高固液混合体系的 LLE 值，提高固液混合体系的混沌程度，强化固液两相的混合过程。

（2）与错位斜叶搅拌桨相比，错位分形搅拌桨能够有效增大湍动能耗散率，降低上浮颗粒的临界下沉转速，提高上浮颗粒轴向分布的均匀性，且偏心搅拌耦合错位分形搅拌桨能够在错位分形搅拌桨的基础上进一步增大固体颗粒的轴向循环运动，降低上浮颗粒的临界下沉转速，提高上浮颗粒的悬浮质量。

5 分形搅拌桨强化气液两相混沌混合

5.1 引 言

气液搅拌反应器是过程工业生产工艺中多相流反应与传递的重要装置，被广泛用于石油化工、聚合、发酵、食品加工以及废水处理等工业，常常被用于实现如吸收、汽提、氧化、加氢及其他类型的工艺目标。气液搅拌反应器内流体间的有效混合程度影响着传热和传质，以及气-液均质化程度，决定着工艺过程的节能减排和经济效益。因此，气液搅拌反应器内的气液两相分散特性对气液两相间的传质与反应起着至关重要的作用。

传统搅拌桨在气液两相混合过程中桨叶前后压差较大，容易在桨叶背后形成较大的气穴，搅拌槽内大量的气体聚集在气穴处，气液两相的混合效果较差，降低了气液两相之间的传质与反应效率。因此，搅拌桨结构的优化设计已成为强化气液两相混合过程的主要手段。

基于具有分形结构的物体可以在流场较大空间范围内产生湍流区，减小低雷诺数区，提高流场湍动强度的均匀性，强化流体的混合过程。本章提出分形搅拌桨强化气液两相混合的新方法，以期达到破坏桨叶背后的气穴结构，强化气体在液相中的分散过程，提高气液两相混合效率的目的。本章将利用实验和数值模拟研究分形搅拌桨强化气液两相混合过程中的混沌特性、流场特性以及强化机制，为搅拌反应器内气液两相的混合过程强化提供理论依据。

5.2 双层分形搅拌桨体系混合特性研究

5.2.1 混沌特性分析

5.2.1.1 实验装置

实验所用气液搅拌装置如图 5.1 所示。搅拌槽为内径 T=0.48 m 的透明平底圆柱形有机玻璃槽，搅拌槽内部均匀分布着 4 块宽度为 0.048 m（$T/10$）、厚度为 0.0048 m 的挡板。气液搅拌反应器内的液位 H=0.80 m，底层桨叶位置高度为 0.16 m（$T/3$），上、下两层搅拌桨之间的距离为 T=0.48 m。搅拌槽底部环形气体分布器的直径为 0.195 m，安装位置与搅拌槽底部间的距离为 0.08 m（$T/6$）。环形气体分布器上开有 20 个分布对称、朝向向下的出气小孔，每个小孔直径为 0.004 m。气液分散实验中的液相为自来水，其密度为 1000 kg/m³，黏度为 1 mPa·s；气相为空气，其密度为 1.293 kg/m³。实验过程中所用搅拌桨为三种搅拌桨，分别为斜叶搅拌桨（Four pitched-blade impeller）、分形 1 搅拌桨（Fractal 1 impeller）、分形 2 搅拌桨（Fractal 2 impeller），如图 5.2 所示。实验中三种不同搅拌桨的桨叶叶片面积 A=0.0034 m²，桨叶叶片倾角为 45°，桨叶叶片长度 l 和宽度 h 分别为 0.085 m 和 0.04 m，其中 $h=4h_1=16h_2$，如图 5.3 所示。

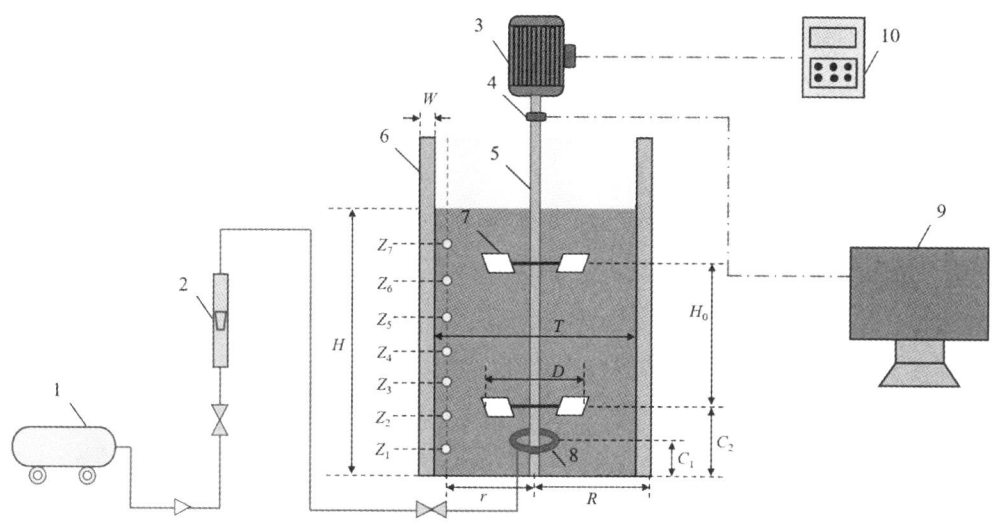

1—空气压缩机；2—气体流量计；3—电机；4—扭矩传感器；5—搅拌轴；6—挡板；7—搅拌桨；
8—气体分布器；9—计算机数据采集卡；10—转速调节器。

图 5.1　气液搅拌装置

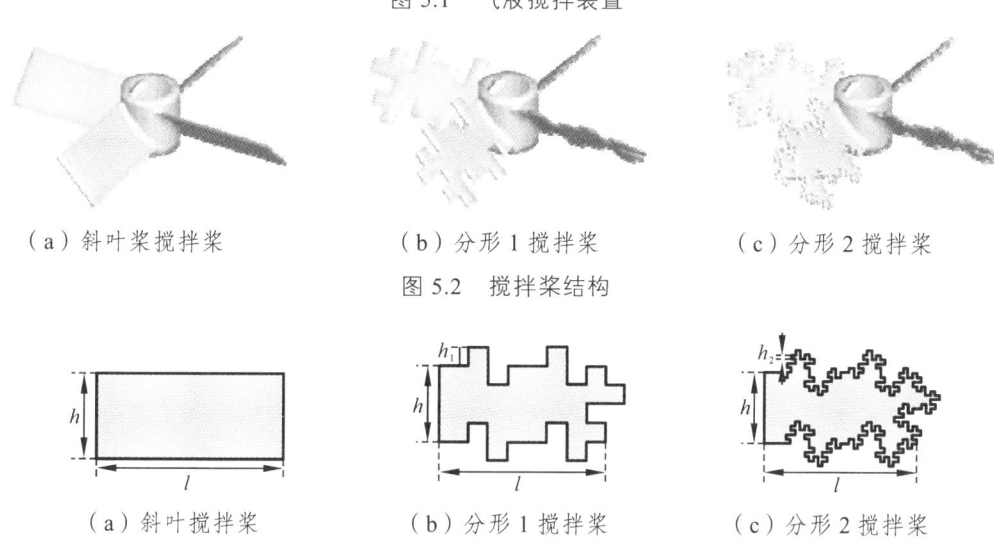

（a）斜叶桨搅拌桨　　　　（b）分形 1 搅拌桨　　　　（c）分形 2 搅拌桨

图 5.2　搅拌桨结构

（a）斜叶搅拌桨　　　　（b）分形 1 搅拌桨　　　　（c）分形 2 搅拌桨

图 5.3　搅拌桨叶片结构

5.2.1.2　实验方法

1. 多尺度熵（MSE）

同 2.2.1.2 节。

2. 最大 Lyapunov 指数（LLE）

同 2.2.1.2 节。

5.2.1.3　搅拌功耗

搅拌功率是气液分散过程中的一个重要参数。常用相对功率消耗（RPD）来表示通气前后搅拌功率的变化情况。

$$RPD = P_g/P_0 \quad (5.1)$$

式中 P_0——通气前的搅拌功耗；

P_g——通气后的搅拌功耗。

RPD 值越接近 1，表示通气前后的搅拌功率相差越小，越有利于气液分散过程。

如前所述，实验过程中采用扭矩传感器测量搅拌过程中的扭矩 M，采用激光测速仪测量搅拌转速 N，计算搅拌功率 P。

5.2.1.4 实验结果与讨论

1. 桨叶类型对 MSE 和 LLE 的影响

图 5.4 和图 5.5 分别为桨叶类型对气液两相混合体系中 MSE 和 LLE 的影响。从图 5.4 中可以看出，三种桨型体系中气液混合体系在各尺度下所表现出来的混沌涨落特性不同。分形搅拌桨体系中的 MSE 要大于斜叶搅拌桨体系，且分形搅拌桨体系中的 MSE 随着分形搅拌桨的分形迭代次数的增加而增大。MSE 还反映了空间能量分布的均匀性。这表明分形搅拌桨能够有效地提高搅拌桨能量的利用率，使搅拌槽内的流场能量分布得更为均匀，有利于气液两相的混合过程。从图 5.5 中可以看出，分形搅拌桨能够在斜叶搅拌桨的基础上提高气液混合体系的 LLE，且 LLE 随着分形搅拌桨的分形迭代次数的增多而增大。这可能是因为分形搅拌桨在旋转过程中桨叶周围的凹凸边缘将产生许多射流，能够有效增加气液混合体系的湍动程度，提高气液混合体系的混沌程度。

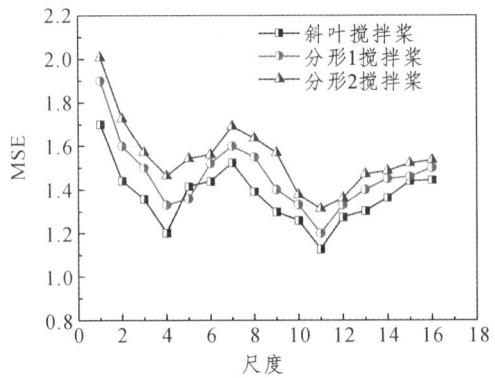

图 5.4 桨叶类型对 MSE 的影响

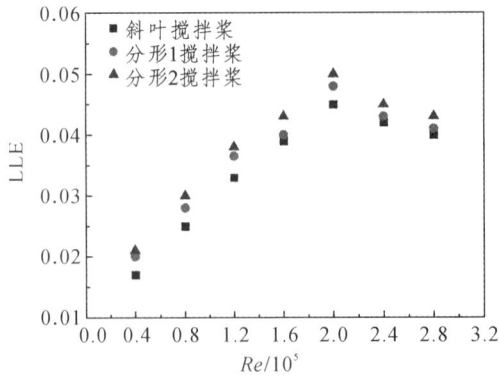

图 5.5 桨叶类型对 LLE 的影响

2. 桨间距对 MSE 和 LLE 的影响

图 5.6 和图 5.7 分别为桨间距对气液两相混合体系中 MSE 和 LLE 的影响。从图 5.6 和图 5.7 中可以看出,当桨间距为 T 时,气液混合体系的 MSE 和 LLE 高于桨间距为 $2T/3$ 时体系的 MSE 和 LLE。这可能是因为当桨间距为 T 时,整个气液搅拌槽内流体的轴向运动可由上、下两层搅拌桨的相互作用加强,气液混合体系的混沌混合程度较高。当桨间距为 $2T/3$ 时,上层搅拌桨距离液面较远,搅拌桨传输能量的距离较远,搅拌槽上部的气体不能被很好地分散,气液混合混乱程度相对较小。

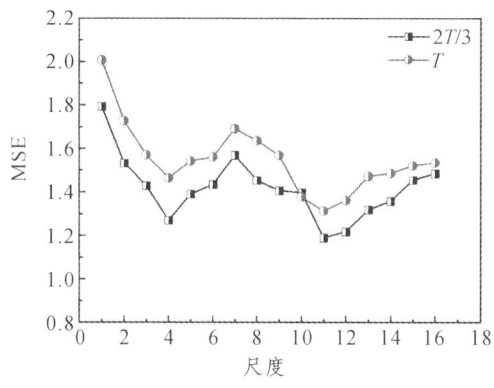

图 5.6 桨间距对 MSE 的影响

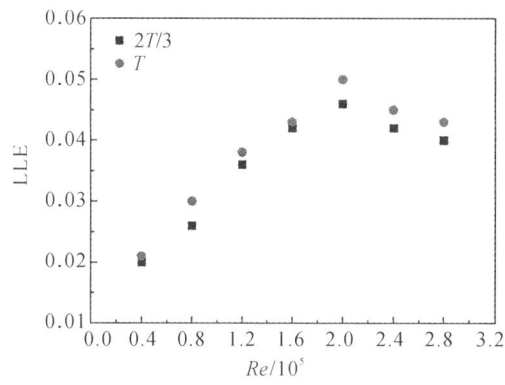

图 5.7 桨间距对 LLE 的影响

3. 气体表观速度对 MSE 和 LLE 的影响

图 5.8 和图 5.9 分别为气体表观速度对气液两相混合体系中的 MSE 和 LLE 的影响。从图 5.8 和图 5.9 中可以看出,气体表观速度为 0.004 61 m/s 的混合体系中 MSE 和 LLE 在三种混合体系中最大的混合体系,这说明当气体表观速度为 0.004 61 m/s 时,混合体系中存在着大量表现出高度不规则的运动流体颗粒,搅拌槽内能量分布较为均匀,气液混合体系的混沌混合程度较高。当气体表观速度较小(小于 0.004 61 m/s),流体的湍流强度较小,气液混合体系的混沌程度较小。当气体表观速度较大(大于 0.004 61 m/s),大量气体沿着搅拌轴逸出搅拌槽,发生气泛现象,气液两相的混合效果较差。

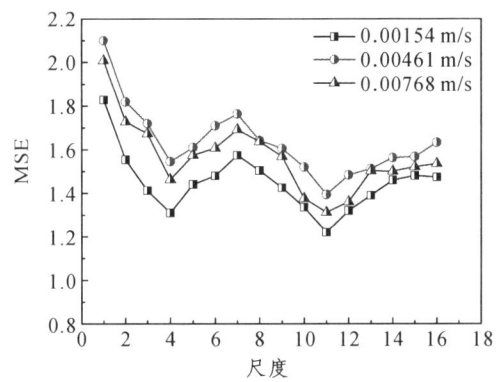

图 5.8 气体表观速度对 MSE 的影响

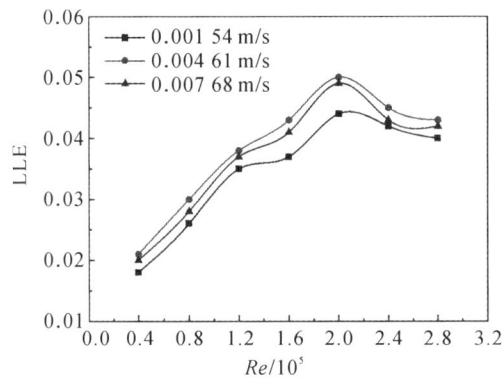

图 5.9 气体表观速度对 LLE 的影响

4. 搅拌功耗及功率准数分析

图 5.10 为三种不同搅拌桨体系中不同雷诺数与相对功率消耗（RPD=P_g/P_0）的变化规律。从图 5.10 中可以看出，随着雷诺数的增大，RPD 值开始减小的幅度较大，后面逐渐趋于平缓。在相同的操作条件下，分形搅拌桨体系的 RPD 值要大于斜叶搅拌桨体系，且分形 2 搅拌桨能够在分形 1 搅拌桨的基础上进一步提高 RPD。这可能是因为在斜叶搅拌桨体系中桨叶背后易形成较大的尾涡，搅拌桨的大部分能量消耗在此，搅拌桨能量利用率较低。分形搅拌桨在旋转过程中能够产生许多高速射流，破坏桨叶尾涡，提高搅拌桨能量传递效率，进而提高 RPD。

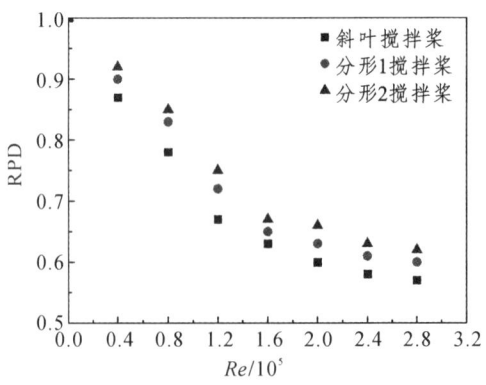

图 5.10 三种桨型气液体系中的 RPD 比较

图 5.11 为三种不同搅拌桨体系单相液体中不同雷诺数与功率准数（N_P）的变化规律。从图 5.11 中可以看出，分形搅拌桨体系的功率准数（N_P）要小于斜叶搅拌桨体系，且分形 2 搅拌桨在分形 1 搅拌桨的基础上能够进一步减小功率准数（N_P），这说明分形搅拌桨能够有效地提高桨叶能量利用率，强化气液两相混合过程。

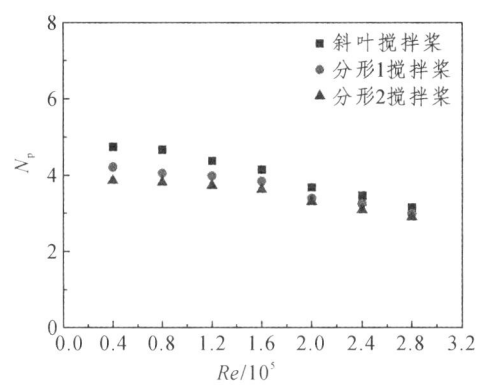

图 5.11　三种桨型单相体系中的 N_P 比较

5.2.2　数值模拟分析

5.2.2.1　计算模型及方法

1. 几何模型

数值模拟中的搅拌槽和搅拌桨的结构尺寸与前面气液两相混沌特性分析实验中搅拌槽和搅拌桨的相同。斜叶桨搅拌槽、分形 1 桨搅拌槽、分形 2 桨搅拌槽的几何模型如图 5.12 所示。

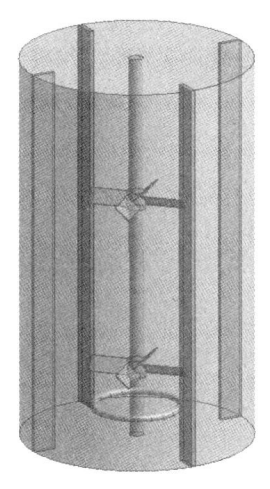 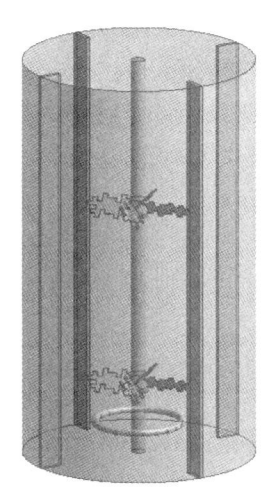 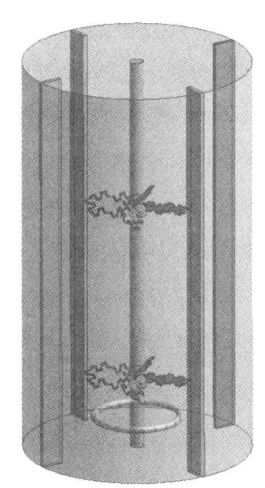

（a）斜叶搅拌槽　　　　　　（b）分形 1 桨搅拌槽　　　　　　（c）分形 2 桨搅拌槽

图 5.12　搅拌槽结构模型

2. 网格划分

数值模拟中将搅拌桨附近区域划分为旋转子域，其余区域划分为静止子域。其中，静止子域采用结构六面体网格进行划分，旋转子域采用非结构四面体网格划分，为了提高模拟计算精度，对旋转子域进行网格加密处理。旋转子域和静止子域网格划分如图5.13所示。通过对不同数量网格的试算比较，得到与网格数量无相关性解，斜叶桨搅拌槽最终网格总数量为1 675 623个，分形1桨搅拌槽最终网格总数量为1 686 285个，分形2桨搅拌槽最终网格总数量为1 785 642个。

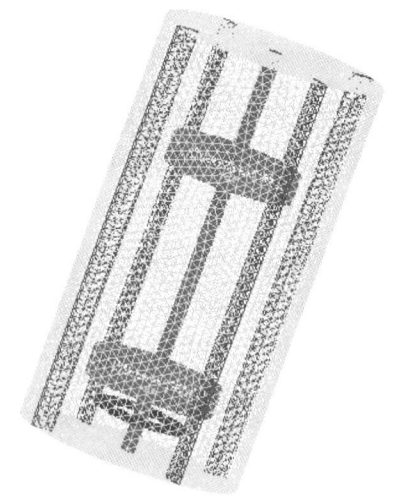

图5.13　搅拌槽网格划分

3. 基本控制方程

在CFD模拟中，多相流模拟中常用的两种模型分别为欧拉-欧拉（Euler-Euler）模型和欧拉-拉格朗日（Euler-Lagrange）模型。在Euler-Euler模型中，连续相和离散相在计算域中被视为相互渗透的连续介质。离散相的守恒方程可以在欧拉坐标系中与连续相类似地求解。相反，Euler-Lagrange模型用欧拉方程描述连续相，但是离散相被看作是大量的单个粒子。该计算模型需要较高的计算成本和巨大的内存空间。Euler-Euler模型则具有简单、低计算和更快的数值求解等优点。因此，本章采用Euler-Euler多相流模型进行搅拌槽内气液两相分散的CFD模拟。在质量和动量守恒原理的基础上，气液两相的连续性和动量方程如下。

连续性方程：

$$\frac{\partial}{\partial t}(\alpha_i \rho_i) + \nabla \cdot (\alpha_i \rho_i \vec{U}_i) = 0 \qquad (5.2)$$

$$\alpha_l + \alpha_g = 1 \qquad (5.3)$$

式中　i——l，g；

ρ——密度，kg/m³；

$\vec{U}$——速度矢量；

α——体积分数；

l，g——液相和气相。

动量方程：

$$\frac{\partial}{\partial t}(\alpha_i \rho_i \vec{U}_i) + \nabla \cdot (\alpha_i \rho_i \vec{U}_i \cdot \vec{U}_i) = -\alpha_i \nabla P + \nabla \bar{\bar{\tau}}_{\text{effi}} + \vec{R}_i + \vec{F}_i + \alpha_i \rho_i \vec{g} \quad (5.4)$$

式中 P——压力；

$\vec{R}_i$——相间动量交换项；

$\vec{F}_i$——科里奥利力和离心力；

$\nabla \bar{\bar{\tau}}_{\text{effi}}$——雷诺应力。

4. 湍流模型

本章模拟中采用标准 k-ε 湍流模型来模拟气液两相分散过程的湍流流动，液相的 k 和 ε 的方程如下：

$$\frac{\partial}{\partial t}(\rho_l \alpha_l k_l) + \nabla \cdot (\rho_l \alpha_l \vec{U}_i k_l) = \nabla \cdot (\alpha_l \frac{\mu_{t,l}}{\sigma_k} \nabla k_l) + \alpha_l G_{kl} - \rho_l \alpha_l \varepsilon_l + \rho_l \alpha_l \Pi_{kl} \quad (5.5)$$

$$\frac{\partial}{\partial t}(\rho_l \alpha_l \varepsilon_l) + \nabla \cdot (\rho_l \alpha_l \vec{U}_l \varepsilon_l) = \nabla \cdot (\alpha_l \frac{\mu_{t,l}}{\sigma_\varepsilon} \nabla \varepsilon_l) + \alpha_l \frac{\varepsilon_l}{k_l}(C_{1\varepsilon} G_{kl} - C_{2\varepsilon} \rho_l \varepsilon_l) + \rho_l \alpha_l \Pi_{\varepsilon l} \quad (5.6)$$

液相的有效黏度 $\mu_{\text{eff},l}$ 为：

$$\mu_{\text{eff},l} = \mu_l + \mu_{t,l} + \mu_{tp} \quad (5.7)$$

式中 μ_l——液相黏度；

$\mu_{t,l}$——液相湍流黏度；

μ_{tp}——气泡对液相湍流黏度的加强。

液相的湍流黏度 $\mu_{t,l}$ 为：

$$\mu_{t,l} = \rho_l C_\mu \frac{k_l^2}{\varepsilon_l} \quad (5.8)$$

模型参数 $C_{1\varepsilon}$，$C_{2\varepsilon}$，σ_k，σ_ε 的值分别为 1.44，1.92，1.0，1.3。

对于气液搅拌体系，气相对液相的湍动程度具有一定的影响。本书采用 Sato 模型来处理气泡对液相湍动程度的影响。

$$\mu_{tp} = C_{\mu p} \rho_l \alpha_g d_b \left| \vec{u}_g - \vec{u}_l \right|, \quad C_{\mu p} = 0.6 \quad (5.9)$$

气相的有效黏度 $\mu_{\text{eff},g}$ 为：

$$\mu_{\text{eff},g} = \mu_g + \mu_{t,g} \quad (5.10)$$

式中 μ_g——气相黏度；

$\mu_{t,g}$——气相湍流黏度。

气相的湍流黏度 $\mu_{t,g}$ 为：

$$u_{t,g} = \frac{\rho_g}{\rho_l}\mu_{t,l} \tag{5.11}$$

5. 曳力模型

气液两相间的相互作用力包括升力、浮力、虚拟质量力和曳力等作用力。与曳力相比，其他作用力对气液两相的分散特性影响较小。因此，本章模拟中的相间作用力只考虑曳力作用。曳力的表达式如下：

$$\vec{R}_l = -\vec{R}_g = K(\vec{U}_g - \vec{U}_l) \tag{5.12}$$

式中　K——气液两相的交换系数，可以写为：

$$K = \frac{3}{4}\rho_l \alpha_l \alpha_g \frac{C_D}{d_b}|\vec{U}_g - \vec{U}_l| \tag{5.13}$$

式中　d_b——气泡直径；

C_D——曳力系数。

本文采用 Schiller-Naumann 模型来计算曳力系数 C_D：

$$C_D = \begin{cases} \dfrac{24(1+0.15Re_p^{0.687})}{Re_p}, & Re_p \leqslant 1000 \\ 0.44, & Re_p > 1000 \end{cases} \tag{5.14}$$

6. PBM 模型

PBM 模型应用于气液体系可系统地研究气泡的聚并和破碎过程中气泡尺寸的变化规律。PBM 模型的表达式为：

$$\frac{\partial}{\partial t}(\rho_g n_i) + \nabla \cdot (\rho_g \vec{U}_g n_i) = \rho_g(\Gamma_{B_{ic}} - \Gamma_{D_{ic}} + \Gamma_{B_{iB}} - \Gamma_{D_{iB}}) \tag{5.15}$$

式中　$\Gamma_{B_{ic}}$，$\Gamma_{B_{iB}}$——在破碎后气泡的产生和消亡速率；

$\Gamma_{D_{ic}}$，$\Gamma_{D_{iB}}$——聚并后气泡的产生和消亡速率。

$$\Gamma_{B_{ic}} = \frac{1}{2}\int_0^v a(v-v',v)n(v-v',t)n(v',t)dv' \tag{5.16}$$

$$\Gamma_{D_{ic}} = n(v)\int_0^\infty a(v,v')n(v',t)n(v',t)dv' \tag{5.17}$$

$$\Gamma_{B_{iB}} = \int_{\Omega_v} pg(v')\beta(v|v')n(v',t)dv' \tag{5.18}$$

$$\Gamma_{D_{iB}} = g(v)n(v,t) \tag{5.19}$$

采用 Luo&Sevendsen 模型对气泡的破碎过程进行描述，气泡破碎速率模型为：

$$g(v')\beta(v|v') = k\int_{\zeta_{\min}}^{1}\frac{(1+\zeta)^2}{\zeta^{\frac{11}{3}}}\exp(-b\zeta^{-\frac{11}{3}})d\zeta \tag{5.20}$$

$$k = 0.9238\varepsilon^{\frac{1}{3}}d^{-\frac{2}{3}}\alpha \tag{5.21}$$

$$b = 12(f^{\frac{2}{3}} + (1-f)^{\frac{2}{3}} - 1)\sigma\rho^{-1}\varepsilon^{-\frac{2}{3}}d^{-\frac{5}{3}} \tag{5.22}$$

式中 d_b——气泡直径；

ζ——无量纲的旋涡尺度大小；

f——气泡破碎速率。

采用 Prince&Blanch 模型对气泡的聚并过程进行描述，气泡聚并速率模型为：

$$a(v,v') = \omega_{ag}(v_i,v_j)P_{ag}(v_i,v_j) \tag{5.23}$$

气泡碰撞速率为：

$$\omega_{ag}(v_i,v_j) = \frac{\pi}{4}(d_i^2 + d_j^2)n_i n_j \bar{u}_{ij} \tag{5.24}$$

本章将气泡尺寸分成 13 组，入口处的气泡尺寸设为 4.0 mm。

7. 模拟方法

本章采用商业软件 ANSYS 14.5 对气液两相分散特性进行瞬态模拟。采用多重参考系（Multiple Reference Frame，MRF）模型模拟搅拌桨的转动，即桨叶所在区域以桨叶旋转速度为参考系，其他区域使用静止参考系。搅拌槽壁面设置为壁面条件（wall），旋转子域与静止子域的交界面设为内部界面（interface），气体分布器上的出气孔设为气体入口，气体体积分数设为 1，气泡尺寸设为 4 mm。气体出口液面设为脱气（degassing condition）条件。在初始条件下，搅拌槽轴向位置 $Z<0.8$ m 时，计算域中的区域都是液相，即液相体积分数为 1，气相为 0；当 $Z>0.8$ m 时，液相体积分数为 0，气相为 1。压力速度耦合采用 SIMPLE 算法，差分格式采用二阶迎风格式，收敛残差设为 10^{-4}。时间步长设为 0.004 s，总模拟时间为 40 s。

5.2.2.2 数值模拟结果与讨论

1. 桨叶类型对局部气含率影响

图 5.14 是在单位体积功耗 $P_{g,v}=1.5$ kW/m³ 的条件下搅拌槽 $Y=0$ 平面上的气含率云图。从图 5.14 中可以看出，气体在搅拌槽内分布不均匀，轴向局部气含率在搅拌桨位置附近区域较大。这是因为气泡受到浮力的作用，只有很少部分气泡被液体夹带向搅拌槽底部运动。气泡从气体分布器出来以后逐渐上升到下层搅拌桨附近区域时，由于搅拌桨的剪切作用，气泡会发生破碎，使得搅拌桨区域的局部气含率较高，气泡群继续上升，到上层搅拌桨区域附近时，会再次受到搅拌桨的剪切作用，气泡会再次发生破碎，最终从液面逸出，使得搅拌槽顶部的区域的局部气含率较高。同时，从图 5.14 中还可看出，与传统斜叶搅拌桨相比，分形 1 搅拌桨体系中的局部气含率较大，且气体分散性更好；分形 2 搅拌桨在分形 1 搅拌桨的基础上能够进一步提高搅拌槽内的局部气含率以及气体的分散性。这可能是因为气体容易在桨叶背后

聚集形成气穴，降低了桨叶的载气能力，使气体不能充分分散。分形搅拌桨能够有效地破坏桨叶背后的气穴，将更多的气体分散到液相中，提高搅拌槽内气体的分散特性。

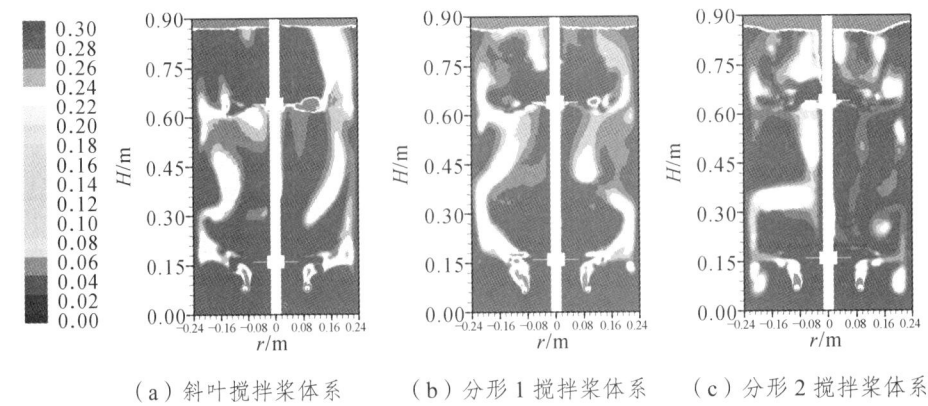

（a）斜叶搅拌桨体系　　（b）分形1搅拌桨体系　　（c）分形2搅拌桨体系

图 5.14　搅拌槽 $Y=0$ 平面气含率云图

2. 桨叶类型对气泡尺寸分布的影响

图 5.15 是在体积功耗 $P_{g,v}=1.5$ kW/m^3 的条件下搅拌槽 $Y=0$ 平面上气泡尺寸云图。从图 5.15 中可以看出，搅拌槽的底部区域的气泡尺寸分布较小，这是因为气体从气体分布器出来的时候，只有很少一部分的气泡随着流体循环至搅拌槽的底部，使得搅拌槽底部区域的气泡尺寸较小。当气泡上浮至下层搅拌桨附近时，由于桨叶的剪切作用会使得气泡发生破碎，桨叶附近的气泡尺寸减小。随着气泡上浮至循环区域，气泡的碰撞次数会逐渐增多，从而使得气泡聚并的概率增加，气泡尺寸增大。当循环区域的气泡上浮到上层桨叶附近时，又受到桨叶剪切力的作用，气泡尺寸减小。然后继续上升至液面时，小气泡再次聚并，气泡尺寸增加。从图 5.15 中还可看出，与斜叶搅拌桨相比，分形搅拌桨能够减小气泡的尺寸分布，且随着分形搅拌桨的分形迭代次数的增加，搅拌槽内的气泡尺寸能被进一步减小。

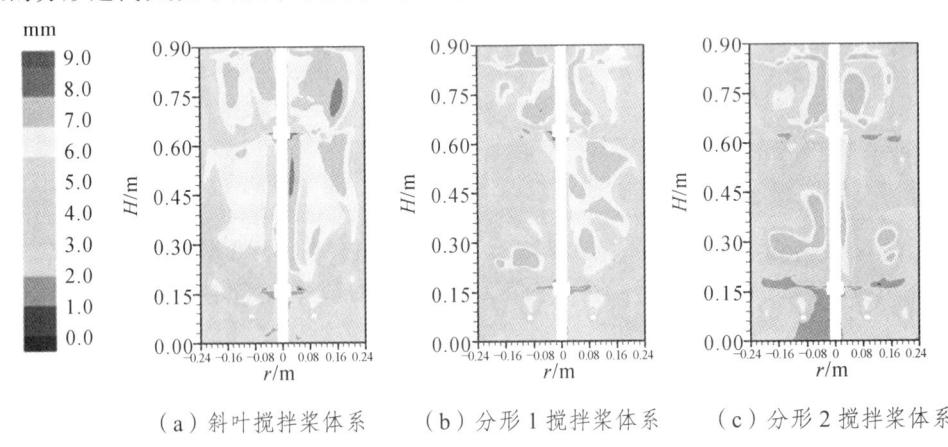

（a）斜叶搅拌桨体系　　（b）分形1搅拌桨体系　　（c）分形2搅拌桨体系

图 5.15　搅拌槽 $Y=0$ 平面气泡尺寸云图

3. 气体表观速度对气含率分布的影响

图 5.16 为不同气体表观速度条件下分形2搅拌桨体系搅拌槽 $Y=0$ 平面上的气含率分布。

从图 5.16 中可以看出，在较低气速的条件下，搅拌槽内的气体分布较为均匀，随着气体流速的增大，搅拌槽内的气体分布均匀性逐渐变差；且在同一气体速度下搅拌桨附近区域的气含率较大，随着气体流速的增大，搅拌槽内各处位置的局部气含率也相应增加。

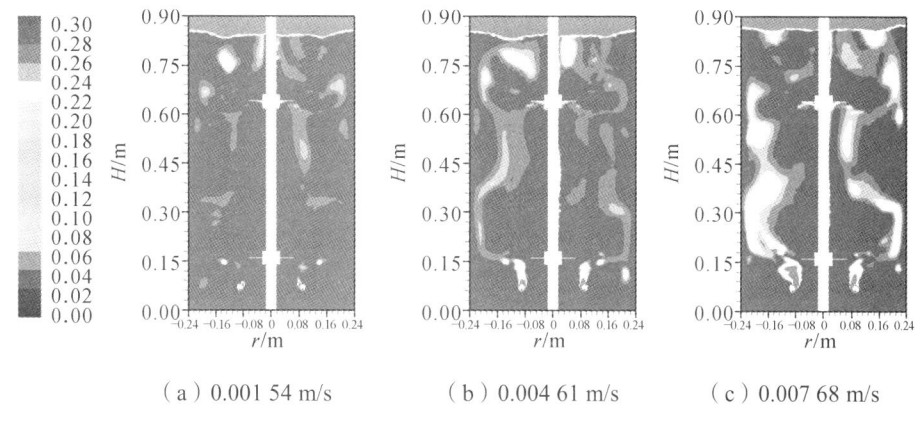

（a）0.001 54 m/s　　　　（b）0.004 61 m/s　　　　（c）0.007 68 m/s

图 5.16　不同气体表观速度下 $Y=0$ 平面气含率云图

4. 气体表观速度对气泡尺寸分布的影响

图 5.17 是分形 2 搅拌桨在单位体积功耗 $P_{g,v}=1.5$ kW/m³ 时不同气体表观速度下 $Y=0$ 平面上的气泡尺寸分布云图。从图 5.17 中可以看出，随着气体表观速度增大，进入搅拌槽内的气泡的数量增加，使得气泡与气泡之间的聚并概率增加，气液混合体系中的气泡尺寸也随之增大。

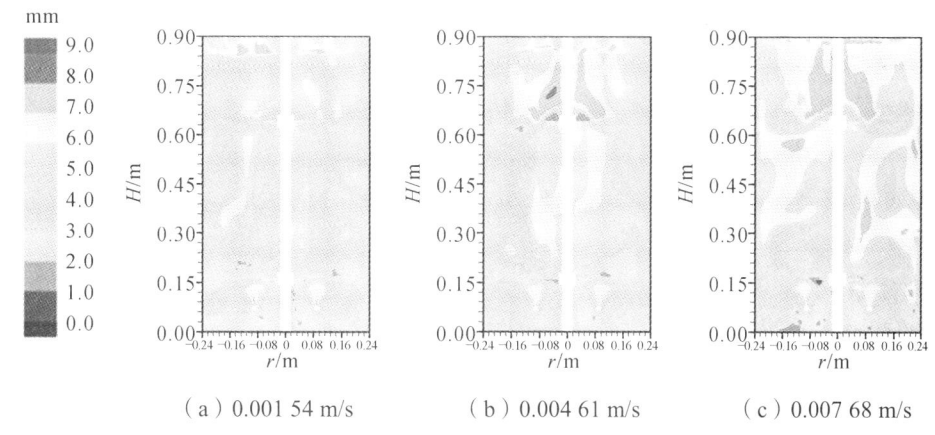

（a）0.001 54 m/s　　　　（b）0.004 61 m/s　　　　（c）0.007 68 m/s

图 5.17　不同气体表观速度下 $Y=0$ 平面气泡尺寸分布云图

5.3　单层分形搅拌桨体系混合特性研究

5.3.1　混沌特性分析

5.3.1.1　实验装置

实验所用气液搅拌装置如图 5.18 所示。搅拌槽为内径 $T=0.48$ m 的透明平底圆柱形有机玻璃槽，搅拌槽内部均匀分布着 4 块宽度为 0.048 m（$T/10$），厚度为 0.0048 m 的挡板。气液搅

拌反应器内的液位 H=0.48 m，底层桨叶位置高度为 0.16 m（$T/3$）。搅拌槽底部环形气体分布器的直径为 0.195 m，安装位置与搅拌槽底部间的距离为 0.08 m（$T/6$）。环形气体分布器上开有 20 个分布对称、朝向向下的出气小孔，每个小孔直径为 0.004 m。气液分散实验中的液相为自来水，其密度为 1000 kg·m^{-3}，黏度为 1 mPa·s；气相为空气，其密度为 1.293 kg·m^{-3}。实验过程中所用三种搅拌桨分别为涡轮搅拌桨（Rushton impeller）、分形 1 搅拌桨（Fractal 1 impeller）、分形 2 搅拌桨（Fractal 2 impeller），如图 5.19 所示。三种搅拌桨的直径为 0.19 m，桨叶形状为正方形，L_0 为 0.042 m，L_1=1/3L_0，L_2=1/7L_0，桨叶叶片厚度为 0.002 m，如图 5.20 所示。

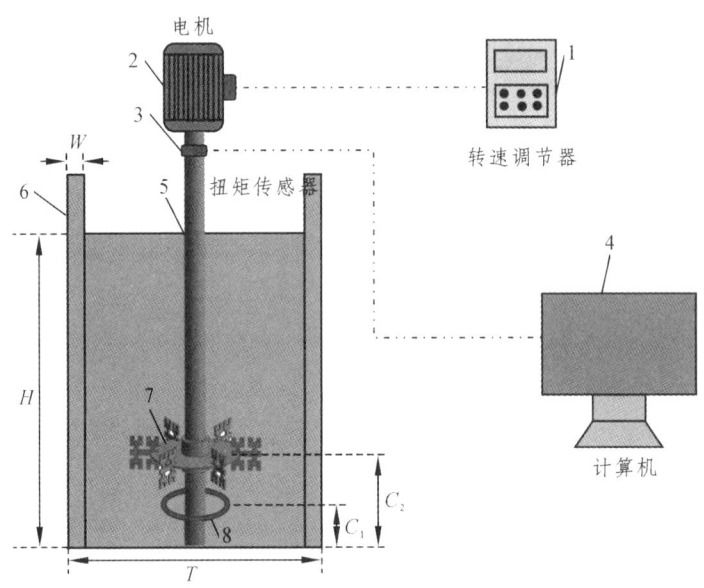

1—转速调节器；2—电机；3—扭矩传感器；4—计算机；5—搅拌轴；6—挡板；7—搅拌桨；8—气体分布器。

图 5.18　气液搅拌装置

 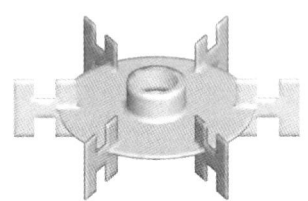 

（a）涡轮搅拌桨　　　　　　（b）分形 1 搅拌桨　　　　　　（c）分形 2 搅拌桨

图 5.19　搅拌桨结构示意图

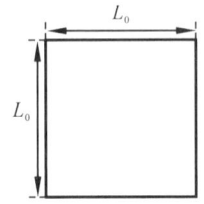 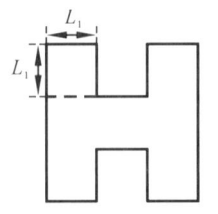 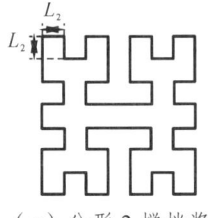

（a）涡轮搅拌桨　　　　　　（b）分形 1 搅拌桨　　　　　　（c）分形 2 搅拌桨

图 5.20　桨叶叶片结构示意图

5.3.1.2 实验方法

1. 多尺度熵（MSE）

同 2.2.1.2 节。

2. 最大 Lyapunov 指数（LLE）

同 2.2.1.2 节。

3. 搅拌功耗

搅拌功率是气液分散过程中的一个重要参数。常用相对功率消耗（RPD）来表示通气前后搅拌功率的变化情况。$RPD=P_g/P_0$（P_0 为通气前的搅拌功耗，P_g 为通气后的搅拌功耗），其值越接近 1，表示通气前后的搅拌功率相差越小，越有利于气液分散过程。如前所述，实验过程中采用扭矩传感器测量搅拌过程中的扭矩 M，采用激光测速仪测量搅拌转速 N，计算搅拌功率 P。

5.3.1.3 实验结果与讨论

1. 桨叶类型对 MSE 和 LLE 的影响

图 5.21 和 5.22 分别为桨叶类型对气液两相混合体系中的 MSE 和 LLE 的影响。从图 5.21 中可以看出，三种桨型体系中气液混合体系在各尺度下所表现出来的混沌涨落特性不同。分形搅拌桨体系中的 MSE 要大于涡轮搅拌桨体系，且分形搅拌桨体系中的 MSE 随着分形搅拌桨的分形迭代次数的增加而增大。MSE 还反映了空间能量分布的均匀性。这表明分形搅拌桨能够有效地提高搅拌桨能量的利用率，使搅拌槽内的流场能量分布得更为均匀，有利于气液两相的混合过程。从图 5.22 中可以看出，分形搅拌桨能够在涡轮搅拌桨的基础上提高气液混合体系的 LLE，且 LLE 随着分形搅拌桨的分形迭代次数的增多而增大。这可能是因为分形搅拌桨在旋转过程中桨叶周围的凹凸边缘将产生许多射流，能够有效增加气液混合体系的湍动程度，提高气液混合体系的混沌程度。

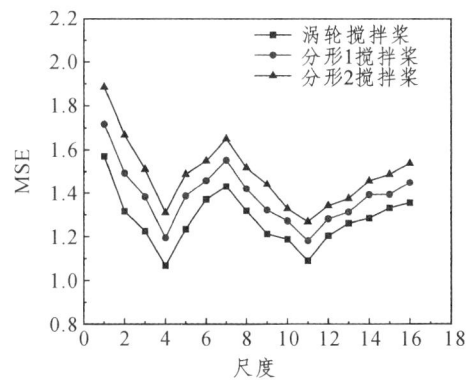

图 5.21 桨叶类型对 MSE 的影响

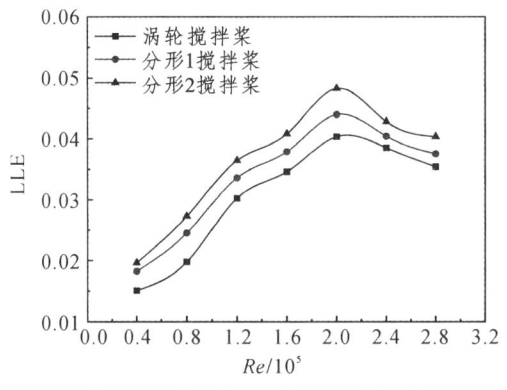

图 5.22　桨叶类型对 LLE 的影响

2. 气体表观速度对 MSE 和 LLE 的影响

图 5.23 和 5.24 分别为气体表观速度对气液两相混合体系中的 MSE 和 LLE 的影响。从图 5.23 和 5.24 中可以看出，气体表观速度为 0.004 61 m/s 的混合体系中的 MSE 和 LLE 在三种混合体系中最大，这说明当气体表观速度为 0.004 61 m/s 时，混合体系中存在着大量表现出高度不规则的运动流体颗粒，搅拌槽内能量分布较为均匀，气液混合体系的混沌混合程度较高。当气体表观速度较小（小于 0.004 61 m/s），流体的湍流强度较小，气液混合体系的混沌程度较小。当气体表观速度较大（大于 0.004 61 m/s），大量气体沿着搅拌轴逸出搅拌槽，发生气泛现象，气液两相的混合效果较差。

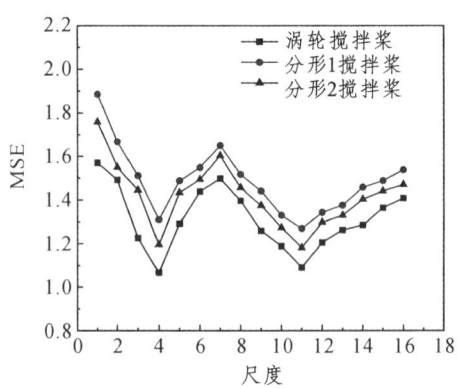

图 5.23　气体表观速度对 MSE 的影响

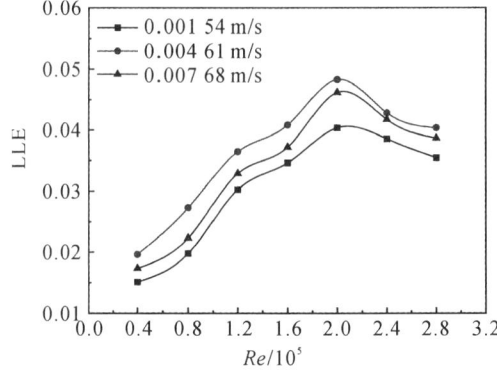

图 5.24　气体表观速度对 LLE 的影响

3. 搅拌功耗分析

图 5.25 为三种不同搅拌桨体系中不同通气准数（$Fl_G=Q_G/ND^3$）与相对功率消耗 RPD 值（$RPD=P_g/P_0$）的变化规律。如图 5.25 所示，随着通气准数的增大，相对功率消耗 RPD 值减小。在相同的操作条件下，分形搅拌桨体系的相对功率消耗 RPD 值要大于涡轮搅拌桨体系，且分形 2 搅拌桨能够在分形 1 搅拌桨的基础上进一步提高相对功率消耗 RPD。这可能是因为在涡轮搅拌桨体系中桨叶背后易形成较大的尾涡，搅拌桨的大部分能量消耗在此，搅拌桨能量利用率较低。分形搅拌桨在旋转过程中能够产生许多高速射流，破坏桨叶尾涡，提高搅拌桨能量传递效率，进而提高相对功率消耗 RPD。

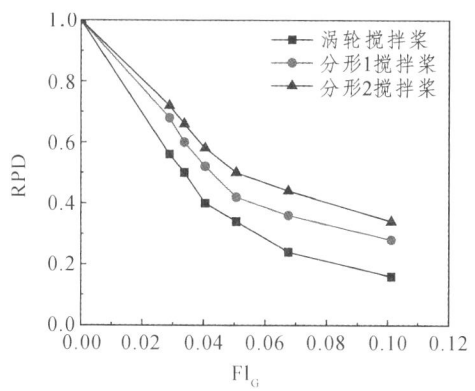

图 5.25 三种桨型气液体系中的 RPD 比较

5.3.2 数值模拟分析

5.3.2.1 计算模型及方法

1. 几何模型

数值模拟中的搅拌槽和搅拌桨的结构尺寸与前面气液两相混沌特性分析实验中搅拌槽和搅拌桨的相同。

2. 网格划分

数值模拟中将搅拌桨附近区域划分为旋转子域，其余区域划分为静止子域。其中，静止子域采用结构六面体网格进行划分，旋转子域采用非结构四面体网格划分，为了提高模拟计算精度，对旋转子域进行网格加密处理。旋转子域和静止子域网格划分如图 5.26 所示。通过对不同数量网格的试算比较，得到与网格数量无相关性解，涡轮桨搅拌槽最终网格总数量为 1 575 351 个，分形 1 桨搅拌槽最终网格总数量为 1 578 406 个，分形 2 桨搅拌槽最终网格总数量为 1 579 099 个。

图 5.26 搅拌槽网格划分

3. 基本控制方程

在 CFD 模拟中，多相流模拟中常用的两种模型分别为欧拉-欧拉（Euler-Euler）模型和欧拉-拉格朗日（Euler-Lagrange）模型。在欧拉-欧拉模型中，连续相和离散相在计算域中被视为相互渗透的连续介质。离散相的守恒方程可以在欧拉坐标系中与连续相类似地求解。相反，欧拉-拉格朗日模型用欧拉方程描述连续相，但是离散相被看作是大量的单个粒子。该计算模型需要较高的计算成本和巨大的内存空间。欧拉-欧拉模型则具有简单、低计算和更快的数值求解等优点。因此，本章采用欧拉-欧拉多相流模型进行搅拌槽内气液两相分散的CFD模拟。在质量和动量守恒原理的基础上，气液两相的连续性和动量方程如下所示。

连续性方程：

$$\frac{\partial}{\partial t}(\alpha_i \rho_i) + \nabla \cdot (\alpha_i \rho_i \vec{U}_i) = 0 \tag{5.25}$$

$$\alpha_l + \alpha_g = 1 \tag{5.26}$$

式中　ρ——密度，kg/m^3；

$\vec{U}_i$——速度矢量；

α——体积分数；

l, g——液相和气相。

动量方程：

$$\frac{\partial}{\partial t}(\alpha_i \rho_i \vec{U}_i) + \nabla \cdot (\alpha_i \rho_i \vec{U}_i \cdot \vec{U}_i) = -\alpha_i \nabla P + \nabla \overline{\overline{\tau}}_{\text{eff}i} + \vec{R}_i + \vec{F}_i + \alpha_i \rho_i \vec{g} \tag{5.27}$$

式中　P——压力；

$\vec{R}_i$——相间动量交换项；

$\vec{F}_i$——科里奥利力和离心力；

$\nabla \overline{\overline{\tau}}_{\text{eff}i}$——雷诺应力。

其中，雷诺应力是层流和湍流应力，根据Boussinesq假设，可以表示为

$$\overline{\overline{\tau}}_{\text{eff}i} = \alpha_i (\mu_{\text{lam},i} + \mu_{\text{t},i})(\nabla \vec{U}_i + \nabla \vec{U}_i) - \frac{2}{3}\alpha_i (\rho_i k_i + (\mu_{\text{lam},i} + \mu_{\text{t},i})\nabla \cdot \vec{U}_i)\overline{\overline{I}} \tag{5.28}$$

4. 湍流模型

本章模拟中采用标准k-ε湍流模型来模拟气液两相分散过程的湍流流动，液相的k和ε的方程如下：

$$\frac{\partial}{\partial t}(\rho_l \alpha_l k_l) + \nabla \cdot (\rho_l \alpha_l \vec{U}_l k_l) = \nabla \cdot (\alpha_l \frac{\mu_{\text{t},l}}{\sigma_k} \nabla k_l) + \alpha_l G_{kl} - \rho_l \alpha_l \varepsilon_l + \rho_l \alpha_l \Pi_{kl} \tag{5.29}$$

$$\frac{\partial}{\partial t}(\rho_l \alpha_l \varepsilon_l) + \nabla \cdot (\rho_l \alpha_l \vec{U}_l \varepsilon_l) = \nabla \cdot (\alpha_l \frac{\mu_{\text{t},l}}{\sigma_\varepsilon} \nabla \varepsilon_l) + \alpha_l \frac{\varepsilon_l}{k_l}(C_{1\varepsilon} G_{kl} - C_{2\varepsilon} \rho_l \varepsilon_l) + \rho_l \alpha_l \Pi_{\varepsilon l} \tag{5.30}$$

液相的有效黏度$\mu_{\text{eff},l}$为：

$$\mu_{\text{eff},l} = \mu_l + \mu_{\text{t},l} + \mu_{\text{tp}} \tag{5.31}$$

式中　μ_l——液相黏度；

$\mu_{\text{t},l}$——液相湍流黏度；

μ_{tp}——气泡对液相湍流黏度的加强。

液相的湍流黏度 $\mu_{t,l}$ 为：

$$\mu_{t,l} = \rho_l C_\mu \frac{k_l^2}{\varepsilon_l} \tag{5.32}$$

模型参数 $C_{1\varepsilon}$，$C_{2\varepsilon}$，σ_k，σ_ε 的值分别为 1.44，1.92，1.0，1.3。

对于气液搅拌体系，气相对液相的湍动程度具有一定程度的影响。本书采用 Sato 模型来处理气泡对液相湍动程度的影响。

$$\mu_{tp} = C_{\mu p} \rho_l \alpha_g d_b \left| \vec{u}_g - \vec{u}_l \right|, \quad C_{\mu p} = 0.6 \tag{5.33}$$

气相的有效黏度 $\mu_{eff,g}$ 为：

$$\mu_{eff,g} = \mu_g + \mu_{t,g} \tag{5.34}$$

式中　μ_g——气相黏度；

　　　$\mu_{t,g}$——气相湍流黏度。

液相的湍流黏度 $\mu_{t,g}$ 为：

$$u_{t,g} = \frac{\rho_g}{\rho_l} \mu_{t,l} \tag{5.35}$$

5. 曳力模型

气液两相间的相互作用力包括升力、浮力、虚拟质量力和曳力等作用力。与曳力相比，其他作用力对气液两相的分散特性影响较小。因此，本章模拟中的相间作用力只考虑曳力作用。曳力的表达式如下：

$$\vec{R}_l = -\vec{R}_g = K(\vec{U}_g - \vec{U}_l) \tag{5.36}$$

K 为气液两相的交换系数，可以写为

$$K = \frac{3}{4} \rho_l \alpha_l \alpha_g \frac{C_D}{d_b} \left| \vec{U}_g - \vec{U}_l \right| \tag{5.37}$$

式中　d_b——气泡直径；

　　　C_D——曳力系数。

本书采用 Schiller-Naumann 模型来计算曳力系数 C_D：

$$C_D = \begin{cases} \dfrac{24(1 + 0.15 Re_p^{0.687})}{Re_p}, & Re_p \leqslant 1000 \\ 0.44, & Re_p > 1000 \end{cases} \tag{5.38}$$

6. PBM 模型

PBM 模型应用于气液体系可系统地研究气泡的聚并和破碎过程中的气泡尺寸的变化规律。

PBM 模型的表达式为：

$$\frac{\partial}{\partial t}(\rho_g n_i) + \nabla \cdot (\rho_g \vec{U}_g n_i) = \rho_g (\varGamma_{B_{ic}} - \varGamma_{D_{ic}} + \varGamma_{B_{iB}} - \varGamma_{D_{iB}}) \tag{5.39}$$

式中　$\Gamma_{B_{ic}}$，$\Gamma_{B_{iB}}$——在破碎后气泡的产生和消亡速率；
　　　$\Gamma_{D_{ic}}$，$\Gamma_{D_{iB}}$——在聚并后气泡的产生和消亡速率。

$$\Gamma_{B_{ic}} = \frac{1}{2}\int_0^v a(v-v',v)n(v-v',t)n(v',t)\mathrm{d}v' \tag{5.40}$$

$$\Gamma_{D_{ic}} = n(v)\int_0^\infty a(v,v')n(v',t)n(v',t)\mathrm{d}v' \tag{5.41}$$

$$\Gamma_{B_{iB}} = \int_{\Omega_v} pg(v')\beta(v|v')n(v',t)\mathrm{d}v' \tag{5.42}$$

$$\Gamma_{D_{iB}} = g(v)n(v,t) \tag{5.43}$$

采用 Luo&Sevendsen 模型对气泡的破碎过程进行描述，气泡破碎速率模型为

$$g(v')\beta(v|v') = k\int_{\zeta_{\min}}^1 \frac{(1+\zeta)^2}{\zeta^{\frac{11}{3}}}\exp(-b\zeta)\mathrm{d}\zeta \tag{5.44}$$

$$k = 0.9238\varepsilon^{\frac{1}{3}}d^{-\frac{2}{3}}\alpha \tag{5.45}$$

$$b = 12(f^{\frac{2}{3}}+(1-f)^{\frac{2}{3}}-1)\sigma\rho^{-1}\varepsilon^{-\frac{2}{3}}d^{-\frac{5}{3}} \tag{5.46}$$

式中　d_b——气泡直径；
　　　ζ——涡流无量纲大小；
　　　F——气泡破碎速率。

采用 Prince&Blanch 模型对气泡的聚并过程进行描述，气泡聚并速率模型为

$$a(v,v') = \omega_{ag}(v_i,v_j)P_{ag}(v_i,v_j) \tag{5.47}$$

气泡碰撞速率为

$$\omega_{ag}(v_i,v_j) = \frac{\pi}{4}(d_i^2+d_j^2)n_in_j\overline{u}_{ij} \tag{5.48}$$

本章将气泡尺寸分成 13 组，入口处的气泡尺寸设为 4.0 mm。

7. 模拟方法

本章采用商业软件 ANSYS 14.5 对气液两相分散特性进行瞬态模拟。采用多重参考系（Multiple Reference Frame，MRF）模型模拟搅拌桨的转动，即桨叶所在区域以桨叶旋转速度为参考系，其他区域使用静止参考系。搅拌槽壁面设置为壁面条件（wall），旋转子域与静止子域的交界面设为内部界面（interface），气体分布器上的出气孔设为气体入口，气体体积分数设为 1，气泡尺寸设为 4 mm。气体出口液面设为脱气（degassing condition）条件。在初始条件下，搅拌槽轴向位置 $Z<0.48$ m 时，计算域中的区域都是液相，即液相体积分数为 1，气相为 0；当 $Z>0.48$ m 时，液相体积分数为 0，气相为 1。压力速度耦合采用 SIMPLE 算法，差分格式采用二阶迎风格式，收敛残差设为 10^{-4}。时间步长设为 0.004 s，总模拟时间为 40 s。

5.3.2.2 数值模拟结果与讨论

1. 桨叶类型对局部气含率影响

图 5.27 为不同搅拌体系中桨叶所在平面的气含率云图。如图 5.27 所示，桨叶所在平面的气含率分布不均匀，大量气体集中在桨叶后方。在相同工况下，与涡轮搅拌桨相比，分形 1 搅拌桨体系中桨叶背后的气含率较高的区域面积较小，且气体分散性更好；分形 2 搅拌桨在分形 1 搅拌桨的基础上能够进一步减小高气含率的区域面积，提高气体的分散性。这可能是因为气体容易在桨叶背后聚集形成气穴，降低了桨叶的载气能力，使气体不能充分分散，分形搅拌桨能够通过桨叶的凹凸边缘产生一系列的射流，破坏桨叶背后的气穴，减少桨叶背后的气体聚集现象，将更多的气体分散到液相中，提高搅拌槽内气体的分散特性。

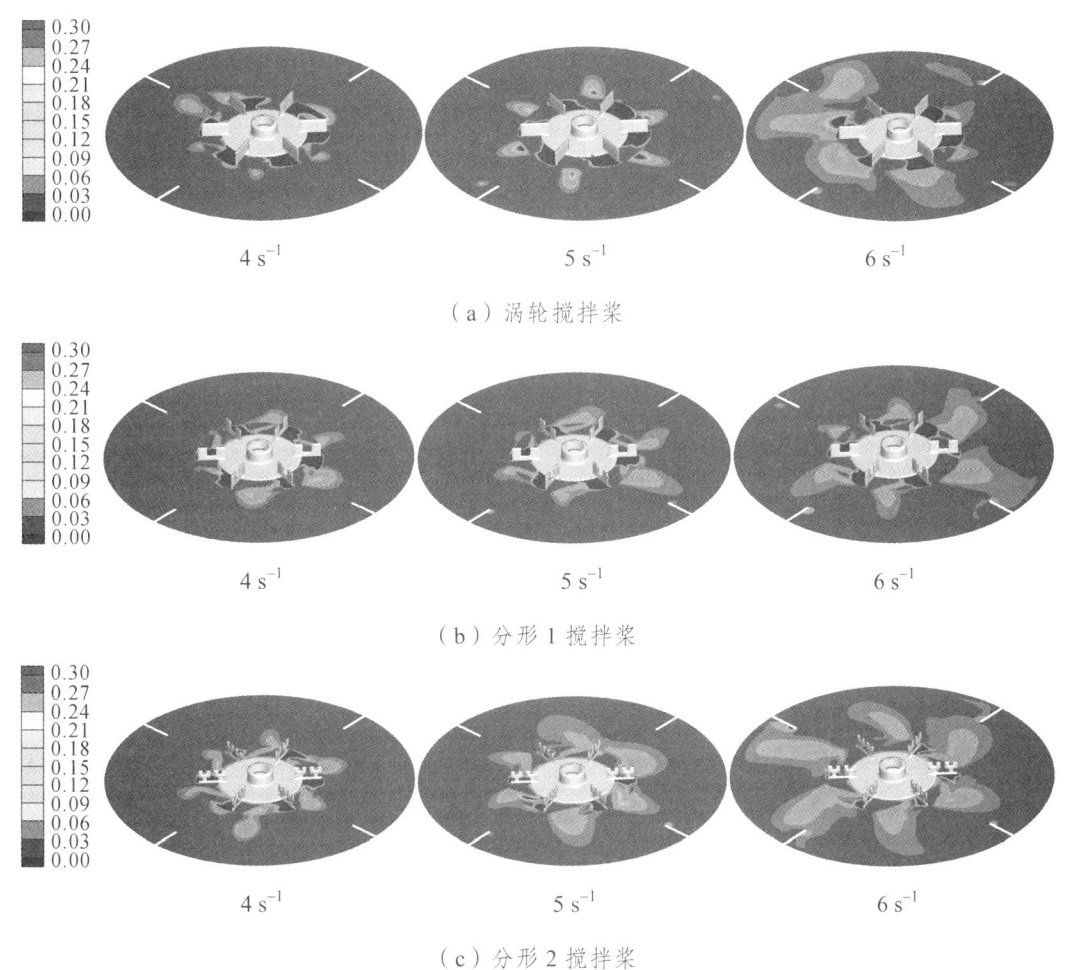

图 5.27　不同搅拌系统的桨叶所在平面气含率云图

2. 搅拌转速对局部气含率影响

图 5.28 为分形 2 搅拌体系在不同搅拌转速下的气含率云图。由图 5.28 可知，在搅拌转速较低（即 1 s^{-1}）的情况下，搅拌槽内易出现气泛现象，气体直接穿过桨叶沿着搅拌轴上升到液面，气体在液体中的分散性较差。随着转速的增加，更多的气体随着液体运动到全槽，气

体的分散性变好。同时，由图 5.29 可以看出，远离搅拌桨区域的流场局部气含率随着搅拌转速的增加而得到相应增加。

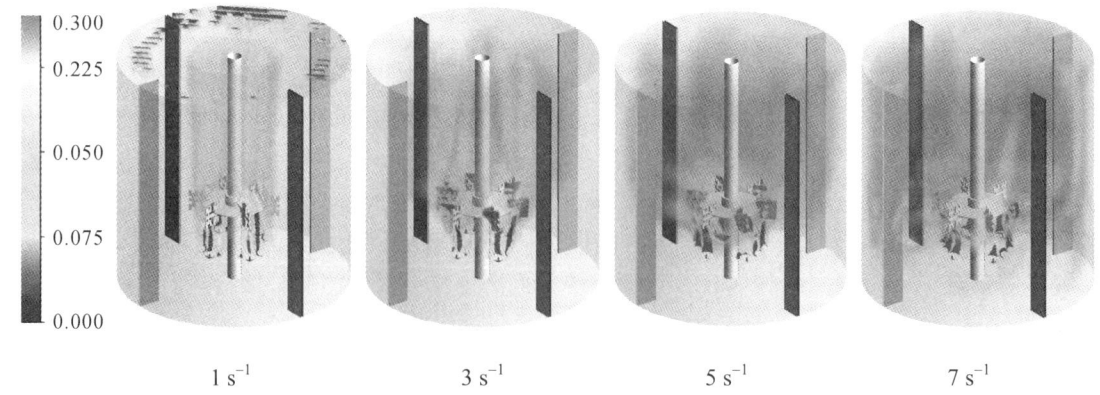

图 5.28　分形 2 搅拌桨体系中不同转速下的气含率云图

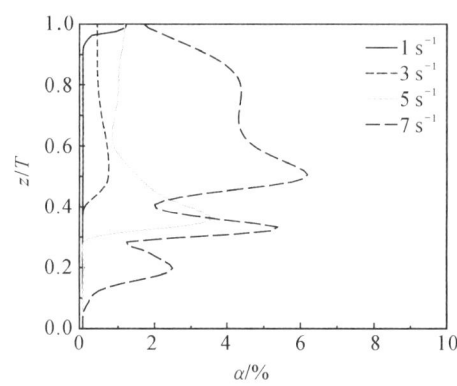

图 5.29　分形 2 搅拌桨体系中不同转速下的轴向分布（$r/R=0.8$）

3. 气体流量对气含率影响

图 5.30 为分形 2 搅拌桨体系在搅拌转速 $N=5\ \mathrm{s}^{-1}$ 时不同气体流量的条件下搅拌槽 $Y=0$ 平面上的气含率分布云图。如图 5.30 所示，在同一气体速度下搅拌桨附近区域的气含率较大，随着气体流速的增加，搅拌槽内各处位置的局部气含率也相应增加。

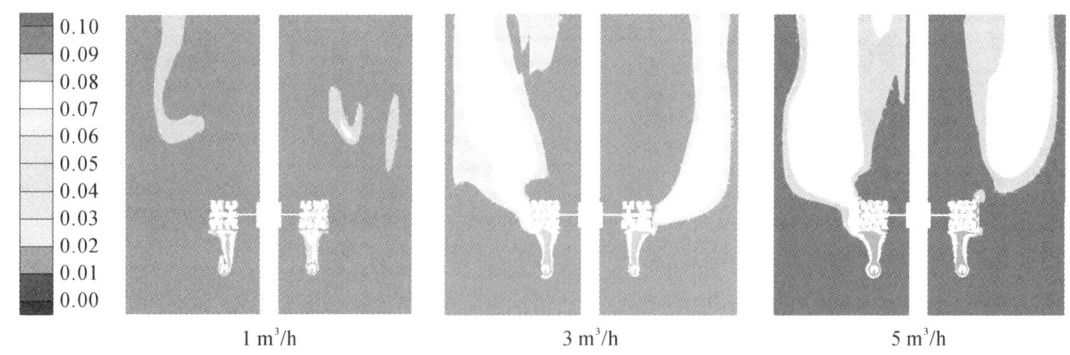

图 5.30　分形 2 搅拌桨在不同气体流量下 $Y=0$ 平面气含率云图

4. 气穴结构

图 5.31 为不同搅拌体系在 $N=5\ \text{s}^{-1}$ 时桨叶背后的气穴结构图。如图 5.31 所示，在涡轮搅拌桨体系中，大量气体积聚在桨叶背后区域，导致气体弥散性较差。而分形搅拌桨在旋转过程中桨叶的凹凸边缘会产生一系列高速射流，这些高速射流会破坏桨叶背后的气穴结构，使更多的气体分散到液相中去。随着分形迭代次数的增加，分形搅拌桨能够进一步地减小气穴尺寸。为了更为清楚地验证这一现象，对桨叶背后的压力大小进行了研究。图 5.32 中桨叶背面的体积结构为压力在 -700 Pa 以下的区域。从图 5.32 中可以看出，在涡轮搅拌体系中，桨叶背面存在较大的负压区，这也是涡轮搅拌桨后面形成较大气穴的主要原因。负压区的形成使得大量的气体聚集在此区域。同时，从图中也可观察到，分形搅拌桨可以减小负压区和气体聚集，负压区随着分形搅拌桨的分形迭代次数的增加而减小，有利于气体的分散过程。

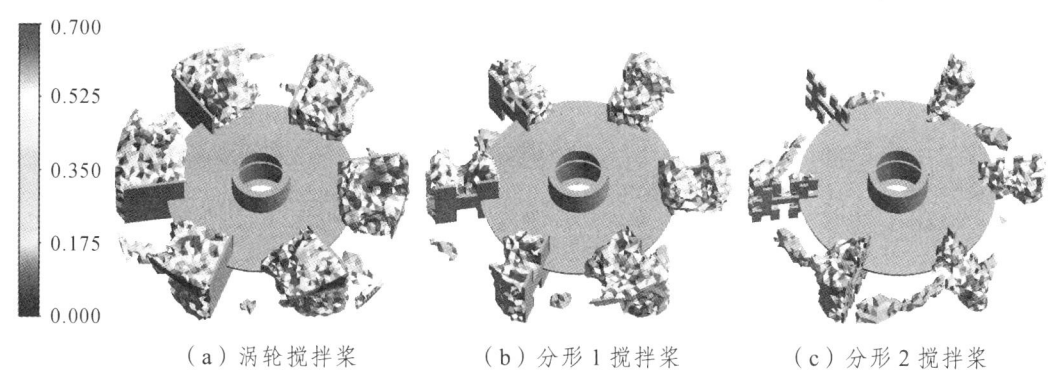

（a）涡轮搅拌桨　　　　（b）分形 1 搅拌桨　　　　（c）分形 2 搅拌桨

图 5.31　不同搅拌桨背后的气穴结构（$N=5\ \text{s}^{-1}$）

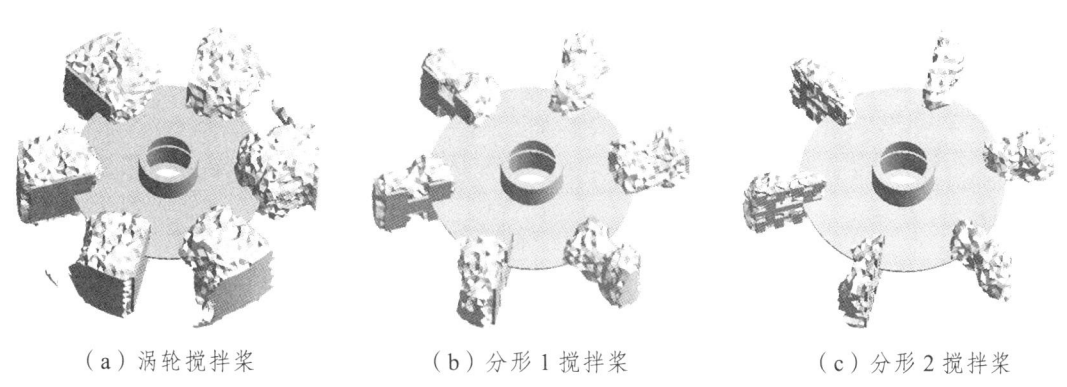

（a）涡轮搅拌桨　　　　（b）分形 1 搅拌桨　　　　（c）分形 2 搅拌桨

图 5.32　不同搅拌体系中桨叶背面压力在 -700 Pa 以下的区域（$N=5\ \text{s}^{-1}$）

5. 桨叶类型对气泡尺寸影响

图 5.33 为不同搅拌桨体系中桨叶所在平面的气泡尺寸云图。如图 5.33 所示，在气液混合体系中，桨叶背后气穴区域的气泡尺寸要大于其他区域。如前所述，大量气体聚集在桨叶背后的气穴区域，气泡之间的聚并速率增加，气泡尺寸在这些区域变大。研究发现，分形搅拌桨可以通过桨叶边缘的凹凸结构在旋转过程中产生一系列高速射流，破坏桨叶背后的气体聚积现象，加强气泡破碎过程，减小气泡尺寸。同时，随着分形搅拌桨的分形迭代次数的增加，搅拌桨所在平面上的气泡尺寸减小。

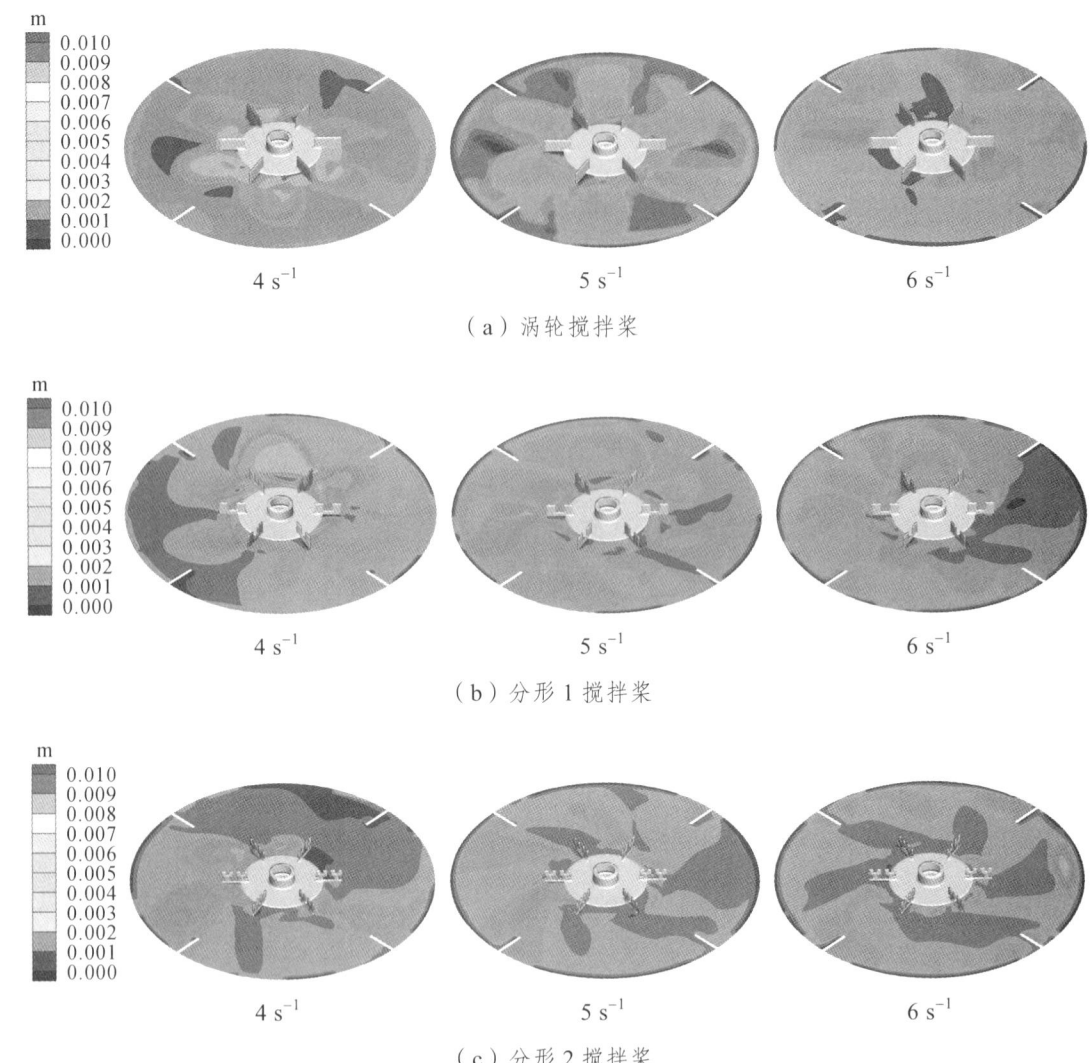

（a）涡轮搅拌桨

（b）分形1搅拌桨

（c）分形2搅拌桨

图 5.33　不同搅拌系统的桨叶所在平面气泡尺寸云图

6. 搅拌转速对气泡尺寸影响

图 5.34 为分形 2 搅拌桨在不同搅拌转速下搅拌槽 $Y=0$ 平面气泡尺寸云图。从图 5.34 中可以看出，搅拌槽底部区域的气泡尺寸较小，这是由于从气体分布器出来的气泡很少，部分随着流体循环至搅拌槽底部，进而使得搅拌槽底部区域的气泡尺寸较小。从气体分布器出来的气泡上浮至下层桨叶附近，受到桨叶的剪切作用发生破碎，桨叶附近区域的气泡尺寸减小。随着气泡上浮至循环区，气泡之间的碰撞机会增多，气泡之间聚并的几率增大，因而气泡尺寸变大。当搅拌转速较低时，气体的浮力超过了搅拌桨的泵送能力，气体沿搅拌轴呈直线上升，在上升过程中会聚集大量气泡，气泡的大小也随之增大。随着搅拌转速的增加，搅拌桨的剪切力和泵送能力增大，气泡尺寸变小，气体的分散性变好。

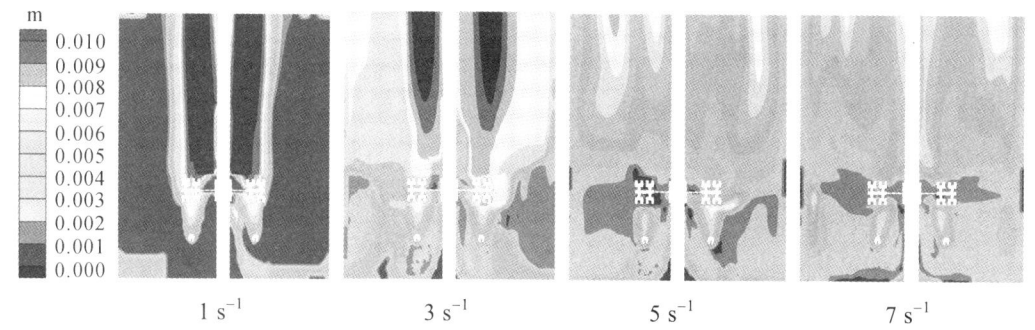

图 5.34　分形 2 搅拌桨在不同搅拌转速下搅拌槽 $Y=0$ 平面气泡尺寸云图

7. 气体流量对气泡尺寸影响

图 5.35 为分形 2 搅拌桨体系在搅拌转速 $N=5\ \text{s}^{-1}$ 时不同气体流量的条件下搅拌槽 $Y=0$ 平面上的气泡尺寸分布云图。随着气速的增大，进入搅拌槽内的气泡数量增大，气泡与气泡聚并的几率增加，气液体系中的气泡尺寸随之增大。

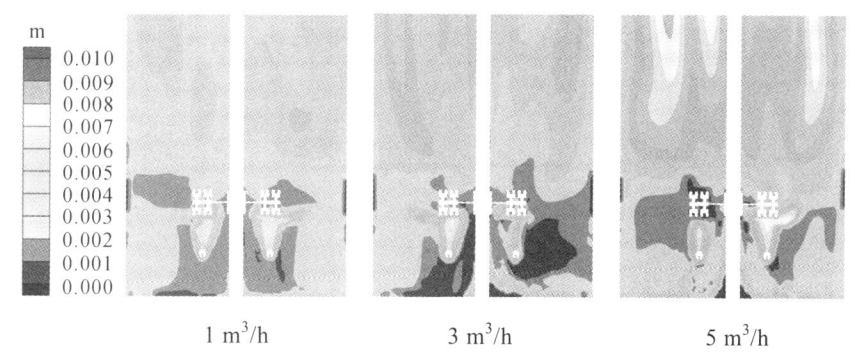

图 5.35　分形 2 搅拌桨在不同气体流量下 $Y=0$ 平面气泡尺寸云图

8. 湍动特性

搅拌槽内气液两相的分散特性与搅拌体系的湍流强度密切相关。图 5.36 为搅拌转速 $N=5\ \text{s}^{-1}$ 时搅拌桨所在平面的湍流强度分布云图。如图 5.36 所示，与涡轮搅拌桨相比，分形搅拌桨可以显著增强湍流强度，且随着分形搅拌桨的分形迭代次数的增加，气液混合体系的湍流强度可以得到进一步提高。这在很大程度上是由于分形搅拌桨在旋转过程中会通过其凹凸的边缘产生一系列高速射流，增大流体之间的速度梯度，进而增强流体的湍动程度，有利于气体的分散过程。图 5.37 为搅拌转速 $N=5\ \text{s}^{-1}$ 时搅拌桨所在平面的湍动能耗散率分布云图。如图 5.37 所示，在相同工况下，分形搅拌桨能够显著提高流体的湍动能耗散率，促进搅拌桨能量向流场远端传递，且随着分形搅拌桨的分形迭代次数的增加，这种趋势更加显著。

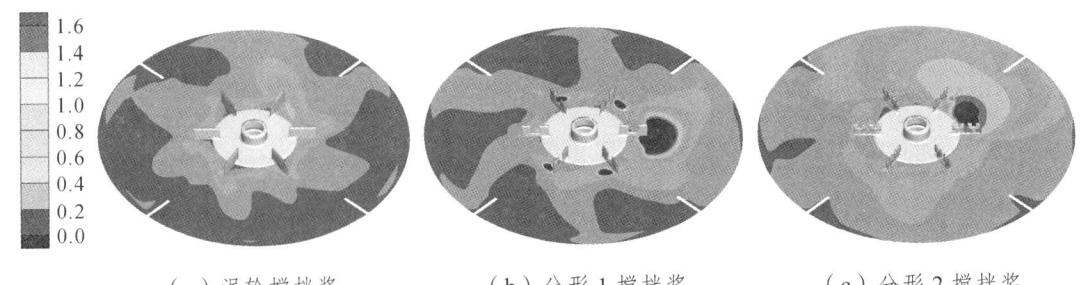

（a）涡轮搅拌桨　　　　　（b）分形 1 搅拌桨　　　　　（c）分形 2 搅拌桨

图 5.36　不同搅拌体系中搅拌桨所在平面的湍动强度分布云图

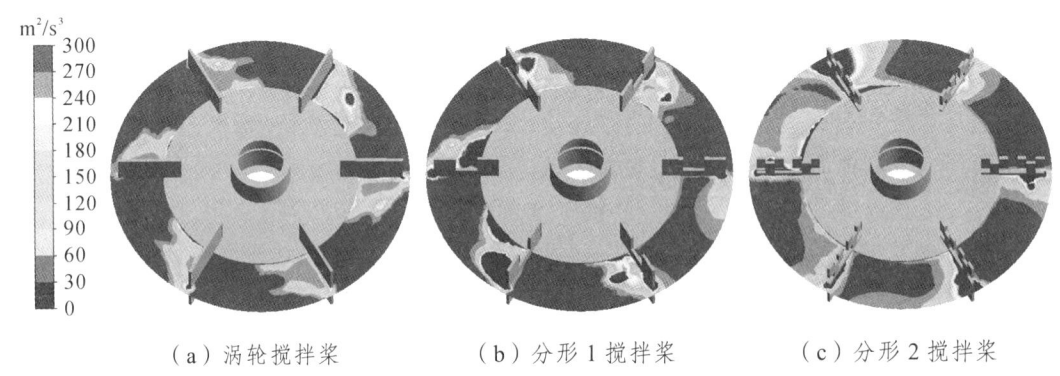

（a）涡轮搅拌桨　　　　　（b）分形 1 搅拌桨　　　　　（c）分形 2 搅拌桨

图 5.37　不同搅拌体系中搅拌桨所在平面的湍动能耗散率分布云图

5.4　本章小结

本章利用实验和数值模拟研究了双层搅拌桨和单层搅拌桨体系中气液两相混合过程的混沌特性和流场特性。得出以下结论：

（1）分形搅拌桨能够提高气液混合体系的 LLE 值和 MSE 值，增强气液混合体系的混沌程度，强化气液两相的混合过程。随着分形搅拌桨的分形迭代次数的增加，气液混合体系的混沌程度进一步增大。

（2）分形搅拌桨可以减小其在单相液体中的功率准数（N_p），提高相对功率消耗（RPD），增加搅拌桨的能量利用率及桨叶载气能力，提高搅拌槽内气液两相的分散特性，强化气液两相的混合过程。随着分形搅拌桨的分形迭代次数的增加，搅拌槽内气液两相分散的均匀性进一步增大。

（3）分形搅拌桨能够通过自身的凹凸边缘结构增大对气泡的剪切作用，减小气泡尺寸，让气液混合体系中的气泡尺寸更均匀，随着分形搅拌桨的分形迭代次数的增加，这种现象更为明显。

（4）分形搅拌桨能够通过自身旋转产生一系列高速射流，破坏桨叶背后的气穴结构，增强流体的湍动程度，增大流体的湍动耗散率，提高气体的分散性，且随着分形搅拌桨的分形迭代次数的增加，这种效果更为显著。

参考文献

[1] LIU C Q, YAN Y H, LU P. Physics of turbulence generation and sustenance in a boundary layer[J]. Computers & Fluids, 2014, 102: 353-384.

[2] SZEZECH J D, SCHELIN A B, CALDAS I L, et al. Finite-time rotation number: a fast indicator for chaotic dynamical structures[J]. Physics Letters A, 2013, 377(6): 452-456.

[3] ELDREDGE J D, PISANI D. Passive locomotion of a simple articulated fish-like system in the wake of an obstacle[J]. Journal of Fluid Mechanics, 2008, 607: 279-288.

[4] CAMPBELL R L, PATERSON E G. Fluid-structure interaction analysis of flexible turbomachinery[J]. Journal of Fluids and Structures, 2011, 27(8): 1376-1391.

[5] CHEN F L, LIU L W, LAN X, et al. The study on the morphing composite propeller for marine vehicle. Part I: Design and numerical analysis[J]. Composite Structures, 2017, 168: 746-757.

[6] DAS H N, KAPURIA S. On the use of bend-twist coupling in full-scale composite marine propellers for improving hydrodynamic performance[J]. Journal of Fluids and Structures, 2016, 61: 132-153.

[7] PAIK B G, KIM G D, KIM K Y, et al. Investigation on the performance characteristics of the flexible propellers[J]. Ocean Engineering, 2013, 73: 139-148.

[8] MOTLEY M R, YOUNG Y L. Performance-based design and analysis of flexible composite propulsors[J]. Journal of Fluids and Structures, 2011, 27(8): 1310-1325.

[9] 刘作华, 郑雄攀, 朱俊, 等. 一种刚柔组合的搅拌桨: ZL103721606A[P]. 2014.

[10] PAUL E L, ATIEMO-OBENG V, KRESTA S M, et al. Handbook of industry mixing : science and practice[M]. Hoboken: John Wiley & Sons, Inc., 2003.

[11] 陈志平, 章旭文, 林兴华, 等. 搅拌与混合设备设计选用手册[M]. 北京: 化学工业出版社, 2004.

[12] 王华, 徐建新, 房辉. 多相体系搅拌混合效果评价技术[M]. 北京: 科学出版社, 2012.

[13] MURTHY B N, GHADGE R S, JOSHI J B. CFD simulations of gas-liquid-solid stirred reactor: prediction of critical impeller speed for solid suspension[J]. Chemical Engineering Science, 2007, 62(24): 7184-7195.

[14] PANNEERSELVAM R, SAVITHRI S, SURENDER G D. CFD modeling of gas-liquid-solid mechanically agitated contactor[J]. Chemical Engineering Research and Design, 2008, 86(12): 1331-1344.

[15] SARDESHPANDE M V, SAGI A R, JUVEKAR V A, et al. Solid suspension and liquid phase mixing in solid-liquid stirred tanks[J]. Industrial & Engineering Chemistry Research, 2009, 48(21): 9713-9722.

[16] 刘作华，孙瑞祥，王运东，等. 刚柔组合搅拌桨强化流体混沌混合[J]. 化工学报，2014，65（9）：3340-3349.

[17] 刘作华，曾启琴，王运东，等. 柔性桨强化高黏度流体混合的能效分析[J]. 化工学报，2013，64（10）：3620-3625.

[18] 刘作华，陈超，刘仁龙，等. 刚柔组合搅拌桨强化搅拌槽中流体混沌混合[J]. 2014，65（1）：61-70.

[19] 刘作华，杨鲜艳，谢昭明，等. 柔性桨与自浮颗粒协同强化高黏度流体混沌混合[J]. 化工学报，2013，64（8）：2794-2800.

[20] LIU Z H, ZHENG X P, LIU D, et al. Enhancement of liquid-liquid mixing in a mixer-settler by a double rigid-flexible combination impeller[J]. Chemical Engineering and Processing: Process Intensification, 2014, 86: 69-77.

[21] 黄永念. 非线性动力学引论[M]. 北京：北京大学出版社，2010.

[22] 罗朝俊. 非线性变形体动力学[M]. 北京：高等教育出版社，2011.

[23] 刘秉正，彭建华. 非线性动力学[M]. 北京：高等教育出版社，2004.

[24] 田逢春. 混沌与分形：科学的新疆界[M]. 北京：国防工业出版社，2008.

[25] SHAO H, SHI Y M, ZHU H. On distributional chaos in non-autonomous discrete systems[J]. Chaos, Solitons and Fractals, 2018, 107: 234-243.

[26] KHALID M S U, AKHTAR I, DONG H B. Bifurcations and route to chaos for flow over an oscillating airfoil[J]. Journal of Fluids and Structures, 2018, 80: 262-274.

[27] ALVES P R L, DUARTE L G S, MOTA L A C P. A new characterization of chaos from a time series[J]. Chaos, Solitons and Fractals, 2017, 104: 323-326.

[28] DESHPANDE A S, GEJJI V D. On disappearance of chaos in fractional systems[J]. Chaos, Solitons and Fractals, 2017, 102: 119-126.

[29] AREF H. Stirring by chaotic advection[J]. Journal of Fluid Mechanics, 1984, 143: 1-21.

[30] AREF H, BALACHANDAR S. Chaotic advection in a Stokes flow[J]. Phys Fluids, 1986, 29(11): 3515-3521.

[31] OTTINO J M. The kinematics of mixing: stretching, chaos and transport[M]. Cambridge: Cambridge University Press, 1989.

[32] WOZIWODZKI S, JEDRZEJCZAK L. Effect of eccentricity on laminar mixing in vessel stirred by double turbine impellers[J]. Chemical Engineering Research and Design, 2011, 89(11): 2268-2278.

[33] ALVAREZ M M, GUZMAN A, ELIAS M. Experimental visualization of mixing pathologies in laminar stirred tank bioreactor[J]. Chemical Engineering Science, 2005, 60(9): 2449-2457.

[34] LAMBERTO D J, MUZZIO F J, SWANSON P D. Computational analysis of regular and chaotic mixing in a stirred tank reactor[J]. Chemical Engineering Science, 2001, 56(12): 4887-4889.

[35] YAO W G, SATO H, TAKAHASHI K, et al. Mixing performance experiments in impeller stirred tanks subjected to unsteady rotational speeds[J]. Chemical Engineering Science, 1998, 53(17): 3031-3040.

[36] 栾德玉，周慎杰，陈颂英. 错位六弯叶搅拌槽内假塑性流体的混合特性[J]. 高校化学工程学报，2012，26（5）：787-792.

[37] AYRANCI I, KRESTA S M. Design rules for suspending concentrated mixtures of solids in stirred tanks[J]. Chemical Engineering Research and Design, 2011, 89(10): 1961-1971.

[38] 杨士芳. 气-液-固三相搅拌槽反应器的数值模拟与实验研究[D]. 北京：中国科学院大学，2016.

[39] 任杰. 搅拌反应器流场与动力性能的模拟及实验研究[D]. 郑州：郑州大学，2007.

[40] 程绍杰. 搅拌式生物反应器的模拟、优化设计与放大研究[D]. 大连：大连理工大学，2009.

[41] 周贵生. 大型轴流式底搅拌釜的流场计算[D]. 镇江：江苏大学，2009.

[42] 王凯，冯连芳. 混合设备设计[M]. 北京：机械工业出版社，2000.

[43] JESUS S S D, NETO J M, FILHO R M. Hydrodynamics and mass transfer in bubble column, conventional airlift, stirred airlift and stirred tank bioreactors, using viscous fluid: a comparative study[J]. Biochemical Engineering Journal, 2017, 118: 70-81.

[44] 丁杨. 双层搅拌体系中固液两相流的数值模拟研究[D]. 上海：华东理工大学，2015.

[45] 陈超. 刚柔组合桨强化流体混沌混合行为的研究[D]. 重庆：重庆大学，2014.

[46] SHAN X G, YU G Z, YANG C, et al. Numerical simulation of liquid-solid flow in an unbaffled stirred tank with a pitched-blade turbine downflow[J]. Industrial & Engineering Chemistry Research, 2008, 47(9): 2926-2940.

[47] DOHI N, TAKAHASHI T, MINEKAWA K, et al. Power consumption and solid suspension performance of large-scale impellers in gas-liquid-solid three-phase stirred tank reactors[J]. Chemical Engineering Journal, 2004, 97(3): 103-114.

[48] SHARMA R N, SHAIKH A A. Solids suspension in stirred tanks with pitched blade turbines[J]. Chemical Engineering Journal, 2003, 58(10): 2123-2140.

[49] BUFFO M M, CORREA L J, ESPERANCA M N, et al. Influence of dual-impeller type and configuration on oxygen transfer, power consumption, and shear rate in a stirred tank bioreactor[J]. Biochemical Engineering Journal, 2016, 114: 130-139.

[50] OCHIENG A, ONYANGO M S, KUMAR A, et al. Mixing in a tank stirred by a Rushton turbine at a low clearance[J]. Chemical Engineering and Processing, 2008, 47(5): 842-851.

[51] DEVI T T, KUMAR B. Mass transfer and power characteristics of stirred tank with Rushton and curved blade impeller[J]. Engineering Science and Technology, 2017, 20(2): 730-737.

[52] OLEMSKOI A I, KLEPIKOV V F. The theory of spatiotemporal pattern in nonequilibrium systems[J]. Physics Reports, 2000, 338(6): 571-677.

[53] KELLEY D H, OUELLETTE N T. Separating stretching from folding in fluid mixing[J]. Nature Physics, 2011, 7(6): 477-480.

[54] CHENG J C, YANG C, MAO Z S, et al. CFD modeling of nucleation, growth, aggregation

and breakage in continuous precipitation of barium sulfate in a stirred tank[J]. Industrial & Engineering Chemistry Research, 2009, 48(15): 6992-7003.

[55] 孙瑞祥. 柔性桨强化搅拌槽混沌混合的 CFD 研究[D]. 重庆：重庆大学，2013.

[56] 冯连芳，王嘉骏. 固液相反应器[M]. 北京：化学工业出版社，2010.

[57] YIANNESKIS Y M, DUCCI A. Three-dimensional deformation dynamics of trailing vortex structures in a stirred vessel[J]. Industrial & Engineering Chemistry Research, 2009, 48(17): 8148-8158.

[58] LI Z P, HU M T, BAO Y Y, et al. Particle image velocimetry experiments and large eddy simulations of merging flow characteristics in dual Rushton turbine stirred tanks[J]. Industrial & Engineering Chemistry Research, 2012, 51(5): 2438-2450.

[59] KARRAY S, DRISS Z, KCHAOU H. Numerical simulation of fluid-structure interaction in a stirred vessel equipped with an anchor impeller[J]. Journal of Mechanical Science and Technology, 2011, 25(7): 1749-1760.

[60] GLÜCK M, BREUER M, DURST F, et al. Computation of wind-induced vibrations of flexible shells and membranous structures[J]. Journal of Fluids and Structures, 2003, 17(5): 739-765.

[61] FAJNER D, PINELI D, GHADGE R S, et al. Solids distribution and rising velocity of buoyant solid particles in a vessel stirred with multiple impellers[J]. Chemical Engineering Science, 2008, 63(24): 5876-5882.

[62] 杨锋苓，周慎杰，张翠勋，等. 偏心搅拌槽固液悬浮特性[J]. 过程工程学报，2008，8（6）：1064-1069.

[63] 李亚飞. 偏心搅拌槽内流动和混合特性实验研究[D]. 北京：北京化工大学，2017.

[64] 杨瑞，周肇义，蒋述曾. 新型高效射流搅拌发酵罐的开发和应用[J]. 食品与发酵工业，1999，25（5）：41-46.

[65] 刘静，欧阳峰，王能勤. 新型穿流式搅拌器在固-液系统中的搅拌性能研究[J]. 四川联合大学学报（工程科学版），1999，3（2）：48-53.

[66] 欧阳锋. 新型穿流式搅拌桨在湿法磷酸反应器中的应用[J]. 西南交通大学学报，2000，35（2）：145-147.

[67] BAO Y Y, YANG J, WANG B J, et al. Influence of impeller diameter on local gas dispersion properties in a sparged multi-impeller stirred tank[J]. Chinese Journal of Chemical Engineering, 2015, 23(6): 615-622.

[68] ZHANG J J, GAO Z M, CAI Y T, et al. Power consumption and mass transfer in a gas-liquid-solid stirred tank reactor with various triple-impeller combinations[J]. Chemical Engineering Science, 2017, 170: 464-475.

[69] 龙建刚，包云雨，高正明. 搅拌槽内不同桨型组合的气-液分散特性[J]. 北京化工大学学报，2005，32（5）：1-5.

[70] MYERS K J, THOMAS A J, BAKKER A, et al. Performance of a gas dispersion impeller with vertically asymmetric blades[J]. Chemical Engineering Research and Design, 1999, 77(8): 728-730.

[71] SMITH J M, KATSANEVAKIS A N. Impeller power demand in mechanically agitated boiling systems[J]. Chemical Engineering Research and Design, 1993, 71(2): 145-152.

[72] 马志超，包雨云，高娜，等. 不同叶片形状盘式涡轮搅拌桨的气-液分散特性[J]. 过程工程学报，2009，9（5）：854-859.

[73] 李良超. 气液反应器局部分散特性的实验与数值模拟[D]. 杭州：浙江大学，2010.

[74] BASHIRI H, BERTRAND F, CHAOUKI J. Development of a multiscale model for the design and scale-up of gas/liquid stirred tank reactors[J]. Chemical Engineering Journal, 2016, 297: 277-294.

[75] KHOPKAR A R, TANGUY P A. CFD simulation of gas-liquid flows in stirred vessel equipped with dual Rushton turbines: influence of parallel, merging and diverging flow configurations[J]. Chemical Engineering Science, 2008, 63(14): 3810-3820.

[76] FAN L, MAO Z S, WANG Y D. Numerical simulation of turbulent solid-liquid two-phase flow and orientation of slender particles in a stirred tank[J]. Chemical Engineering Science, 2005, 60(9): 7045-7056.

[77] ALCAMO R, MICALE G, GRISAFI F, et al. Large-eddy simulation of turbulent flow in an unbaffled stirred tank driven by a Rushton turbine[J]. Chemical Engineering Science, 2005, 60(9): 2303-2316.

[78] XIA H, TUCKER P G, DAWES W N. Level sets for CFD in aerospace engineering[J]. Progress in Aerospace Sciences, 2010, 46(7): 274-283.

[79] ZHAO R, ZHOU L, MA J S. CFD design of ventilation system for large underground bus terminal in macau barrier gate[J]. Journal of Wind Engineering & Industrial Aerodynamics, 2018, 179: 1-13.

[80] MA J X, CHANG J T, MA J C, et al. Mathematical modeling and characteristic analysis for over-under turbine based combined cycle engine[J]. Acta Astronautica, 2018, 148: 141-152.

[81] LANE G L. Improving the accuracy of CFD predictions of turbulence in a tank stirred by a hydrofoil impeller[J]. Chemical Engineering Science, 2017, 169(9): 188-211.

[82] LUAN D Y, ZHANG S F, WEI X, et al. Effect of the 6PBT stirrer eccentricity and off-bottom clearance on mixing of pseudoplastic fluid in a stirred tank[J]. Results in Physics, 2017, 7: 1079-1085.

[83] 刘作华，曾启琴，杨鲜艳，等. 刚柔组合搅拌桨与刚性桨调控流场结构的对比[J]. 化工学报，2014，65（6）：2078-2084.

[84] KASAT G R, KHOPKAR A R, RANADE V V, et al. CFD simulation of liquid-phase mixing in solid-liquid stirred reactor[J]. Chemical Engineering Science, 2008, 63(15): 3877-3885.

[85] TAMBURINI A, CIPOLLINA A, MICALE G, et al. CFD simulation of dense solid-liquid suspensions in baffled stirred tank: predictions of suspension curves[J]. Chemical Engineering Journal, 2011, 178: 324-341.

[86] QI N N, ZHANG H, ZHANG K, et al. CFD simulation of particle suspension in a stirred tank[J]. Particuology, 2011, 11(3): 317-326.

[87] HOSSEINI S, PATEL D, EIN-MOZAFFARI F, et al. Study of solid-liquid mixing in agitated tanks through computational fluid dynamics modeling[J]. Industrial & Engineering Chemistry Research, 2010, 49(9): 4426-4435.

[88] ZHAO H L, ZHANG Z M, ZHANG T A, et al. Experimental and CFD studies of solid-liquid slurry tank stirred with an improved Intermig impeller[J]. Transactions of Nonferrous Metals Society of China, 2014, 24(8): 2650-2659.

[89] 朱桂华, 张丽欣, 马凯, 等. 错位桨搅拌槽内污泥与固体颗粒混合过程的数值模拟[J]. 过程工程学报, 2016, 16（3）: 402-406.

[90] 徐伟幸. 对数螺旋面搅拌叶轮设计及固液搅拌流动研究[D]. 镇江: 江苏大学, 2013.

[91] KERDOUSS F, BANNARI A, PROULX P. CFD modeling of gas dispersion and bubble size in a double turbine stirred tank[J]. Chemical Engineering Science, 2006, 61(10): 3313-3322.

[92] MONTANTE G, HORN D, PAGLIANTI A. Gas-liquid flow and bubble size distribution in stirred tanks[J]. Chemical Engineering Science, 2008, 63(8): 2107-2118.

[93] WANG H, JIA X, WANG X, et al. CFD modeling of hydrodynamic characteristics of a gas-liquid two-phase stirred tank[J]. Applied Mathematical Modelling, 2014, 38(1): 63-92.

[94] BUFFO A, VANNI M, MARCHISIO D L. Multidimensional population balance model for the simulation of turbulent gas-liquid systems in stirred tank reactors[J]. Chemical Engineering Science, 2012, 70: 31-44.

[95] MIN J, BAO Y Y, GAO Z M, et al. Numerical simulation of gas dispersion in an aerated stirred reactor with multiple impellers[J]. Industrial & Engineering Chemistry Research, 2008, 47(18): 7112-7117.

[96] KÁLAL Z, JAHODA M, FOR̆T I, CFD prediction of gas-liquid flow in an aeratedstirred vessel using the population balance model[J]. Chemical Process Engineering. 2014, 35(1): 55-73.

[97] GIMBUN J, RIELLY C D, NAGY Z K. Modelling of mass transfer in gas-liquid stirred tanks agitated by Rushton turbine and CD-6 impeller: a scale-up study[J]. Chemical Engineering Research and Design, 2009, 87(4): 437-451.

[98] 苏顺开, 季新跃, 郑志永, 等. 新型搅拌桨用于黄原胶溶液气液传质的计算流体力学模拟[J]. 化学工程, 2010, 38（10）: 171-176.

[99] YANG F L, ZHOU S J, AN X H. Gas-liquid hydrodynamics in a vessel stirred by dual dislocated-blade Rushton impellers[J]. Chinese Journal of Chemical Engineering, 2015, 23(11): 1746-1754.

[100] 楚树坡, 周慎杰, 栾德玉, 等. 混沌转速搅拌混合及实验研究[J]. 过程工程学报, 2010, 10（4）: 650-654.

[101] YEK W M, NOUI-MEHIDI M N, PARTHASARATHY R. Intensification of flow characteristics in a laminar flow stirred tank using modified impeller designs[J]. Journal of Chemical Engineering of Japan, 2010, 43(1): 13-16.

[102] BAO Y Y, LU Y, LIANG Q Q, et al. Power demand and mixing performance of coaxial

[103] ZHANG Z, CHEN G. Liquid mixing enhancement by chaotic perturbations in stirred tanks[J]. Chaos Solitons & Fractals, 2008, 36(1): 144-149.

[104] ZHANG Y. New prediction of chaotic time series based on local Lyapunov exponent[J]. Chinese Physics B, 2013, 22(5): 195-201.

[105] 刘作华，许恢琴，谷德银，等. 单层钢丝柔性桨强化搅拌槽中流体混沌混合行为[J]. 化工学报，2017, 68（12）：4592-4599.

[106] 刘作华，王运东，陶长元. 流体混沌混合及搅拌过程强化方法[M]. 重庆：重庆大学出版社，2016.

[107] 杨红，王帆，王呈祥，等. 穿流型搅拌器结构参数优化[J]. 2015，37（1）：39-43.

[108] 姜晖琼. 穿流式搅拌器固液悬浮的搅拌机理[J]. 石油化工设备，2013，42（增1）：9-12.

[109] KATO Y, TADA Y, BAN M, et al. Improvement of mixing efficiencies of conventional impeller with unsteady speed in an impeller revolution[J]. Journal of Chemical Engineering of Japan, 2005, 38(9): 688-691.

[110] 舒斯特. 混沌学引论[M]. 成都：四川教育出版社，2010.

[111] 郝柏林. 混沌与分形[M]. 上海：上海科学技术出版社，2015.

[112] 钟云霄. 混沌与分形浅谈[M]. 北京：北京大学出版社，2010.

[113] 斯蒂伯. 非线性系统手册[M]. 北京：电子工业出版社，2013.

[114] 朱红钧. FLUENT 15.0 流场分析实战指南[M]. 北京：人民邮电出版社，2014.

[115] 唐家鹏. ANSYS FLUENT 16.0 超级学习手册[M]. 北京：人民邮电出版社，2016.

[116] 李鹏飞，徐敏义，王飞飞. 精通 CFD 工程仿真与案例实战[M]. 北京：人民邮电出版社，2017.

[117] VESSE J G. Mixing by agitation of miscible liquids[J]. Chemical Engineering Science, 1995, 45(4): 178-209.

[118] TAKAHASHI K, SASAKI S. Complete drawdown and dispersion of floating solids in agitated vessel equipped with ordinary impellers[J]. Journal of Chemical Engineering of Japan, 1999, 32(1): 40-44.

[119] Barresi A, Baldi G. Solid dispersion in an agitated vessel: effect of particle shape and density[J]. Chemical Engineering Science, 1987, 42(12): 2949.

[120] MICHELETTI M, NIKIFORAKI L, LEE K C, et al. Particle concentration and mixing characteristics of moderate-to-dense solid-liquid suspensions[J]. Industrial & Engineering Chemistry Research, 2003, 42(24): 6236-6249.

[121] BALDI G, CONTI R, ALARIA E. Complete suspension of particles in mechanically agitated vessels[J]. Chemical Engineering Science, 1978, 33(1): 21-25.

[122] SHAO T, HU Y Y, WANG W T, et al. Simulation of solid suspension in a stirred tank using CFD-DEM coupled approach[J]. Chinese Journal of Chemical Engineering, 2013, 21(10): 1069-1081.

[123] KEEY R B. Interpreting mixing with isotropic turbulence theory[J]. British Chemical Enginnering, 1967, 12(7): 1081.

[124] TERVASMAKI P, TIIHONEN J, OJAMO H. Comparison of solids suspension criteria based on electrical impedance tomography and visual measurements[J]. Chemical Engineering Science, 2014, 116: 128-135.

[125] JAFARI R, TANGUY P A, CHAOUKI J. Experimental Investigation on solid dispersion, power consumption and scale-up in moderate to dense solid-liquid suspensions[J]. Chemical Engineering Research & Design, 2012, 90(2): 201-212.

[126] MONTANTE G, MICALE G, MAGELLI F, et al. Experiments and CFD predictions of solid particle distribution in a vessel agitated with four pitched blade turbines[J]. Chemical Engineering Research & Design, 2001, 79(8): 1005-1010.

[127] SHA Z L, PALOSAARI S, OINAS P, et al. CFD simulation of solid suspension in a stirred tank[J]. Journal of Chemical Engineering of Japan, 2001, 34: 621-626.

[128] DERKSEN J J. Numerical simulation of solid suspension in a stirred tank[J]. AICHE Journal, 2003, 49: 2700-2714.

[129] TAMBURINI A, CIPOLLINA A, CIOFALO M, et al. Dense solid-liquid off-bottom suspension dynamics: simulation and experiment[J]. Chemical Engineering Research & Design, 2009, 87(4): 587-597.

[130] ZHANG X, AHMADI G. Eulerian-Lagaranian simulations of liquid-gas-solid flows in three-phase slurry reactors[J]. Chemical Engineering Science, 2005, 60: 5089-5104.

[131] TAMBURINI A, CIPOLLINA A, MICALE G, et al. CFD simulation of dense solid-liquid suspensions in baffled stirred tank: predictions of the minimum impeller speed for complete suspension[J]. Chemical Engineering Journal, 2012, 193: 234-255.

[132] OCHIENG A, LEWIS A E. CFD simulation of solids off-bottom suspension and cloud height[J]. Hydrometallurgy, 2006, 82(1): 1-12.

[133] LAUNDER B E, SPALDING D B. The numerical computation of turbulent flows[J]. Computer Methods in Applied Mechanics and Engineering, 1974, 3(2): 269-289.

[134] ALTWAY A, SETYAWAN H, MARGONO M, et al. Effect of particle size on simulation of three-dimensional solid dispersion in stirred tank[J]. Chemical Engineering Research & Design, 2001, 79(8): 1011-1016.

[135] SBRIZZAI F, LAVEZZO V, VERZICCO R, et al. Direct numerical simulation of turbulent particle dispersion in an unbaffled stirred tank reactor[J]. Chemical Engineering Science, 2006, 61(9): 2843-2851.

[136] NURTONO T, SETYAWAN H, ALTWAY A, et al. Macro-instability characteristic in agitated tank based on flow visualization experiment and large eddy simulation[J]. Chemical Engineering Research & Design, 2009, 87(7): 923-942.

[137] ALCAMO R, MICALE G, GRISAFI F, et al. Large-eddy simulation of turbulent flow in an unbaffled stirred tank driven by a Rushton turbine[J]. Chemical Engineering Science, 2005, 60(8): 2303-2307.

[138] BASAVARAJAPPA M, DRAPER T, TOTH P, et al. Numerical and experimental investigation of single phase flow characteristics in stirred tanks using Rushton turbine and flotation impeller[J]. Minerals Engineering, 2015, 83: 156-167.

[139] 高娜, 包雨云, 高正明. 多层桨搅拌槽内气-液两相局部气含率研究[J]. 高校化学工程学报, 2011, 25（1）: 11-17.

[140] YANG J, BAO Y Y, LIN M L, et al. Experimental study and numerical simulation of local void fraction in cold-gassed and hot-sparged stirred reactors[J]. Chemical Engineering Science, 2013, 100: 83-90.

[141] BAO Y Y, CHEN L, GAO Z M, et al. Local void fraction and bubble size distributions in cold-gassed and hot-sparged stirred reactors[J]. Chemical Engineering Science, 2010, 65(2): 976-984.

[142] CHEN M N, WANG J J, ZHAO S W, et al. Optimization of dual-impeller configurations in a gas-liquid stirred tank based on computational fluid dynamics and multiobjective evolutionary algorithm[J]. Industrial & Engineering Chemistry Research, 2016, 55(33): 9054-9063.

[143] 丁程兵. 多层桨搅拌釜内气含率特性的实验研究与数值模拟[D]. 南京: 南京理工大学, 2014.

[144] ZHANG Q, YONG Y, MAO Z S, et al. Experimental determination and numerical simulation of mixing time in a gas-liquid stirred tank[J]. Chemical Engineering Science, 2009, 64(12): 2926-2933.

[145] GELVES R, DIETRICH A, TAKORS R. Modeling of gas-liquid mass transfer in a stirred tank bioreactor agitated by a Rushton turbine or a new pitched blade impeller[J]. Bioprocess and Biosystems Engineering, 2014, 37: 365-375.

[146] QIU F C, LIU Z H, LIU R L, et al. Gas-liquid mixing performance, power consumption, and local void fraction distribution in stirred tank reactors with a rigid-flexile impeller[J]. Experimental Thermal and Fluid Science, 2018, 97: 351-363.

[147] GENTRIC C, MIGNON D, BOUSQUET J, et al. Comparison of mixing in two industrial gas-liquid reactors using CFD simulations[J]. Chemical Engineering Science, 2005, 60(9): 2253-2272.

[148] HAN L, LIU Y, LUO H A. Numerical simulation of gas holdup distribution in a standard rushton stirred tank using discrete particle method[J]. Chinese Journal of Chemical Engineering, 2007, 15(6): 808-813.

[149] SUN H, MAO Z S, YU G. Experimental and numerical study of gas hold-up in surface aerated stirred tanks[J]. Chemical Engineering Science, 2006, 61(12): 4098-4110.

[150] PANNEERSELVAM R, SAVITHRI S, SURENDER G D. CFD modeling of gas-liquid-solid mechanically agitated contactor[J]. Chemical Engineering Research & Design, 2008, 86(12): 1331-1344.

[151] PETITTI M, VANNI M, MARCHISIO D L, et al. Simulation of coalescence, break-up and

mass transfer in a gas-liquid stirred tank with CQMOM[J]. Chemical Engineering Journal, 2013, 228: 1182-1194.

[152] 宋月兰, 高正明, 李志鹏. 多层新型桨搅拌槽内气−液两相流动的实验与数值模拟[J]. 过程工程学报, 2007, 7(1): 24-28.

[153] 宋月兰. 多层桨搅拌槽内气-液两相流的数值模拟[D]. 北京: 北京化工大学, 2006.

[154] MARION A G, RODOLPHE S, CATHERINE X, et al. CFD analysis of industrial multi-staged stirred vessels[J]. Chemical Engineering and Processing: Process Intensification, 2006, 45(5): 415-427.

[155] DEEN N G, VAN SINT ANNALAND M, KUIPERS J A M. Multi-scale modeling of dispersed gas-liquid two-phase flow[J]. Chemical Engineering Science, 2004, 59(9): 1853-1861.

[156] 张雪雯. 搅拌器结构对搅拌槽内气液分散特征影响的数值模拟[D]. 北京: 北京大学, 2010.

[157] 杨杰. 多层桨气液搅拌槽内流体力学性能研究[D]. 北京: 北京大学, 2014.

[158] 李良超, 王嘉骏, 顾雪萍. 气液搅拌槽内气泡尺寸与局部气含率的 CFD 模拟[J]. 浙江大学学报, 2010, 44(12): 2396-2415.

[159] BAO Y Y, WANG B J, LIN M L, et al. Influence of impeller diameter on overall gas dispersion properties in a sparged multi-impeller stirred tank[J]. Chinese Journal of Chemical Engineering, 2015, 23(6): 890-896.

[160] QIU F C, LIU Z H, LIU R L, et al. Gas-liquid mixing performance, power consumption, and local void fraction distribution in stirred tank reactors with a rigid-flexile impeller[J]. Experimental Thermal and Fluid Science, 97: 351-363.

[161] BOMBAC A, ZUN I. Individual impeller flooding in aerated vessel stirred by multiple-Rushton impellers[J]. Chemical Engineering Journal, 2006, 116(2): 85-95.

[162] GHOTLI R A, ABBASI M R, BAGHERI A H, et al. Experimental and modeling evaluation of droplet size in immiscible liquid-liquid stirred vessel using various impeller designs [J]. Journal of the Taiwan Institute of Chemical Engineers, 2019, 100: 26-36.

[163] SOMMER A E, ROX H, SHI P, et al. Solid-liquid flow in stirred tanks: "CFD-grade" experimental investigation[J]. Chemical Engineering Science, 2021, 245: No.116743.

[164] CHANG Q, DI S, XU J, et al. Direct numerical simulation of turbulent liquid-solid flow in a small-scale stirred tank[J]. Chemical Engineering Journal, 2021, 420: No.127562.

[165] AFSHAR GHOTLI R, SHAFEEYAN M S, ABBASI M R, et al. Macromixing study for various designs of impellers in a stirred vessel[J]. Chemical Engineering and Processing: Process Intensification, 2020, 148: No. 107749.

[166] ZHENG Z, SUN D, LI J, et al. Improving oxygen transfer efficiency by developing a novel energy-saving impeller[J]. Chemical Engineering Research & Design, 2018, 130: 199-207.

[167] KARCZ J, CUDAK M, SZOPLIK J. Stirring of a liquid in a stirred tank with an eccentrically located impeller[J]. Chemical Engineering Science, 2005, 60: 2369-2380.

[168] YAMAMOTO T, FANG Y, KOMAROV S V. Surface vortex formation and free surface

deformation in an unbaffled vessel stirred by on-axis and eccentric impellers[J]. Chemical Engineering Journal, 2019, 367: 25-36.

[169] GU D, LIU Z, LI J, et al. Intensification of chaotic mixing in a stirred tank with a punched rigid-flexible impeller and a chaotic motor[J]. Chemical Engineering and Processing: Process Intensification, 2017, 122: 1-9.

[170] GU D, LIU Z, XU C, et al. Solid-liquid mixing performance in a stirred tank with a double punched rigid-flexible impeller coupled with a chaotic motor[J]. Chemical Engineering and Processing: Process Intensification, 2017, 118: 37-46.

[171] LI L C, XU B. CFD simulation of hydrodynamics characteristics in a tank with forward-reverse rotating impeller[J]. Journal of the Taiwan Institute of Chemical Engineers, 2022, 131: 104174.

[172] KAMIEŃSKI J, WÓJTOWICZ R. Dispersion of liquid-liquid systems in a mixer with a reciprocating agitator[J]. Chemical Engineering and Processing: Process Intensification, 2003, 42: 1007-1017.

[173] HIRATA Y, DOTE T, YOSHIOKA T, et al. Performance of chaotic mixing caused by reciprocating a disk in a cylindrical vessel[J]. Chemical Engineering Research & Design, 2007, 85: 576-582.

[174] KOMODA Y, INOUE Y, HIRATA Y. Mixing performance by reciprocating disk in cylindrical vessel[J]. Journal of Chemical Engineering of Japan, 2000, 33: 879-885.

[175] WANG R, WANG H, CHEN S, et al. Numerical investigation of multiphase flow in flue gas desulphurization system with rotary jet stirring[J]. Results in Physics, 2017, 7: 1274-1282.

[176] HU F, LI P, LI W, et al. Experimental and kinetic study of no-reburning by syngas under high CO_2 concentration in a jet stirred reactor[J]. Fuel, 2021, 304: No.121403.

[177] GU D Y, MEI Y, WEN L, et al. Chaotic mixing and mass transfer characteristics of fractal impellers in gas-liquid stirred tank[J]. Journal of the Taiwan Institute of Chemical Engineers, 2021, 121: 20-28.

[178] DANG X H, GUO J H, YANG L, et al. Effects of blade structures on the dissolution and gas-liquid mass transfer performance of cup-shaped blade mixers[J]. Journal of the Taiwan Institute of Chemical Engineers, 2022, 131: 104149.

[179] XIONG X, LIU Z H, TAO C Y, et al. Study on instability strengthening of flow field in stirred tank[J]. Journal of the Taiwan Institute of Chemical Engineers, 2022, 134: 104284.

[180] LIU Z, ZHENG X, LIU D, et al. Enhancement of liquid-liquid mixing in a mixer-settler by a double rigid-flexible combination impeller[J]. Chemical Engineering and Processing: Process Intensification, 2014, 86: 69-77.

[181] LIU Z, CHEN C, LIU R, et al. Chaotic mixing enhanced by rigid-flexible impeller in stirred vessel[J]. CIESC Journal, 2013, 65:61-70.

[182] HOSEINI S S, NAJAFI G, GHOBADIAN B, et al. Impeller shape-optimization of stirred-tank reactor: CFD and fluid structure interaction analyses[J]. Chemical Engineering Journal, 2021, 413: No. 127479.

[183] MARTÍNEZ-DELGADILLO S A, ALONZO-GARCIA A, MENDOZA-ESCAMILLA V X, et al. Analysis of the turbulent flow and trailing vortices induced by new design grooved blade impellers in a baffled tank[J]. Chemical Engineering Journal, 2019, 358: 225-235.

[184] AMEUR H, VIAL C. Modified scaba 6SRGT impellers for process intensification: cavern size and energy saving when stirring viscoplastic fluids[J]. Chemical Engineering and Processing: Process Intensification, 2020, 148: 107795.

[185] AMEUR H. Some modifications in the Scaba 6SRGT impeller to enhance the mixing characteristics of Hershel-Bulkley fluids[J]. Food and Bioproducts Processing, 2019, 117: 302-309.

[186] AMEUR H. Modifications in the Rushton turbine for mixing viscoplastic fluids[J]. Journal of Food Engineering, 2018, 233: 117-125.

[187] STEIROS K, BRUCE P J K, BUXTON O R H, et al. Power consumption and form drag of regular and fractal-shaped turbines in a stirred tank[J]. AIChE Journal, 2017, 63: 843-854.

[188] BAŞBUĞ S, PAPADAKIS G, VASSILICOS J C. Reduced power consumption in stirred vessels by means of fractal impellers[J]. AIChE Journal, 2018, 64: 1485-1499.

[189] HURST D, VASSILICOS J C. Scalings and decay of fractal-generated turbulence[J]. Physics of Fluids, 2007, 19: No.035103.

[190] NEDIĆ J, GANAPATHISUBRAMANI B, VASSILICOS J C. Drag and near wake characteristics of flat plates normal to the flow with fractal edge geometries[J]. Fluid Dynamics Research, 2013, 45: No.061406.

[191] YANG F, ZHOU S, WANG G. Detached eddy simulation of the liquid mixing in stirred tanks[J]. Computers & Fluids, 2012, 64: 74-82.

[192] HE C, LIU Y, YAVUZKURT S. A dynamic delayed detached-eddy simulation model for turbulent flows[J]. Computers & Fluids, 2017, 146: 174-189.

[193] GIMBUN J, RIELLY C, NAGY Z K, et al. Detached eddy simulation on the turbulent flow in a stirred tank[J]. AICHE Journal, 2012, 58: 3224-3241.

[194] DEVI T T, KUMAR B, PATEL A K. Detached eddy simulation of turbulent flow in stirred tank reactor[J]. Procedia Engineering, 2015, 127: 87-94.

[195] CHARA Z, KYSELA B, KONFRST J, et al. Study of fluid flow in baffled vessels stirred by a rushton standard impeller[J]. Computational & Applied Mathematics, 2016, 272: 614-628.

[196] REVSTEDT J L F, FUCHS L, TRÄGÅRDH C. Large eddy simulations of the turbulent flow in a stirred reactor[J]. Chemical Engineering Science, 1998, 53: 4041-4053.

[197] YOUCEFI S, BOUZIT M, AMEUR H, et al. Effect of some design parameters on the flow fields and power consumption in a vessel stirred by a Rushton turbine[J]. Chemical Engineering and Processing: Process Intensification, 2013, 34: 293-307.

[198] KAMLA Y, BOUZIT M, AMEUR H, et al. Effect of the inclination of baffles on the power consumption and fluid flows in a vessel stirred by a Rushton turbine[J]. Chinese Journal of Mechanical Engineering, 2017, 30: 1008-1016.

[199] FOUKRACH M, AMEUR H. Effect of baffles shape on the flow patterns and power

consumption in stirred vessels[J]. SN Applied Sciences, 2019, 1: 1503.

[200] FOUKRACH M, BOUZIT M, AMEUR H, et al. Influence of the vessel shape on the performance of a mechanically agitated system[J]. Chemical Papers, 2019, 73: 469-480.

[201] OCHIENG A, ONYANGO M S. Homogenization energy in a stirred tank[J]. Chemical Engineering and Processing: Process Intensification, 2008, 47: 1853-1860.

[202] VAN DE VUSSE J G. Mixing by agitation of miscible liquids. Chemical Engineering Science, 1955, 45: 178-200.

[203] MAZELLIER N, VASSILICOS J C. Turbulence without Richardson-Kolmogorov cascade[J]. Physics of Fluids, 2010, 22: 075101.

[204] NEDIC J, VASSILICONS J C, GANAPATHISUBRAMANI B. Axisymmetric turbulent wakes with new nonequilibrium similarity scalings[J]. Physical Review Letters, 2013, 111: 1-5.

[205] NEDIC J, GANAPATHISUBRAMANI B, VASSILICONS J C. Drag and near wake characteristics of flat plates normal to the flow with fractal edge geometries[J]. Fluid Dynamics Research, 2013, 45: 061406.

[206] NEDIC J, SUPPONEN O, GANAPATHISUBRAMANI B, et al. Geometrical influence on vortex shedding in turbulent axisymmetric wakes[J]. Physics of Fluids, 2015, 27: 1-17.

[207] STEIROS K, BRUCE P J K, BUXTON O R H, et al. Power consumption and form drag of regular and fractal-shaped turbines in a stirred tank[J]. AIChE Journal, 2016, 10: 1-18.

[208] MONTANTE G, PAGLIANTI A. Gas hold-up distribution and mixing time in gas-liquid stirred tanks[J]. Chemical Engineering Journal, 2015, 279: 648-658.

[209] JAHODA M, TOMASKOVA L, MOSTEK M. CFD prediction of liquid homogenization in a gas-liquid stirred tank[J]. Chemical Engineering Research & Design, 2009, 87: 460-467.

[210] CABARET F, FRADETTE L, TANGUY P A. Gas-liquid mass transfer in unbaffled dual-impeller mixers[J]. Chemical Engineering Science, 2008, 63: 1636-1647.

[211] LEE B W, DUDUKOVIC M P. Determination of flow regime and gas holdup in gas-liquid stirred tanks[J]. Chemical Engineering Science, 2014, 109: 264-275.

[212] MIZUNO Y, FUNAKOSHI M. Chaotic mixing caused by an axially periodic steady flow in a partitioned-pipe mixer[J]. Fluid Dynamics Research, 2004, 35: 205-227.

[213] ASCANIO G, FOUCAULT S, TANGUY P A. Time-periodic mixing of shear-thinning fluids[J]. Chemical Engineering Research & Design, 2004, 82: 1199-1203.

[214] DIEULOT J Y, DELAPLACE G, GUERIN R, et al. Mixing performances of a stirred tank equipped with helical ribbon agitator subjected to steady and unsteady rotational speed[J]. Chemical Engineering Research & Design, 2002, 80: 335-344.

[215] MASIUK S, RAKOCZY R. Power consumption, mixing time, heat and mass transfer measurements for liquid vessels that are mixed using reciprocating multiplates agitators[J]. Chemical Engineering and Processing: Process Intensification, 2007, 46: 89-98.

[216] LIU M, MUZZIO F, PESKIN R L. Quantization of mixing in aperiodic chaotic flows[J]. Chaos, Solitons & Fractals, 1994, 4: 869-873.

[217] LIU Z H, YANG X Y, XIE Z M, et al. Chaotic mixing performance of high-viscosity fluid synergistically intensified by flexible impeller and floating particles[J]. CIESC Journal, 2013, 64: 2794-2780.

[218] LIU W, CLARK N N. Relationships between distributions of chord lengths and distributions of bubble sizes including their statistical parameters[J]. International Journal of Multiphase Flow, 1995, 6: 1073-1089.

[219] CLARK N N, TURTON R. Chord length distributions related to bubble size distributions in multiphase flows[J]. International Journal of Multiphase Flow, 1988, 4: 413-424.

[220] LE X, LUO Z H. Modeling and simulation of the influences of particle-particle interactions on dense solid-liquid suspensions in stirred vessels[J] Chemical Engineering Science, 2018, 176: 439-453.

[221] PRAKASH M, FARHAD E M. Using computational fluid dynamics to analyze the performance of the Maxblend impeller in solid-liquid mixing operations[J]. International Journal of Multiphase Flow, 2017, 91: 194-207.

[222] LJUNGQVIST M, RASMUSON A. Numerical simulation of the two-phase flow in an axially stirred vessel[J]. Chemical Engineering Research & Design, 2001, 79: 533-546.

[223] MICALE G, GRISAFI F, RIZZUTI L, et al. CFD simulation of particle suspension height in stirred vessels[J]. Chemical Engineering Research & Design, 2004, 82: 1204-1213.

[224] ARGANG K, FARHAD E M, ALI L. Hydrodynamics of solid and liquid phases in a mixing tank containing high solid loading slurry of large particles via tomography and computational fluid dynamics[J]. Powder Technology, 2020, 360: 635-648.

[225] BRUNO B, OLIVIER B, LOUIS F, et al. CFD-DEM simulations of early turbulent solid-liquid mixing: Prediction of suspension curve and just-suspended speed[J]. Chemical Engineering Research & Design, 2017, 123: 388-406.

[226] MALUTA F, PAGLIANTI A, MONTANTE G. RANS-based predictions of dense solid-liquid suspensions in turbulent stirred tanks[J]. Chemical Engineering Research & Design, 2019, 147: 470-482.

[227] GU D Y, LIU Z H, XIE Z M, et al. Numerical simulation of solid-liquid suspension in a stirred tank with a dual punched rigid-flexible impeller[J]. Advanced Powder Technology, 2017, 28: 2723-2734.

[228] ZHANG Y, YU G, SIDDHU M A H, et al. Effect of impeller on sinking and floating behavior of suspending particle materials in stirred tank: a computational fluid dynamics and factorial design study[J]. Advanced Powder Technology, 2017, 28: 1159-1169.

[229] KHOPKAR A R, KASAT G R, PANDIT A B, et al. Computational fluid dynamics simulation of the solid suspension in a stirred slurry reactor[J]. Industrial & Engineering Chemistry Research, 2006, 45: 4416-4421.

[230] KASAT G R, KHOPKAR A R, RANADE V V, et al. CFD simulation of liquid phase mixing in solid-liquid stirred reactor[J]. Chemical Engineering Science, 2008, 63: 3877-3885.

[231] LI X L, ZHAO H L, ZHANG Z M, et al. Numerical optimization for blades of Intermig impeller in solid-liquid stirred tank[J]. Chinese Journal of Chemical Engineering, 2021, 29: 57-66.

[232] LI B, YANG Y, LIU Z H, et al. Solid-liquid chaotic mixing and leaching enhancement performance in phosphoric acid leaching process[J] CIESC Journal, 2019, 70(5): 1742-1749.

[233] 高殿荣, 李岩. 层流搅拌槽内几何非对称三维混沌混合流场的CFD模拟[C]. 全国流体传动与控制学术会议, 2006: 564-570.

[234] 胡银玉, 刘喆, 杨基础, 等. 偏心搅拌反应器内的液相混合行为[J]. 化工学报, 2010, 61: 2517-2522.

[235] 赵静, 蔡子琦, 高正明. 组合桨搅拌槽内混合过程的实验研究及大涡模拟[J]. 北京化工大学学报(自然科学版), 2011, 38: 22-28.

[236] 杨锋苓, 曹明建. 涡轮桨变速搅拌槽内湍流混合的实验研究[J]. 燕山大学学报, 2010, 34: 313-317.

[237] 潘翀, 王晋军, 张草. 湍流边界层Lagrangian拟序结构的辨识[J]. 中国科学: 物理、力学、天文学, 2009, 39(4): 627-636.

[238] PEI Z, CHAO H, CHEN Y. Large eddy simulation of flows after a bluff body: coherent structures and mixing properties[J]. Journal of Fluids & Structures, 2013, 42: 1-12.

[239] FOUNTAIN G O, KHAKHAR D V, MEZIC I, et al. Chaotic mixing in a bounded three-dimensional flow[J]. Journal of Fluid Mechanics, 2000, 417: 265-301.

[240] 王利民, 葛蔚, 陈飞国, 等. 复杂流动与流体行为的拟颗粒模拟[J]. 中国科技论文, 2007, 2: 863-869.

[241] 侯治中, 冯连芳, 李允明, 等. 不同类型搅拌器的气-液分散和混合特性[J]. 合成橡胶工业, 1995: 147-149.

[242] 侯治中, 王凯. 搅拌槽内气-液体系的分散, 传质和传热[J]. 合成橡胶工业, 1995, 18(2): 118-122.

[243] 张新年, 刘新卫, 包雨, 等. 半椭圆管盘式涡轮搅拌桨气-液分散特性[J]. 过程工程学报, 2008, 8: 444-448.

[244] 张艳红, 白志山, 周萍, 等. 气液固三相浆态床反应器研究进展[J]. 化工进展, 2008, 27(10): 1551-1560.

[245] VASCONCELOS J M T, ORVALHO S C P, RODRIGUES A M A F, et al. Effect of blade shape on the performance of six-bladed disk turbine impellers[J]. Industrial & Engineering Chemistry Research, 2000, 39: 203-213.

[246] 刘飞鸣, 施建强, 林兴华, 等. 三层组合式气液搅拌桨的功率特性[J]. 石油化工设备, 2003, 32: 5-7.

[247] SHEWALE S D, PANDIT A B. Studies in multiple impeller agitated gas-liquid contactors[J]. Chemical Engineering Science, 2006, 61: 489-504.

[248] 沈春银, 陈剑佩, 张家庭, 等. 气液两相机械搅拌釜中水翼-涡轮组合桨的功率消耗[J]. 华东理工大学学报, 2002, 28: 578-583.

[249] 陈雷. 热态多相搅拌反应器流体力学性能研究[D]. 北京：北京化工大学，2009.

[250] 万勋，周国忠，夏建业，等. 开槽式圆盘涡轮搅拌器的气液分散特性[J]. 化学工程，2010，38：40-43.

[251] 高正明. 搅拌槽内气-液分散特性及流体力学性能的研究[D]. 北京：北京化工大学，1992.

[252] NAGASE Y, YASUI H. Fluid motion and mixing in a gas-liquid contactor with turbine agitators[J]. Chemical Engineering Journal, 1983, 27: 37-47.

[253] 张志斌，载干策. 搅拌槽中气泡大小分布规律的研究[J]. 化工学报，1989，2：183-189.

[254] LU W M, JU S J. Local gas holdup, mean liquid velocity and turbulence in an aerated stirred tank using hot-film anemometry[J]. Chemical Engineering Journal, 1987, 35: 9-17.

[255] 高正明，王英琛，施力田，等. 搅拌槽内局部气含率及其分布规律的研究[J]. 化学反应工程与工艺，1994，10（3）：311-315.

[256] 张志森，张裕中，张文明. 工业流体混合技术现状与展望[J]. 包装与食品机械，2001，19：24-25.

[257] 包雨云，高正明，施力田. 多相流搅拌反应器研究进展[J]. 化工进展，2005，24：1124-1130.

[258] HASAL P, MONTES J L, BOISSON H C, et al. Macro-instabilities of velocity field in stirred vessel: detection and analysis[J]. Chemical Engineering Science, 2000, 55: 391-401.

[259] JEUNG-HOON L, HAN J M, HYUNG-GIL P, et al. Application of signal processing techniques to the detection of tip vortex cavitation noise in marine propeller[J]. Journal of Hydrodynamics, 2013, 40: 222-236.

[260] 张志斌，戴干策，陈敏恒. 气液搅拌反应器尺寸变化对多层桨功率消耗和混合特性的影响[J]. 华东理工大学学报，1987（2）：66-74.

[261] 李良超，王嘉骏，顾雪萍，等. 双层组合桨搅拌槽内气液微观分散特性[J]. 化学工程，2009，37：24-27.

[262] 张永芳，郝惠娣，高勇. 双层桨气液搅拌反应槽气液分散特性[J]. 化学反应工程与工艺，2009，25：121-125.

[263] MUELLER S G, DUDUKOVIC M P, MUELLER S G. Gas holdup in gas-liquid stirred tanks[J]. Industrial & Engineering Chemistry Research, 2010, 49: 10744-10750.

[264] 高勇，郝惠娣，张永芳. 双层桨自吸式搅拌槽气-液分散性能[J]. 化工进展，2010，29（3）：436-439.

[265] BOMBAČ A, ŽUN I. Gas-filled cavity structures and local void fraction distribution in vessel with dual-impellers[J]. Chemical Engineering Science, 2000, 55: 2995-3001.

[266] BURGESS A A, BRENNAN D J. Application of life cycle assessment to chemical processes[J]. Chemical Engineering Science, 2001, 56: 2589-2604.

[267] BOUAIFI M, HEBRARD G, BASTOUL D, et al. A comparative study of gas hold-up, bubble size, interfacial area and mass transfer coefficients in stirred gas-liquid reactors and bubble columns[J]. Chemical Engineering & Processing: Process Intensification, 2001, 40: 97-111.

[268] 胡华，刘芳，刘铮，等. 气液反应器中气泡有效利用率（Ⅰ）新概念的提出和理论计算式[J]. 化工学报, 1997, 48: 660-666.

[269] 胡华，刘芳. 气液反应器中气泡有效利用率（Ⅱ）实验验证与应用研究[J]. 化工学报, 1998, 49: 59-64.

[270] MARKOPOULOS J, KADOGLOU E, PAPAEVANGELOU D, et al. Regional mean bubble diameters and gas holdup in agitated gas-liquid contactors[J]. Chemical Engineering & Technology, 2015, 23: 337-339.

[271] WOZIWODZKI S. Unsteady mixing characteristics in a vessel with forward-reverse rotating impeller[J]. Chemical Engineering & Technology, 2011, 34: 767-774.

[272] ASCANIO G, BRITO-BAZÁN M, BRITO-DE LA FUENTE E, et al. Unconventional configuration studies to improve mixing times in stirred tanks[J]. The Canadian Journal of Chemical Engineering, 2002, 80: 558-565.

[273] CABARET F, RIVERA C, FRADETTE L, et al. Hydrodynamics performance of a dual shaft mixer with viscous Newtonian liquids[J]. Chemical Engineering Research and Design, 2007, 85: 583-590.

[274] AMEUR H. 3D hydrodynamics involving multiple eccentric impellers in unbaffled cylindrical tank[J]. Chinese Journal of Chemical Engineering, 2016, 24: 572-580.

[275] MASIUK S. Mixing time for a reciprocating plate agitator with flapping blades[J]. Chemical Engineering Journal, 2000, 79: 23-30.

[276] KAMIEŃSKI J, WÓJTOWICZ R. Dispersion of liquid-liquid systems in a mixer with a reciprocating agitator[J]. Chemical Engineering & Processing: Process Intensification, 2003, 42: 1007-1017.

[277] EAMES I W. A new prescription for the design of supersonic jet-pumps: the constant rate of momentum change method[J]. Applied Thermal Engineering, 2002, 22(2): 121-131.

[278] HOUCINE I, PLASARI E, DAVID R, et al. Feedstream jet intermittency phenomenon in a continuous stirred tank reactor[J]. Chemical Engineering Journal, 1999, 72: 19-29.

[279] PARVAREH A. Experimental and CFD investigation on miing by a jet in a semi-industrial stirried tank[J]. Chemical Engineering Journal, 2005, 115: 85-92.

[280] YOON H, HILL D, BALACHANDAR S, et al. Reynolds number scaling of flow in a Rushton turbine stirred tank. Part I: Mean flow, circular jet and tip vortex scaling[J]. Chemical Engineering Science, 2005, 60: 3169-3183.

[281] BITTORF K J, KRESTA S M. Three-dimensional wall jets: axial flow in a stirred tank[J]. Aiche Journal, 2001, 47: 1277-1284.

[282] KRESTA S M, BITTORF K J, WILSON D J. Internal annular wall jets: radial flow in a stirred tank[J]. Aiche Journal, 2010, 47: 2390-2401.

[283] ENG M, RASMUSON A. Large eddy simulation of the influence of solids on macro instability frequency in a stirred tank[J]. Chemical Engineering Journal, 2015, 259: 900-910.

[284] WOLF A, SWIFT J B, SWINNEY H L, et al. Determining Lyapunov exponents from a time series[J]. Physica D Nonlinear Phenomena, 1985, 16: 285-317.

[285] JOHANNSON M, RANTZER A. Computation of piece-wise quadratic Lyapunov functions for hybrid systems[J]. IEEE Transactions on Automatic Control, 2002, 43: 555-559.

[286] HE Y, WU M, SHE J H, et al. Parameter-dependent Lyapunov functional for stability of time-delay systems with polytopic-type uncertainties[J]. IEEE Transactions on Automatic Control, 2004, 49: 828-832.

[287] COSTA M, GOLDBERGER A L, PENG C K. Multiscale entropy analysis of complex physiologic time series[J]. Physical Review Letters, 2007, 89: 705-708.

[288] COSTA M, HEALEY J A. Multiscale entropy analysis of complex heart rate dynamics: discrimination of age and heart failure effects[J]. Computers in Cardiology, 2003, 30: 705-708.

[289] CHENG J, CHAO Y, MAO Z S, et al. CFD modeling of nucleation, growth, aggregation, and breakage in continuous precipitation of barium sulfate in a stirred tank[J]. Industrial & Engineering Chemistry Research, 2009, 15: 6992-7003.

[290] LI Z, BAO Y, GAO Z. PIV experiments and large eddy simulations of single-loop flow fields in Rushton turbine stirred tanks[J]. Chemical Engineering Science, 2011, 66: 1219-1231.

[291] PAGLIANTI A, LIU Z, MONTANTE G, et al. Effect of macroinstabilities in single-and multiple-impeller stirred tanks[J]. Industrial & Engineering Chemistry Research, 2008, 47: 4944-4952.

[292] HWU T Y. Chaotic stirring in a new type of mixer with rotating rigid blades[J]. European Journal of Mechanics-B/Fluids, 2008, 27: 239-250.

[293] SZEZECH J D, Jr, SCHELIN A B, CALDAS I L, et al. Viana. Finite-time rotation number: a fast indicator for chaotic dynamical structures[J]. Physics Letters A, 2013, 377: 452-456.

[294] HOBBS D M, ALVAREZ M M, MUZZIO F J. Mixing in globally chaotic flows[J]. Fractals, 1997, 05(03): 395-425.

[295] MOUNIR B, GILLES H, DOMINIQUE B, et al. A comparative study of gas hold-up, bubble size, interfacial area and mass transfer coefficients in stirred gas–liquid reactors and bubble columns[J]. Chemical Engineering & Processing: Process Intensification, 2001, 40: 97-111.

[296] GENG X, GAO Z, BAO Y. Photographic study of bubble size and void fraction distributions in a gas-liquid stirred tank with hollow blade turbine[J]. Journal of Chemical Engineering of Japan, 2013, 46: 107-115.

[297] FOUCAULT S, ASCANIO G, TANGUY P A. Power characteristics in coaxial mixing: newtonian and non-newtonian fluids[J]. Industrial & Engineering Chemistry Research, 2005, 44: 5036-5043.

[298] HEBRARD G, BASTOUL D, ROUSTAN M. Influence of the gas sparger on the hydrodynamic behavior of bubble-columns[J]. Chemical Engineering Research & Design, 1996, 74: 406-414.

[299] KIM S, FU X Y, WANG X, et al. Development of the miniaturized four-sensor conductivity probe and the signal processing scheme[J]. International Journal of Heat & Mass Transfer,

2000, 43: 4101-4118.

[300] MUNDALE V, JOSHI J. Optimization of impeller design for gas inducing type mechanically agitated contactors[J]. The Canadian Journal of Chemical Engineering, 1995, 73: 161-172.

[301] JAYANTI S. Hydrodynamics of jet mixing in vessels[J]. Chemical Engineering Science, 2001, 56: 193-210.

[302] RAHIMI M, PARVAREH A. CFD study on mixing by coupled jet-impeller mixers in a large crude oil storage tank[J]. Computers & Chemical Engineering, 2007, 31: 737-744.

[303] WU B. CFD analysis of mixing in large aerated lagoons[J]. Engineering Applications of Computational Fluid Mechanics, 2010, 4: 127-138.

[304] WICK D P, GLAUSER M N, UKEILEY L S. Investigation of turbulent flows via pseudo flow visualization. part I: Axisymmetric jet mixing layer[J]. Experimental Thermal & Fluid Science, 1994, 9: 391-404.

[305] JAFARI M, MOHAMMADZADEH J S S. Mixing time, homogenization energy and residence time distribution in a gas-induced contactor[J]. Chemical Engineering Research & Design, 2005, 83: 452-459.

[306] POULSEN B R, IVERSEN J J L. Mixing determinations in reactor vessels using linear buffers[J]. Chemical Engineering Science, 1997, 52: 979-984.

[307] ASCANIO G. Mixing time in stirred vessels: a review of experimental techniques[J]. Chinese Journal of Chemical Engineering, 2015, 23: 1065-1076.

[308] AUBIN J, KRESTA S M, BERTRAND J, et al. Alternate operating methods for improving the performance of continuous stirred tank reactors[J]. Chemical Engineering Research & Design, 2006, 84(7): 569-582.

[309] BESAGNI G, INZOLI F. Bubble size distributions and shapes in annular gap bubble column[J]. Experimental Thermal & Fluid Science, 2016, 74: 27-48.

[310] JI H, LONG J, FU Y, et al. Flow pattern identification based on EMD and LS-SVM for gas-liquid two-phase flow in a minichannel[J]. IEEE Transactions on Instrumentation & Measurement, 2011, 60: 1917-1924.

[311] TATTERSON G B. Fluid mixing and gas dispersion in agitated tanks[M]. New York: McGraw-Hill Companies, 1991.

[312] TAGHAVI M, ZADGHAFFARI R, MOGHADDAS J, et al. Experimental and CFD investigation of power consumption in a dual Rushton turbine stirred tank[J]. Chemical Engineering Research & Design, 2011, 89: 280-290.

[313] KAZENIN D A, CHEPURA I V, PETROV I A, et al. Hydrodynamics, mass transfer, and power consumption in air-core stirred tank reactors[J]. Theoretical Foundations of Chemical Engineering, 2008, 42: 118-124.

[314] SCARGIALI F, BUSCIGLIO A, GRISAFI F, et al. Power consumption in uncovered unbaffled stirred tanks: influence of the viscosity and flow regime[J]. Industrial & Engineering Chemistry Research, 2013, 52: 14998-15005.

[315] LAAKKONEN M, HONKANEN M, SAARENRINNE P, et al. Local bubble size distributions, gas-liquid interfacial areas and gas holdups in a stirred vessel with particle image velocimetry[J]. Chemical Engineering Journal, 2005, 109(1-3): 37-47.

[316] 程绍杰. 搅拌式生物反应器的模拟、优化设计与放大研究[D]. 大连：大连理工大学，2009.